災害発生要因からみたポイントと急所

土木工事安全衛生管理研究会 編

労働新聞社

はじめに

　建設業での労働災害は長期的には減少傾向にあり、死亡災害は平成 23 年が 342 人と過去最少となりましたが、平成 24 年は 367 人（確定値）と 7 ％増加しました。休業 4 日以上の死傷災害についても、ここ 2 年連続で増加し、平成 24 年は平成 23 年に比べ 2 ％増の 17,073 人（労働者死傷病報告から集計）となっています。

　この増加の背景として、東日本大震災の復旧・復興にむけた各種工事が本格化し、建設業者、技能労働者等が被災地に集中し、その影響で被災地以外の地域でも人材が不足し、その結果、全国的に人材の質の維持や現場管理に支障を来しつつあることが懸念されています。また、今後は、社会基盤のメンテナンスに係る公共事業をはじめ工事量の増加が見込まれることから、今までにも増して労働災害防止対策への取組み強化が求められています。

　このような建設業を取り巻く環境の中で、平成 24 年の工事種類別死亡災害では、建築工事と土木工事でそれぞれ全体の 43.5 ％と高い割合を占めており、特に土木工事では死亡者数が 147 人と前年同期と比較して 35 人も増加し憂慮される状況となっています。

　このため、土木工事の安全衛生管理に向けた取組みを支援すべく、土木安全施工に長く携わってきた現場経験者をメンバーとする土木工事安全衛生管理研究会では、労働災害防止に効果的な対策について改めて検討を重ね、このほど**「土木工事の安全」**として 1 冊の本にまとめました。

　本書は、事故災害の防止と日常的な安全衛生管理に必要な知識、具体的な取組み方法、現場指導に当たってのポイントなどを示したものです。対象として取り上げている災害は「土砂崩壊、法面作業での災害、建設機械災害、クレーン等災害、トンネル掘削等による災害、墜落災害、電動工具による災害、酸素欠乏症等による災害、熱中症による災害」などです。

　各災害の防止に関する解説では、典型的な災害事例を紹介し、その中で特に重視すべき災害発生要因、防止対策に関しては、「安全上のポイント」、「基礎知識」、「災害防止の急所」などの項目を設定して詳しく解説するとともに、参考となる資料も掲載しています。また、各章のまとめの部分では、現場作業者を教育・指導するに当たっての要点が簡潔に整理されており、これも本書の特色かと思われます（「本書の活用法」については次ページをご覧ください）。

　土木工事は、気候・地形・地質などの自然条件に左右されるところが多く、現場によって施工方法も異なってきます。そうした特性に適応しながらの安全施工、事故災害防止対策を推し進める上で本書がいささかなりともお役に立てば幸いです。ぜひご活用ください。

土木工事安全衛生管理研究会
代表　中野 喜明
（元 飛島建設株式会社　安全環境部長）

【本書の主な構成と活用法】

★「災害事例」

- 各章において災害の典型的な事例をフォーマットで紹介しています。
- 「発生状況」については、報告内容を参考にイラスト化しています。
- 「主な発生原因」は、被災に至った要因を人的・物的（設備等）・管理的要因から分析し、特に問題とすべき点を列記しました。
- 「防止対策」は、原因分析に基づく防止・改善策ですが、現場の状況に応じた対策なども考えてみてください。

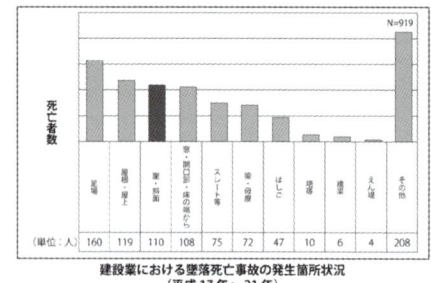

★「安全上のポイント」

- 各災害の発生状況、災害防止に必要な対策について更に詳しく解説を加えており、実施しなければならない主要な措置、作業に当たって留意すべき点、チェックすべき事項、工事の進め方などをまとめています。

★「基礎知識」

- 対策を講じる上で知っておかなければならない法令面や、施工技術上の知識を取り上げ解説しています。「安全上のポイント」同様、教育テキストにも応用できる内容です。

★「災害防止の急所」

- 主に現場作業者への教育・指導を想定し、類似の災害例も取り上げながら、災害防止の急所（勘どころ）となる事項をわかりやすくまとめています。枠内に箇条書きされた内容は、作業開始前のミーティング時に利用できます。

★「参考資料」

- 上記の各事項の中で必要と思われる部分には、労働安全衛生法令の関連条文、厚生労働省通達、ガイドライン（いずれも抜粋）を併載しましたので参照してください。

目　　次

第1章	土砂崩壊等災害の防止	7
第2章	法面作業での災害防止	25
第3章	建設機械災害の防止	
3－1	車両系建設機械作業での災害防止	38
3－2	杭打ち機械作業での災害防止	54
3－3	コンクリートポンプ車作業での災害防止	69
3－4	高所作業車作業での災害防止	80
第4章	クレーン等災害の防止	
4－1	移動式クレーン作業での災害防止（「玉掛けが原因で発生する災害の防止」を含む）	98
4－2	積載型トラッククレーン作業での災害防止	119
第5章	トンネル掘削等による災害の防止	
5－1	トンネル掘削作業での切羽の崩壊災害防止（肌落ち等）	132
5－2	ずり処理作業での接触等災害の防止	143
5－3	トンネル粉じん障害の防止	150
第6章	墜落災害の防止	
6－1	足場の組立て・解体作業での墜落災害防止	172
6－2	開口部からの墜落災害防止	188
6－3	ローリングタワーからの墜落災害防止	195
6－4	脚立・脚立足場からの墜落災害防止	203
6－5	可搬式作業台からの墜落災害防止	213
6－6	はしごからの墜落災害防止	221
第7章	電動工具による災害の防止	
7－1	携帯用丸のこ盤作業での災害防止	232
7－2	ディスクグラインダー取扱い作業での災害防止	239
第8章	酸素欠乏症等による災害の防止（硫化水素中毒、一酸化炭素中毒）	247
第9章	熱中症による災害の防止	267

第1章
土砂崩壊等災害の防止

1-1 土砂崩壊等災害の防止

災害事例 掘削床付作業中に土砂が崩壊

作業種別	管敷設作業	災害種別	崩壊・倒壊	天候	晴れ
発生月	8月	職種	土工	年齢	60歳
経験年数	3年2カ月	入場後日数	2日目	請負次数	2次

災害発生概要図

災害発生状況

側溝工事の掘削床付作業中、掘削箇所の横に残土の山があり、その法尻（約1.5m）が掘削箇所に当たるため、バックホウで掘削したところ、残土の山が崩壊し床付作業中の被災者（1名死亡）が生き埋めになった。

	主な発生原因	防止対策
人的要因	・地山点検および巡視を怠った。	・「地山の掘削及び土止め支保工作業主任者」による作業前の地山点検を行う。
物的要因	・側溝掘削箇所の上部に残土が残っていた。	・側溝工事を開始する前に、残土の掘削面の安全勾配を確保するために、残土の撤去を優先すること。 ・掘削法面の地山状態、深さ、勾配の安全性を確保する。
管理的要因	・作業計画の不備（作業方法、作業手順など）	・掘削計画時の手順や作業方法の検討、対策を立てる。 ・作業者への計画の理解と指示を徹底する。 ・「地山の掘削及び土止め保工作業主任者」を配置する。

安全上のポイント

1. 土砂崩壊等災害の発生状況

　平成 14 年～ 23 年の 10 年間での土砂崩壊等による死亡災害を「土砂崩壊」、「岩石崩壊」、「岩石崩落」に細分類して、下図に示します。

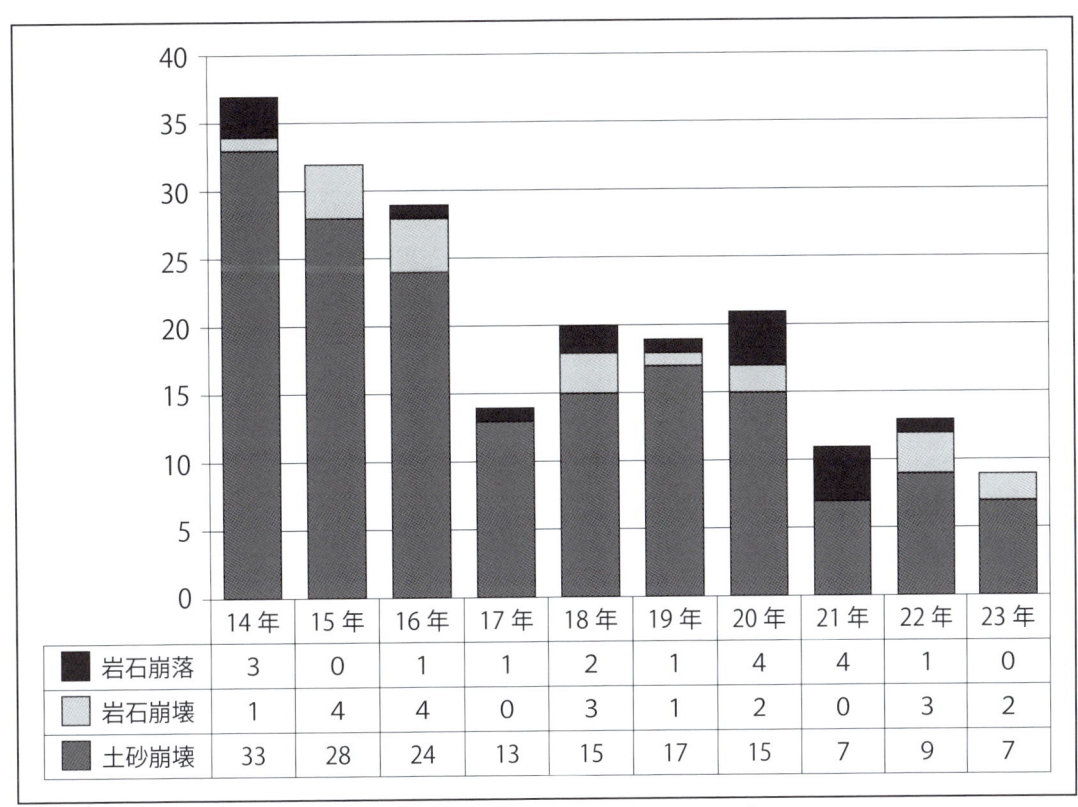

土砂崩壊等災害の年別死亡者数（人）　　（建災防発行 安全衛生年鑑より）

　土砂崩壊等の死亡災害は、平成 14 年には 37 人であったものが、平成 17 年以降は 15 人前後に、さらに平成 21 年以降は 10 人前後に減少しています。これは平成 15 年に施行された「土止め先行工法」の普及によるものと推察されます。

　土砂崩壊等災害のうち、溝掘削に伴う「土砂崩壊」が約 80％超を占めており、特徴として 1 件の土砂崩壊で複数の被災者が発生する割合が他の災害の種類に比べて多くなっています。次いで「岩石崩壊」が約 10％、「岩石崩落（上部から石が落下）」が約 8％の順となっています。

2．地山点検による土砂崩壊災害の防止

（1）地山点検のポイント

崩壊災害を防止するためには、掘削中に地山の状態を常に監視し、崩壊の予知を事前に察知することが必要です。

地山点検のポイントは以下に示すとおりです。

地山に弱い部分はないか？	弱い部分がさらに弱められていないか？
・土砂では、礫間土砂・柔らかい地層、地盤 ・岩盤では、節理、層理、断層破砕帯、軟岩層 ・地盤では、滑り面	・雨水、地下水の浸透による軟弱化 ・表面流水による浸食 ・湧水によるパイピング ・凍結・融解・地震による緩み

土塊が移動する兆候はないか？	計画と異なる状況になっていないか？
・浮石の発生 ・節理、層理、破砕帯の変位 ・流れ盤の変位	・計画地盤と実際地盤が大きく異なっている ・掘削勾配がきつくなっている ・降雨の浸透で地盤が脆弱になっている ・計画より深く掘り下げている

（2）地山点検の時期

地山の掘削作業主任者は作業を開始する前だけでなく、作業中も絶えず崩壊の兆候に注意しながら、地山の状態に適応した掘削方法で作業を進めることが大切です。

特に、次に示す時期には念入りに点検することが必要です。
①作業開始前（凍結、融解を繰り返す場合は落石に注意）
②作業の終了時
③降雨があった後の作業開始時（雨量の多少に関係なく実施する）
④中震以上の地震後

（3）地山崩壊の兆候現象

次に示すような現象は崩壊の特徴であるので、特に注意が必要です。
①法肩、法肩線の曲がりおよび動き
②法部背後の亀裂の発生および広がり
③掘削面の亀裂、膨らみ
④軟らかい層の流出
⑤掘削面からの落石
⑥湧水量の増加および湧水の濁り変化

3．掘削時の留意事項

（1）溝掘削（土止め支保工を設けない場合）
①原則として、掘削深さは1.5mを超えないようにする。
②地質により掘削勾配を決定する。

（2）溝掘削（土止め支保工を設ける場合）
①掘削幅は作業のしやすさや避難のことを考えて十分な広さとする。
②1.5m以上掘削する場合は、土止め工を検討する。
③深さが2mを超える場合は、掘削幅を1m以上とする。
④湧水がある場合は、釜場を設けてポンプ排水する。
⑤矢板のみによる土止めでは不十分な場合が多いので、腹起こし、切梁を設置する。
⑥法肩に掘削土砂を積み上げたり、資機材等を置いたりしない。
⑦建設機械や車両が近寄らないよう限界柵を設ける。
⑧深さが4mを超える場合や周辺への影響がある場合、親杭横矢板、鋼矢板等を用いた確実な土止め工を行う。

（3）切取り掘削
①監視人を配置する。
②切取りは上部から行う。
③浮石を確実に処理しながら掘削を進める。
④掘削面が高くなる場合は、2m以上の段切りを行う。
⑤掘削面の高さが2m以上の箇所では、親綱、安全帯を使用して作業を行う。
⑥湧水が生じた場合、作業責任者は湧水処理の指示をする。
⑦降雨後や地震後、あるいは凍結土の融解後には、落石のおそれがあるので十分点検してから作業を開始する。
⑧法肩の排水処理を行う。

（4）根切り掘削
　根切りを行う場合は、土止め支保工が設置されるため、その構造、特徴等について土止め支保工作業主任者と作業方法についてよく打合せておくことが必要である。
①切り梁を取り付けた後に切り梁下の掘削を行う。
②原則として、切り梁上に重量物を載せない。
③排水ポンプ等は常時使用できるように準備しておく。
④掘削作業中は常に土止め支保工の状態に注意し、腹起こしや土止め矢板がはらんだり、切り梁に緩みやたわみを発見した場合は、作業を中断し、工事責任者に報告、指示を受ける。
⑤異常湧水が発生した場合は、作業を中断し、工事責任者に報告、指示を受ける。状況によっては作業者を退避させる。

基礎知識

1. 作業主任者の職務

　建設工事における各種作業では、安全に進めるために作業全体を指揮監督し、作業の状況に応じて適切な指示を与えることのできる者が必要です。
　特に、地山の掘削作業、土止め支保工の取付け等作業などは、経験が豊かで、かつ十分な知識・技能を有する者の指揮によらなければ安全作業を進めることができません。
　法令では、掘削面の高さが2m以上の場所で掘削作業を行う場合は「地山の掘削作業主任者」を、土止め支保工の組立て、取外しの作業を行う場合には「土止め支保工作業主任者」を配置しなければならないと定められています。
　※注意
　平成18年度から労働安全衛生法の改正により「地山の掘削作業主任者技能講習」と「土止め支保工作業主任者技能講習」が統合されました。この講習は、地山の掘削、土止め支保工両作業主任者講習を新たに受講する方を対象とした講習です。

【地山の掘削作業主任者】の具体的職務内容

①作業方法を決定し、作業を直接指揮する
　　　作業者に当日の作業量、作業方法を説明し、作業手順と安全上の諸注意について指示する。
　　　作業方法や作業手順はできるだけ図面等を用いて示し、特に掘削面の高さと勾配、作業位置および崩壊、落石等の危険予知方法や避難方法、ならびに通行、昇降の経路、安全帯等の使用方法等について、その日の作業場所の状況に応じて具体的に指示し、作業者に十分納得理解させ、守らせるよう指導する。

②作業者の適正配置
　　　作業者の健康状態、経験の程度、年齢等を十分考慮し、熟練者と経験の浅い者を組み合わせたり、また、高年齢者や年少者、あるいは高血圧症、難聴、弱視等がある者を高所作業や危険作業に就かせないよう適所に配置する。

③使用する器具、工具を点検し、不良品を取り除く
　　　使用する工具・器具・資材等を点検し、適切なものであることを確認する。異常のあるものは交換させる。

④安全帯等および保護帽の使用状況の監視
　　　墜落・転落のおそれのある高所作業では、保護帽、安全帯等の使用状況について監視し、不適切な者に対してはその場で指示し是正させる。

⑤作業前点検
　　　作業前に必ず作業場所に不安全状態がないか確かめ、設備、環境に不備、不良があるときは直ちに是正する。特に地山や支保工の点検は重要である。

⑥立入禁止措置
　　　作業場所には関係者以外の者が立入らないようにし、危険箇所には立入禁止の措置を行

う。必要に応じて監視人を配置する。ただし、一般作業を行っている者に監視人を兼務させず、必ず専属とすることが必要である。

2．掘削勾配と掘削高さ

　地山の崩壊の原因として、事前調査で発見できなかった断層や軟弱層の存在、また、計画より深く掘削するなど計画と異なる施工などが挙げられ、掘削中に法面の高さや勾配が急になったり、長くなったりすることで崩壊する危険性が高まります。

　そのため、地山の種類によって定められた掘削勾配などの各種基準を守ることが大切であり、労働安全衛生規則356条（掘削面の勾配の基準）では、手堀りにより地山掘削を行う場合、法面の高さや勾配の基準を地山の種類ごとに下表のように定めています。

手掘り掘削による掘削面の高さと勾配の基準

地山の種類	高さ	勾配	勾配の換算
岩盤または堅い粘土	5m未満	90°以下	1：0
	5m以上	75°以下	1：0.3
その他の地山	2m未満	90°以下	1：0
	2m以上5m未満	75°以下	1：0.3
	5m以上	60°以下	1：0.6
砂からなる地山	35°以下または5m未満		1：1.5
崩壊しやすい地山	45°以下または2m未満		1：1.0

3．土止め先行工法

　小規模な溝掘削作業の災害をみると、掘削の深さが2.5m～3mの深さで、しかも部分的な掘削のため、土止め支保工がない場合に多く発生しています。作業の効率のために土止めを省略したり、設置していても簡略なものとしたりしていることが土砂崩壊災害の主因となっています。

　土砂崩壊災害を防止するためには、地山の種類に合わせた掘削勾配を順守しなければなりませんが、掘削勾配が守れない場合は、土止め支保工を設置する必要があります。

　平成15年12月に、厚生労働省から「土止め先行工法に関するガイドライン」が策定されており、小規模な溝掘削作業（掘削深さが1.5m以上4m以下で、掘削幅がおおむね3m以下の溝をほぼ鉛直に掘削する作業）を行う場合には、機械掘削、手堀り掘削にかかわらず作業者が溝内に立ち入る前に先行して土止め支保工を設置することが示されています。

> **◆土止め先行工法**
> 　上下水道等工事において、溝掘削作業および溝内作業を行うにあたって、労働者が溝内に立ち入る前に適切な土止め支保工等を先行して設置する工法であり、かつ、土止め支保工等の組立てまたは解体の作業も原則として労働者が溝内に立ち入らずに行うことが可能な工法をいう。

小規模な溝掘削作業に適していると考えられる代表的な工法は以下のとおりです。

①建込み方式軽量鋼矢板工法

掘削した地山が自立することを前提とした工法であり、その手順は、一定の深さまで機械掘削により溝掘削を行い、軽量鋼矢板を建て込んだ後、所定の深さまで押し込み、地上から専用の治具を使用して最上段の腹起こしおよび切り梁を設置して土止め支保工を組み立てる方式。

②打込み方式軽量鋼矢板工法

砂質土や湧水等のある軟弱な地盤の掘削に使用されることが多い工法であり、その手順は、溝の幅に合わせてあらかじめ軽量鋼矢板をくい打ち機等により打ち込んだ後、最上段の切り梁を設置する深さまで掘削を行い、地上から専用の治具を使用して腹起こしおよび切り梁を設置して土止め支保工を組み立てる方式。

その他に、「土止め先行工法」には、建込み簡易土止め工法があります。溝の掘削と板状の矢板の圧入を繰り返しながら土止め支保工を組み立てる工法で、切り梁の取付方法の違いにより、「スライドレール方式」、「縦梁プレート方式」があります。

災害防止の急所

1. 管敷設作業での災害防止

　土砂崩壊災害は、ひとたび発生すると死亡災害に結びつきやすいばかりでなく、いっぺんに多くの作業者を巻添えにすることになります。その発生原因を見ると、一見、地山の状態や自然条件に起因しているように思えますが、実は管理面の悪さに起因する場合が多いようです。

> **管敷設のための溝掘りの側壁が崩壊し、作業者が埋まった災害の防止**
> 1. 施工条件を確認し、安定勾配を確保できる作業手順を立てて実行する。
>   「掘削勾配と掘削高さ」参照（13ページ）
>   安定勾配が確保できなければ、山止め支保工を設ける。短時間の施工だからと山止めを省略しては非常に危険が伴う。
> 2. 安定勾配を確保した掘削方法を行ったとしても、作業の途中で、計画していた作業方法が不安全だと判断した時は、勇気をもって作業を中断して、再検討することが大切。
> 3. 掘削床付け面の地盤が悪いから、岩塊が出たからと、安易に計画より深い掘削を行うことは危険。処置方法をよく検討したうえで作業することが大切である。

★　地山の調査を十分に行い、その結果により作業計画を立てなければならないことや山止めを設置すれば安全なことは分かっていますが、時間の節約や費用の制約から、山止めの設置を省略したがために災害が発生した例がよく見られます。省略した結果、尊い命を失っただけでなく、長期間に渡る工事の停止や、それに掛かる費用だけでなく補償のための大きな損失も発生します。短時間だからといっても崩壊が発生しない保障にはなりません。四大責任と言われる「行政／刑事／民事／社会的責任」の大きさを考慮した判断をすべきです。

○掘削深さが浅くても不用意に掘削部に立ち入るのは危険です。
○腰までの埋没でも外傷性ショックで死亡するケースもあります。
○掘削深さが 1.5m を超えると非常に危険度が増します。

　土木工事安全施工技術指針では、「切土面に、その箇所の土質に見合った勾配を保って掘削できる場合を除き、掘削する深さが 1.5m を超える場合には、原則として土留工を施すこと」としています。

《 参 考 》

土木工事安全施工技術指針
第5章　仮設工事　第2節　土留・支保工
1　一般事項
（1）　掘削作業を行う場合は、掘削箇所並びにその周辺の状況を考慮し、掘削の深さ、土質、地下水位、作用する土圧等を十分に検討したうえで、必要に応じて土圧計等の計測機器の設置を含め土留・支保工の安全管理計画をたて、これを実施すること。
（2）　切土面に、その箇所の土質に見合った勾配を保って掘削できる場合を除き、掘削する深さが 1.5m を越える場合には、原則として土留工を施すこと。
（3）　土留・支保工は、変形や位置ずれにより、安全性が損なわれないよう十分注意するとともに、十分な強度を有するものとすること。
（4）　土留・矢板は、根入れ、応力、変位に対して安全である他、土質に応じてボイリング、ヒービングの検討を行い、安全であることを確認すること。

2　施工時の安全管理
（1）　土留・支保工の施工にあたっては、土留・支保工の設計条件を十分理解した者が施工管理にあたること。
（2）　土留・支保工は、施工計画に沿って所定の部材の取付けが完了しないうちは、次の段階の掘削を行わないこと。
（3）　道路において、杭、鋼矢板等を打ち込むため、これに先行して布掘り又はつぼ掘りを行う場合、その作業範囲又は深さは、杭、鋼矢板等の打ち込む作業の範囲にとどめ、打設後は速やかに埋戻し、念入りに締固めて従前の機能を維持し得る表面を仕上げておくこと。
（4）　土留板は、掘削後すみやかに掘削面との間に隙間のないようにはめ込むこと。隙間が出来た時は、裏込め、くさび等で隙間の無いように固定すること。
（5）　土留工を施してある間は、点検員を配置して定期的に点検を行い、土留用部材の変形、緊結部の緩み、地下水位や周辺地盤の変化等の異常が発見された場合は、直ちに作業員全員を必ず避難させるとともに、事故防止対策に万全を期したのちでなければ、次の段階の施工は行わないこと。
（6）　必要に応じて測定計器を使用し、土留工に作用する土圧、変位を測定すること。
（7）　定期的に地下水位、地盤の変化を観測、記録し、地盤の隆起、沈下等の異常が発生した時は、埋設物管理者等に連絡して保全の措置を講じるとともに、他関係者に報告すること。

3　土留・支保工の組立て
　土留・支保工の組立ては、あらかじめ計画された順序に基づいて行うこと。
　なお、計画された組立図と異なる施工を行う場合は、入念なチェックを行い、その理由等を整理し、記録しておくこと。

4　材料
　土留・支保工の材料は、ひび割れ変形又は腐れのない良質なものとし、事前に十分点検確認を行うこと。

5　点検者の指名
（1）　新たな施工段階に進む前には、必要部材が定められた位置に安全に取り付けられていることを確認した後に作業を開始すること。
（2）　作業中は、指名された点検者が常時点検を行い、異常を認めた時は直ちに作業員全員を避難させ、責任者に連絡し、必要な措置を講じること。

6　部材の取付け
（1）　腹起し及び切梁は溶接、ボルト、かすがい、鉄線等で堅固に取り付けること。
（2）　圧縮材（火打ちを除く）の継手は突合せ継手とし、部材全体が一つの直線となるようにすること。木材を圧縮材とし用いる場合は、2個以上の添え物を用いて真すぐに継ぐこと。

7　材料の上げ下ろし
　切梁等の材料、器具又は工具の上げ下ろし時は、吊り綱、吊り袋等を使用すること。

8 異常気象時の点検
次の場合は、すみやかに点検を行い、安全を確認した後に作業を再開すること。
① 中震以上の地震が発生したとき。
② 大雨等により、盛土又は地山が軟弱化するおそれがあるとき。

9 日常点検・観測
(1) 土留・支保工は、特に次の事項について点検すること。
① 矢板、背板、腹起し、切梁等の部材のきしみ、ふくらみ及び損傷の有無
② 切梁の緊圧の度合
③ 部材相互の接続部及び継手部のゆるみの状態
④ 矢板、背板等の背面の空隙の状態
(2) 必要に応じて安全のための管理基準を定め、変位等を観測し記録すること。

10 土砂及び器材等の置き方
土留め支保工の肩の部分に掘り出した土砂又は器材等を置く場合には、落下しないように注意すること。

11 グランドアンカー工の留意事項
施工にあたっては、あらかじめ設計された土留工前面の掘削深さと土留工の天端高さ、根入れ深さ及びグランドアンカー工の位置並びに土質構成等に関する設計条件等を掌握し、施工中の状況が、これらの設計条件と合致していることを確認しつつ施工すること。

○作業箇所に危険を感じたり、作業方法に危険を感じた場合には、遠慮なく職長等に申し出るよう指導することが大切です。

○法令上の地山の点検は有資格者が行いますが、命にかかわることなので人任せにすることは危険であり、作業員自らも点検を行うことを指導してください。

＜労働安全衛生規則＞
第358条
事業者は、明り掘削の作業を行なうときは、地山の崩壊又は土石の落下による労働者の危険を防止するため、次の措置を講じなければならない。
一 点検者を指名して、作業箇所及びその周辺の地山について、その日の作業を開始する前、大雨の後及び中震以上の地震の後、浮石、及びき裂の有無及び状態並びに含水、湧（ゆう）水及び凍結の状態の変化を点検させること。
二 点検者を指名して、発破を行なつた後、当該発破を行なつた箇所及びその周辺の浮石及びき裂の有無及び状態を点検させること。

2．土止め支保工作業での災害防止

　土止め支保工を設置し、掘削を行おうとしても作業方法や作業手順が不適切で設置途中で土砂崩壊を発生させてしまう例があります。

掘削肩に土砂や資材を置き、その重みで土止めが崩壊

1. 掘削した土砂や資材を掘削肩に仮置きすれば、上載過重となり山止めに負担がかかる。掘削肩から離し、影響範囲外に仮置きすることが大切である。
2. 山止めを設置する作業では、その組立て手順が重要で作業主任者が指揮をすることになるが、作業者へは作業手順を事前に周知することが必要である。
3. 腹起しや切梁の設置時期は、掘削深さとの兼合いで決めることが多いが、土質や湧水、含水の状態を考慮し完成形の山止めだけでなく、掘削途中では、部分的に腹起こしや切梁を追加補強が必要になることもあるので、山止め部材にも余裕をもった準備が必要である。

★　崩壊だけでなく、作業中に掘削内部に資材が転がり落ちたり、土塊や石が落下したり、上部で作業する人がつまづいたりして思わぬ災害を引き起こす原因ともなりかねません。施工計画では、掘削や土止めの計画だけでなく、土砂運搬・仮置き、使用資材の配置等について検討することが大切です。

　まだ崩れそうにないからと、土止め組立て作業手順を省略したり、腹起こし・切梁設置の順序を後回しにした結果、山止めが倒壊することもあります。計画・手順をしっかり守って作業することが大切です。

　作業主任者は、作業指揮や作業者の安全状態を監視する役割がありますが、作業主任者が自ら作業に没頭し、職務を果たせていないことが多く見られます。これでは安全確保がままなりません。現場を管理する者は、重要な職務である作業主任者が、職務を十分に果たせるような体制を構築しなければなりません。

<労働安全衛生規則>

第368条
事業者は、土止め支保工の材料については、著しい損傷、変形又は腐食があるものを使用してはならない。

第369条
事業者は、土止め支保工の構造については、当該土止め支保工を設ける箇所の地山に係る形状、地質、地層、き裂、含水、湧（ゆう）水、凍結及び埋設物等の状態に応じた堅固なものとしなければならない。

第370条
事業者は、土止め支保工を組み立てるときは、あらかじめ、組立図を作成し、かつ、当該組立図により組み立てなければならない。
2　前項の組立図は、矢板、くい、背板、腹おこし、切りばり等の部材の配置、寸法及び材質並びに取付けの時期及び順序が示されているものでなければならない。

> 1　「切りばり等」の「等」には、火打ち、方杖等が含まれること。
> 2　「取付けの時期」とは掘削の進捗と関連づけられた部材の取付けの時期をいうこと。（昭40.2.10　基発第139号）

第371条
事業者は、土止め支保工の部材の取付け等については、次に定めるところによらなければならない。
一　切りばり及び腹おこしは、脱落を防止するため、矢板、くい等に確実に取り付けること。
二　圧縮材（火打ちを除く。）の継手は、突合せ継手とすること。
三　切りばり又は火打ちの接続部及び切りばりと切りばりとの交さ部は、当て板をあててボルトにより緊結し、溶接により接合する等の方法により堅固なものとすること。
四　中間支持柱を備えた土止め支保工にあつては、切りばりを当該中間支持柱に確実に取り付けること。
五　切りばりを建築物の柱等部材以外の物により支持する場合にあつては、当該支持物は、これにかかる荷重に耐えうるものとすること。

> 1　第3号の「溶接により接合する等」の「等」には、切りばりと切りばりの交さ部についてUボルトによりしめつけること等が含まれること。
> 2　第4号の「中間支持柱」とは、たとえばビル建築工事の床堀り等の土止め支保工における切りばりのごとくスパンの長い切りばりを中間で支持するために設けられた柱をいうこと。（昭40.2.10　基発第139号）
> 〔改正の趣旨〕
> 　火打ちについては、突合せ継手とすると、構造上不安定となるため、第2号の規定から除外し、第3号の規定によりその接続部をボルトによる緊結、溶接による接合等の方法により堅固なものとすることによって、その安全を確保させることとしたものであること。（昭55.11.25　基発第648号）

第372条
事業者は、令第6条第10号の作業を行なうときは、次の措置を講じなければならない。
一　当該作業を行なう箇所には、関係労働者以外の労働者が立ち入ることを禁止すること。
二　材料、器具又は工具を上げ、又はおろすときは、つり綱、つり袋等を労働者に使用させること。

> 【安衛施行令】
> （作業主任者を選任すべき作業）（抄）
> 第6条　法第14条の政令で定める作業は、次のとおりとする。
> 　十　土止め支保工の切りばり又は腹起こしの取付け又は取り外しの作業

第373条
事業者は、土止め支保工を設けたときは、その後7日をこえない期間ごと、中震以上の地震の後及び大雨等により地山が急激に軟弱化するおそれのある事態が生じた後に、次の事項について点検し、異常を認めたときは、直ちに、補強し、又は補修しなければならない。
一　部材の損傷、変形、腐食、変位及び脱落の有無及び状態
二　切りばりの緊圧の度合
三　部材の接続部、取付け部及び交さ部の状態

> 「大雨等」の「等」には、水道管の破損による水の流入等が含まれること。（昭40.2.10　基発第139号）

第374条
事業者は、令第6条第10号の作業については、地山の掘削及び土止め支保工作業主任者技能講習を修了した者のうちから、土止め支保工作業主任者を選任しなければならない。

第 375 条
　　事業者は、土止め支保工作業主任者に、次の事項を行なわせなければならない。
一　作業の方法を決定し、作業を直接指揮すること。
二　材料の欠点の有無並びに器具及び工具を点検し、不良品を取り除くこと。
三　安全帯等及び保護帽の使用状況を監視すること。

3．地山掘削作業での災害防止

　安定勾配を確保した掘削でも、法肩付近に資材や掘削土砂を置いたために法肩から崩壊が発生することがあります。

バックホウで掘削中、法肩に置いた側溝の重みで法面が崩れて挟まれる
1. 重機作業を行う際は合図者兼監視人を配置し、指示なしに作業エリアに入らないよう指導する。
2. 作業エリアおよび掘削影響範囲内に重量物や落下するおそれのある物を置かない。

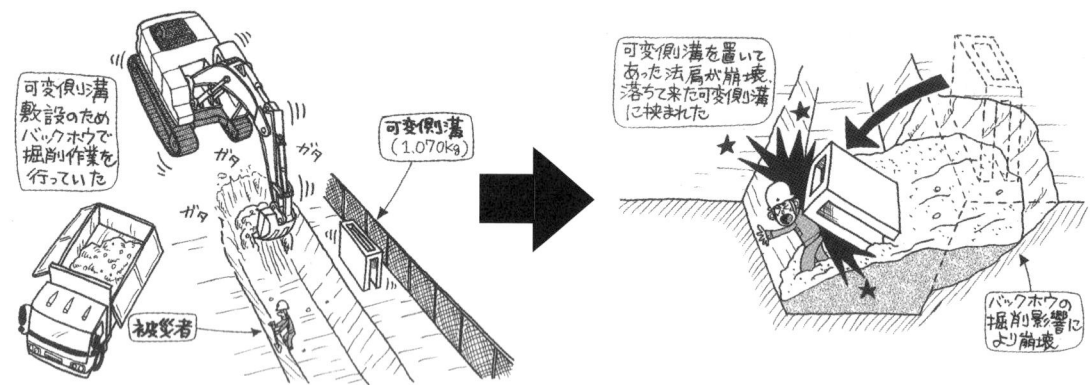

★　事前に掘削作業手順を検討し、関係作業者全員で打合せを十分に行いましょう。
　その際、作業に必要な有資格者（地山の掘削作業主任者、監視人、誘導者等）が適切に配置されているか、掘削個所への立入禁止措置についても確認してください。経験の浅い作業者を1人で掘削個所に立ち入らせることがないようにしてください。

★　土砂崩壊災害は、法面の崩壊によるものと溝掘り内における側壁の崩壊によるものがほとんどです。土止め支保工が崩壊した事例は最近では報告されていません。
　法面崩壊災害についてみると、降雨等の自然条件が主な原因になっているにもかかわらず、地山点検や危険予知が適切に行われておらず、土砂崩壊に対し危険意識が欠如しているように思えます。
　溝掘り内災害をみると、掘削の深さが2.5mから3mの深さで、部分的な掘削のため、土止め支保工を設置していない場合に多く発生しています。作業効率のために土止めを省略したり、設置しても簡略なものとしていることが土砂崩壊災害の主な原因のようです。

<労働安全衛生規則>

第355条

事業者は、地山の掘削の作業を行う場合において、地山の崩壊、埋設物等の損壊等により労働者に危険を及ぼすおそれのあるときは、あらかじめ、作業箇所及びその周辺の地山について次の事項をボーリングその他適当な方法により調査し、これらの事項について知り得たところに適応する掘削の時期及び順序を定めて、当該定めにより作業を行わなければならない。
一　形状、地質及び地層の状態
二　き裂、含水、湧（ゆう）水及び凍結の有無及び状態
三　埋設物等の有無及び状態
四　高温のガス及び蒸気の有無及び状態

> 1　「埋設物その他地下に存する工作物」［現行＝埋設物等］とは、地下に存するガス管、水道管、地下ケーブル、建築物の基礎等をいうこと。
> 2　「労働者が危害［現行＝危険］を受けるおそれがある」か否かの判定は、掘削箇所の地形及び地質、気象条件、埋設物の種類、掘削の方法等を勘案してなされるべきであるが、次に掲げるごとき場合は、原則としてそれに該当するものであること。
>   イ　掘削面の高さが２ｍ以上の掘削を行うとき。
>   ロ　市街地等埋設物の存在が予想される場所で掘削を行うとき。
>   ハ　火山地帯、温泉地帯等高温のガス又は蒸気の存在が予想される場所で掘削をおこなうとき。
> 3　「ボーリングその他適当な方法により調査し」の「適当な方法」は、予想される危害の種類、程度等に応じ、次に示すごとき方法によること。
>   イ　第一号及び第二号に掲げる事項については、地質図若しくは地盤図又は踏査により調べること。
>   ロ　第三号に掲げる事項については、埋設物等の所有者又は管理者について当該埋設物の種類、位置を確認すること。
>   ハ　第四号に掲げる事項については、ボーリングにより調べること。なお発注者等が「適当な方法」によって、調査をしている場合には、使用者がその調査の結果について調べることも本条の「適当な方法」による調査に含まれること。
> 4　「これらの事項について知り得たところ」には、調査以外の方法、たとえば掘削作業中の点検等により知り得たものが含まれること。（昭40.2.10　基発第139号）

第356条

事業者は、手掘り（パワー・ショベル、トラクター・ショベル等の掘削機械を用いないで行なう掘削の方法をいう。以下次条において同じ。）により地山（崩壊又は岩石の落下の原因となるき裂がない岩盤からなる地山、砂からなる地山及び発破等により崩壊しやすい状態になつている地山を除く。以下この条において同じ。）の掘削の作業を行なうときは、掘削面（掘削面に奥行きが２メートル以上の水平な段があるときは、当該段により区切られるそれぞれの掘削面をいう。以下同じ。）のこう配を、次の表の上欄に掲げる地山の種類及び同表の中欄に掲げる掘削面の高さに応じ、それぞれ同表の下欄に掲げる値以下としなければならない。

地山の種類	掘削面の高さ （単位　メートル）	掘削面の勾配 （単位　度）
岩盤又は堅い粘土 からなる地山	5未満 5以上	90 75
その他の地山	2未満 2以上5未満 5以上	90 75 60

2　前項の場合において、掘削面に傾斜の異なる部分があるため、そのこう配が算定できないときは、当該掘削面について、同項の基準に従い、それよりも崩壊の危険が大きくないように当該各部分の傾斜を保持しなければならない。

> 1　「パワーショベル、トラクターショベル等」の「等」には、ドラグライン、クラムシェル等は含まれるが、さく岩機は含まれないこと。
> 2　「発破等により崩壊しやすい状態になつている地山」とは、大発破によりゆるめられた地山、大規模の崩壊のため落下し、堆積している岩石からなる地山等をいうこと。
> 3　表中「堅い粘土」とは、標準貫入試験方法（日本工業規格ＪＩＳ　Ａ1219「土の標準貫入試験方法」に定めるもの）におけるＮ値が8以上の粘土をいうこと。（昭40.2.10　基発第139号）

第357条

　事業者は、手掘りにより砂からなる地山又は発破等により崩壊しやすい状態になつている地山の掘削の作業を行なうときは、次に定めるところによらなければならない。
　一　砂からなる地山にあつては、掘削面のこう配を35度以下とし、又は掘削面の高さを5メートル未満とすること。
　二　発破等により崩壊しやすい状態になつている地山にあつては、掘削面のこう配を45度以下とし、又は掘削面の高さを2メートル未満とすること。
２　前条第2項の規定は、前項の地山の掘削面に傾斜の異なる部分があるため、そのこう配が算定できない場合について、準用する。

> 「掘削面」には、砂からなる地山等を掘削する場合に掘削につれて上部が崩壊するときの当該崩壊を起こした部分も含まれること。（昭40.2.10　基発第139号）

第358条

　事業者は、明り掘削の作業を行なうときは、地山の崩壊又は土石の落下による労働者の危険を防止するため、次の措置を講じなければならない。
　一　点検者を指名して、作業箇所及びその周辺の地山について、その日の作業を開始する前、大雨の後及び中震以上の地震の後、浮石、及びき裂の有無及び状態並びに含水、湧（ゆう）水及び凍結の状態の変化を点検させること。
　二　点検者を指名して、発破を行なつた後、当該発破を行なつた箇所及びその周辺の浮石及びき裂の有無及び状態を点検させること。

> 1　「強風」とは、10分間の平均風速が毎秒10m以上の風を、「大雨」とは1回の降雨量が50mm以上の降雨を、「大雪」とは1回の降雪量が25cm以上の降雪をいうこと。
> 2　「強風、大雨、大雪等の悪天候のため」には、当該作業地域が実際にこれらの悪天候となった場合のほか、当該地域に強風、大雨、大雪等の気象注意報または気象警報が発せられ悪天候となることが予想される場合を含む趣旨であること。（昭46.4.15　基発第309号）

第359条

　事業者は、令第6条第9号の作業については、地山の掘削及び土止め支保工作業主任者技能講習を修了した者のうちから、地山の掘削作業主任者を選任しなければならない。

> 【安衛施行令】
> （作業主任者を選任すべき作業）（抄）
> 第6条　法第14条の政令で定める作業は、次のとおりとする。
> 　九　掘削面の高さが2メートル以上となる地山の掘削（ずい道及びたて坑以外の坑の掘削を除く。）の作業（第11号に掲げる作業を除く。）

第360条

　事業者は、地山の掘削作業主任者に、次の事項を行なわせなければならない。
　一　作業の方法を決定し、作業を直接指揮すること。
　二　器具及び工具を点検し、不良品を取り除くこと。
　三　安全帯等及び保護帽の使用状況を監視すること。

第361条

　事業者は、明り掘削の作業を行なう場合において、地山の崩壊又は土石の落下により労働者に危険を及ぼすおそれのあるときは、あらかじめ、土止め支保工を設け、防護網を張り、労働者の立入りを禁止する等当該危険を防止するための措置を講じなければならない。

第362条

　事業者は、埋設物等又はれんが壁、コンクリートブロック塀（へい）、擁壁等の建設物に近接する箇所で明り掘削の作業を行なう場合において、これらの損壊等により労働者に危険を及ぼすおそれのあるときは、これらを補強し、移設する等当該危険を防止するための措置が講じられた後でなければ、作業を行なつてはならない。
２　明り掘削の作業により露出したガス導管の損壊により労働者に危険を及ぼすおそれのある場合の前項の措置は、つり防護、受け防護等による当該ガス導管についての防護を行ない、又は当該ガス導管を移設する等の措置でなければならない。
３　事業者は、前項のガス導管の防護の作業については、当該作業を指揮する者を指名して、その者の直接の指揮のもとに当該作業を行なわせなければならない。

> 1　「擁壁等」の「等」には、コンクリート壁、コンクリート塀等が含まれること。
> 2　「移設する等」の「等」には、埋設物が高圧地下ケーブルである場合に当該ケーブルの電源をしゃ断すること等の措置が含まれること。（昭40.2.10　基発第139号）

> 第1項〔現行＝第2項〕の「つり防護、受け防護等による当該ガス導管についての防護」は当該ガス導管の損壊を防止できるものではないことは当然であり、当該防護は、昭和45年通商産業省令第98号「ガス工作物の技術上の基準を定める省令」第77条に定める防護の基準をみたす必要があること。（昭46.4.15　基発第309号）

第363条

事業者は、明り掘削の作業を行なう場合において、掘削機械、積込機械及び運搬機械の使用によるガス導管、地中電線路その他地下に在する工作物の損壊により労働者に危険を及ぼすおそれのあるときは、これらの機械を使用してはならない。

第364条

事業者は、明り掘削の作業を行うときは、あらかじめ、運搬機械、掘削機械及び積込機械（車両系建設機械及び車両系荷役運搬機械等を除く。以下この章において「運搬機械等」という。）の運行の経路並びにこれらの機械の土石の積卸し場所への出入の方法を定めて、これを関係労働者に周知させなければならない。

第365条

事業者は、明り掘削の作業を行なう場合において、運搬機械等が、労働者の作業箇所に後進して接近するとき、又は転落するおそれのあるときは、誘導者を配置し、その者にこれらの機械を誘導させなければならない。
2　前項の運搬機械等の運転者は、同項の誘導者が行なう誘導に従わなければならない。

第366条

事業者は、明り掘削の作業を行なうときは、物体の飛来又は落下による労働者の危険を防止するため、当該作業に従事する労働者に保護帽を着用させなければならない。
2　前項の作業に従事する労働者は、同項の保護帽を着用しなければならない

第367条

事業者は、明り掘削の作業を行なう場所については、当該作業を安全に行なうため必要な照度を保持しなければならない。

第369条

事業者は、土止め支保工の構造については、当該土止め支保工を設ける箇所の地山に係る形状、地質、地層、き裂、含水、湧（ゆう）水、凍結及び埋設物等の状態に応じた堅固なものとしなければならない。

第370条

事業者は、土止め支保工を組み立てるときは、あらかじめ、組立図を作成し、かつ、当該組立図により組み立てなければならない。
2　前項の組立図は、矢板、くい、背板、腹おこし、切りばり等の部材の配置、寸法及び材質並びに取付けの時期及び順序が示されているものでなければならない。

土砂崩壊災害防止の要点

①地山の種類に合わせた掘削勾配を厳守する。
②掘削勾配を守れない場合は土止め支保工を設置する。
③地山点検をしっかり行う。特に降雨後は入念に行う。
④必要に応じて監視人を配置する。
⑤異常を感じた場合は勇気を持って作業を中止し、調査・対策を検討する。

第2章
法面作業での災害防止

2-1 法面作業での災害防止

災害事例 道路法面作業のアンカーを点検中、足を滑らせ墜落

作業種別	法面作業	災害種別	墜落	天候	曇り
発生月	3月	職種	法面工	年齢	40歳
経験年数	10年6カ月	入場後日数	7日目	請負次数	1次

災害発生状況

道路法面（勾配60°）の法肩箇所で、被災者は作業開始とともにアンカー施工済みの法面上の地山に登り、法肩傍に打ち込んである親綱用のアンカーの点検作業をしていたところ、足を滑らせ約6ｍ下の小段上に墜落した。
被災者は保護帽およびスパイク付き長靴は着用していたが、安全帯を着用していなかった。
なお、当日は現場代理人の到着が遅れたため朝礼は行われず、作業指示と安全面の注意がなされていなかった。

	主な発生原因	防止対策
人的要因	・墜落の危険がある高さ約6ｍの法面箇所で安全帯を使用しないでアンカーの点検を行った。	・墜落の危険がある法面作業では、親綱を設け、作業者に安全帯を使用させること。
物的要因	・親綱を取り付けるためのアンカーが、法肩近傍の位置に設置してあり、点検の際に墜落による危険があった。	・アンカーは作業箇所に応じ、点検等の際に墜落による危険が生じるおそれのない場所に設置すること。
管理的要因	・作業開始前に昇降方法、アンカーの点検方法等、安全な作業方法についての指示が行われなかった。	・作業開始前に朝礼を実施し、当日の作業予定の確認や安全な作業方法についての指示を行うこと。

安全上のポイント

1. 崖、斜面からの墜落災害の発生状況

　平成 17 年〜 21 年（5 年間）までの建設業における労働災害による死亡者数は 2,267 人であり、そのうち 919 人が墜落災害でした。その中で、「崖、斜面からの墜落」による死亡災害は、110 人（約 12％）であり、これは足場からの墜落（160 人）、屋根・屋上からの墜落（119 人）に次いで多く発生しています。

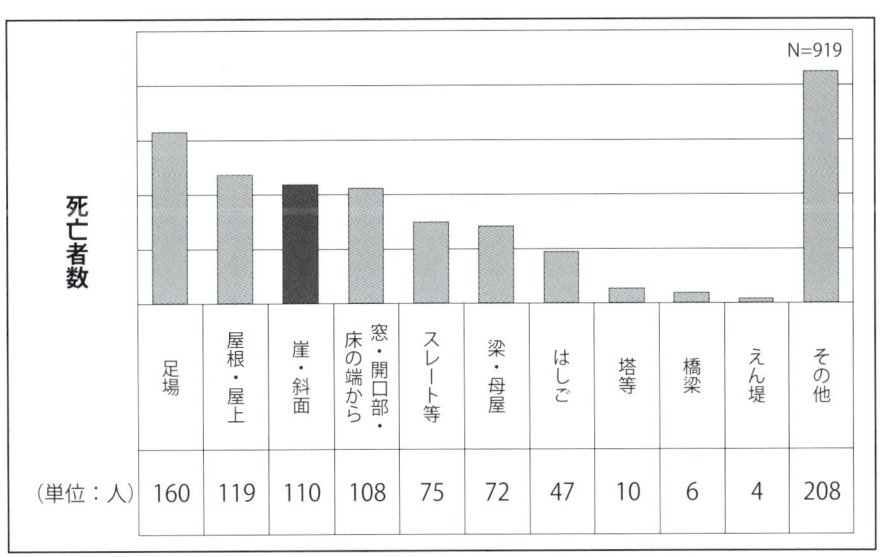

建設業における墜落死亡事故の発生箇所状況
（平成 17 年〜 21 年）

　「崖、斜面からの墜落」による死亡災害を工事種類別でみると、建築工事（7 人）と設備工事（3 人）を除いた土木工事において 100 人となっており、全体の 91％を占めています。

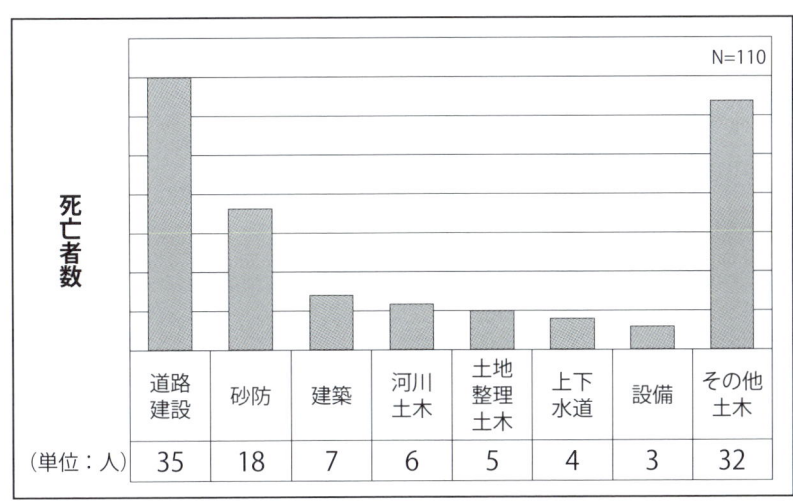

崖・斜面からの墜落死亡災害の工事種類別状況
（平成 17 年〜 21 年）

2．法面作業での墜落防止対策のポイント

　法面工事などの高所作業においては、常態的に作業者の墜落による危険の防止を図ることが必要であり、工法、作業内容、法面の状況等に応じた適切な墜落災害防止対策を講じなければなりません。

　労働安全衛生規則518条では、「高さ2m以上の箇所で作業を行わせる場合は、墜落を防止するために安全な作業床の設置、また、足場の設置が困難な場合には、防網を張り、安全帯を使用させるなどの措置を講じなければならない」と規定されています。

　法面作業での墜落防止対策として、次のような対策をとることが必要となります。

（1）親綱について

　法面作業では作業者が手すり等を備えた作業床を利用して作業することが安全上必要なことですが、作業床を利用することができない場合は、丈夫な立木やアンカーで支持点を2点以上設けた親綱を途中の継足しなく、小段または法尻まで設置して、接続器具（ロリップ）を用いて安全帯を使用するようにします。

①親綱は可能な限り1人当たり2本使用とする。そのうち1本はライフライン（命綱・補助ロープ）として機能させる。
②親綱は抜止め対策を行ったアンカーピン2本以上に8の字結び等の確実な方法で固定する。
③親綱が岩盤の角や法枠に当たる部分は、ゴムホース等の当てものによる養生を行い、損傷を防止する。
④上下同時作業の禁止はもちろんのこと、1本の親綱を共有しない。
⑤スリップ時のロリップ、またはスライドチャックの抜止め防止措置として、親綱の端末は必ず玉を結び、場合によっては途中にも玉を作る。
⑥親綱の強度を確認する。
　・ロープ長さによる自重、作業者の体重、落下距離、衝撃係数、ロープ伸び等を考慮するとともに、製造メーカーによる切断荷重等のデータは新品時のものであるため、中古品の時はこれらを考慮した安全率等にする。
⑦親綱の廃棄基準を明確にして、日常点検を確実に行う。
　・損傷、変形、摩耗、腐食等の点

（2）安全帯について

①安全帯のフックを落石防護ネットのみに掛けての作業は行わない。
　・ダブルフック（2個）であっても、ネット本体の落下またはネット網目の損傷・脱落が考えられるので、親綱使用によるライフラインが必要である。
②安全帯は身体に負担がかからず、作業時の姿勢の安定が比較的良好である斜面作業専用のものを使用する。

（3）法面作業について

① 法面作業の下部にはバリケード等による立入禁止措置を行う。
② 法面作業の上部には、親綱の状態、作業者の保護具使用状況等の監視を含めた作業指揮者を配置する。
③ 法面作業の上部と下部における連絡・合図は確実な方法（無線等）で行う。
④ 親綱1本使用での法面の移動時には、必ず片手は親綱を握っているとともに、ロリップ、またはスライドチャックを握りっ放しにして、機能を失わせる状態にしない。
⑤ 法面の移動時には、山側に背を向けない（スリップ時に手をつきづらい）。
⑥ 斜面上では短時間の小移動であっても、親綱から安全帯等を外さない。

（4）保護具について

① ヘルメットは墜落の時に脱落しないよう、アゴひもをキチンと締める。
② 手袋はゴム引きなどの親綱に対して滑りにくいものを使用する。
③ 冬期間の施工にあたっては、法面の移動、昇降階段の通行に際して、氷雪による滑り防止に有効な靴を着用する。

（5）その他

① 作業開始前に作業者の心身の状態を確認し、不適格者には高所作業を禁止する。
② 道路上に交通整理員等を配置し、第三者による交通災害防止に留意する。
③ 削岩機等の振動工具使用作業における操作時間等の基準を明確にして、振動障害防止を図る（防振機能のある手袋を使用）。
④ 岩盤掘削作業を伴わないネット張り作業、吹付け作業のみであっても、法面上部への昇降設備を設ける。
⑤ 大雨、強風、高波、融雪等の気象状況を的確に把握し、悪天候時の作業中止基準を定める。

3．法面作業の安全に関する留意点

（1）アンカー

① 親綱を結ぶ立木が無い場合、アンカーピン2本をしっかり地中に打ち込む。
② 法肩が平坦な場合は山側に打込み角度をつけ、勾配がある場合は鉛直に打ち込む。
③ 打込み直後、作業開始には荷重をかけ緩みの確認をする。

（2）親綱

1）法肩上部の勾配が30°以上で立ち木がある場合

① 強度のあるものを使用する（径18mm、ビニロン100％、JIS規格）。
② 支持点は最低2点とする。
③ 荷重が加わったときに締めつける「8の字結び」がよい。
④ ライフラインを別に設ける。
⑤ 劣化・損傷状態を常時点検する。

2）法肩に立ち木がない場合
①上下同時作業は厳禁。
②1本の親綱を共有しない。
③作業者の間隔は5m程度離す。
④親綱の端末には玉を結ぶ。

（3）ライフライン（補助ロープ）

1）親綱2本方式
親綱と同様の方法で設置する。

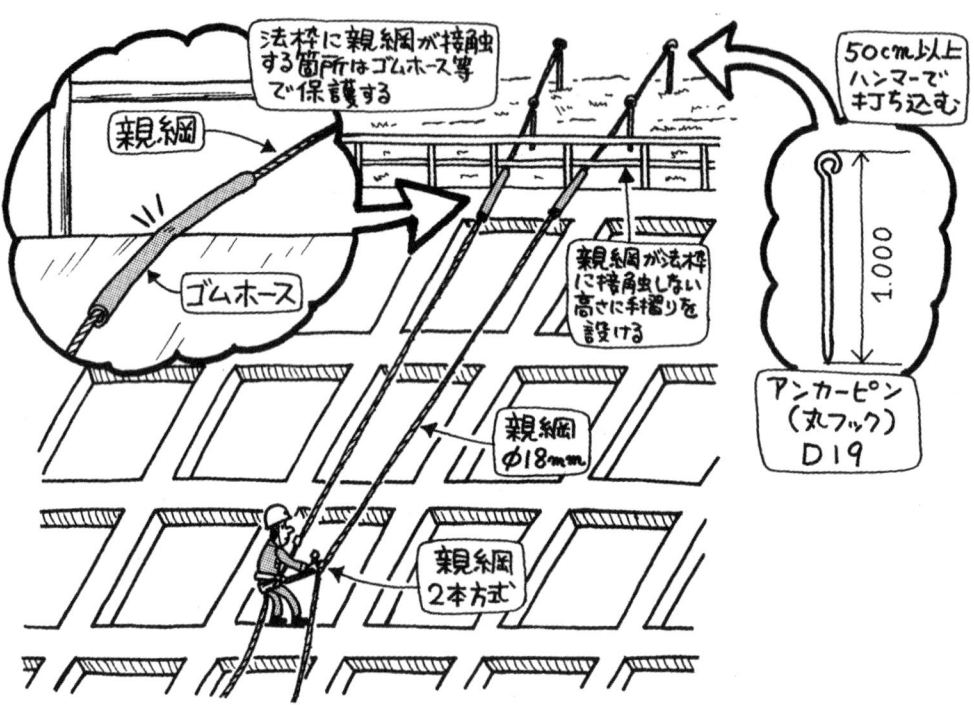

ライフラインの設計図（法枠作業の例）

（4）安全帯・ロリップ（主に親綱2本方式の例）

作業用ロリップで身体を確保した上、もう1本のライフラインにつけた安全帯ロリップを安全帯用D環に連結して使用します。

作業用ロリップ

ロリップ金具は親綱に掛け、フックは尻当てベルトの作業用D環に掛ける。

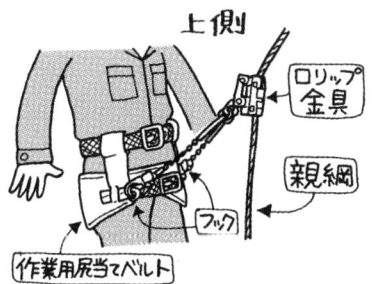

安全帯用ロリップ

ロリップ金具はライフライン（補助ロープ）に掛け、フックは胴締めベルトの安全帯用D環に掛ける。

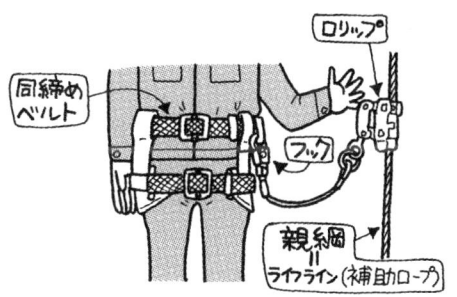

傾斜両面ベルト

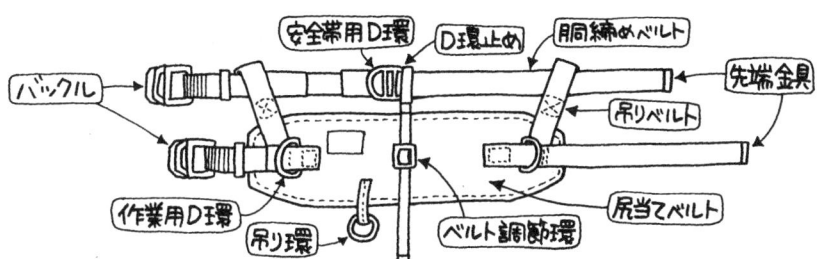

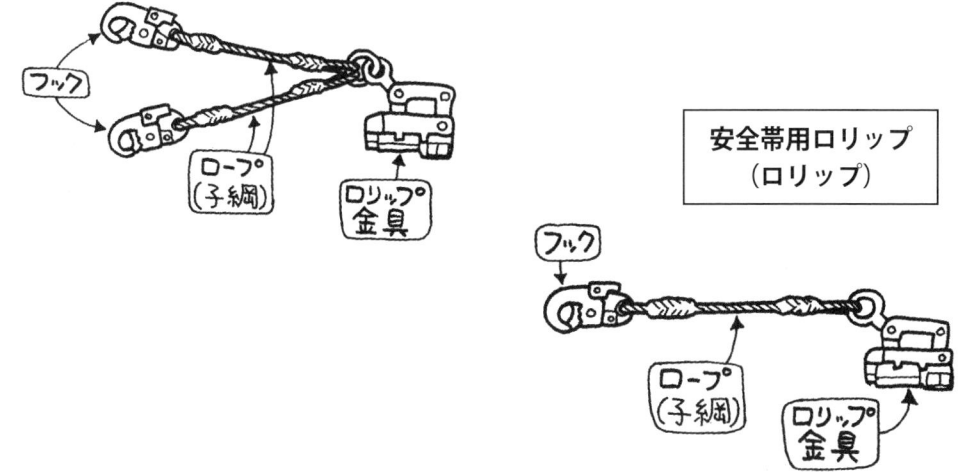

第2章　法面作業での災害防止　31

崖、斜面がある場所での作業にあたっての点検・記録事項

工事名「　　　　　　　　　　　　　　　」
（　　年　　月　　日）
職長等名（　　　　　　　　　）

☆ **立入禁止区域**
・関係者以外の立入禁止措置（ロープ等で囲う、標識明示）をしたか。　□はい　□いいえ

☆ **資格者の選任**
・掘削作業では地山の掘削作業主任者を選任し、職務等を掲示しているか。　□はい　□いいえ
・使用する車両系建設機械等にあった運転資格を有していることを確認したか。　□はい　□いいえ

☆ **作業場所等の安全保持等**
＜作業場所と経路等＞
・安全な昇降設備が設けられているか。　□はい　□いいえ
・切土法面、盛土法面、法肩、走行路等の安全状況を確認したか。　□はい　□いいえ
＜作業床等＞
・崖、斜面上の作業で手すり等を備えた作業床が設置されているか。　□はい　□いいえ
・法肩や小段に墜落防護柵が設置されているか。　□はい　□いいえ
＜親綱、安全帯＞
・親綱、安全帯、接続器具は、指名者が点検表で点検し不良なものは交換したか。　□はい　□いいえ
・親綱は、施工計画を踏まえて効果的に設置されているか。　□はい　□いいえ
・安全ブロック等による補助親綱は設置されているか。　□はい　□いいえ
・安全ブロックがワイヤー等に異常がなく正常に機能しているか。　□はい　□いいえ
・親綱は、2箇所以上の堅固な立木や十分打ち込まれたアンカーに緊結されているか。　□はい　□いいえ
・親綱が擦れるおそれのある箇所は保護カバー等で防護されているか。　□はい　□いいえ
・親綱は法尻または墜落防護柵を設けた小段まで繋がっているか。　□はい　□いいえ
・1本の親綱を複数の作業者が使用することはないか。　□はい　□いいえ
・傾斜面用等の安全帯を使用しているか。　□はい　□いいえ
・法面上等では安全帯が親綱に接続した状態を維持するよう指導したか。　□はい　□いいえ
・安全帯の支持物の強度を確認したか。　□はい　□いいえ

☆ **安全教育等**
・当日の作業手順を作業者に周知したか。　□はい　□いいえ
・親綱、安全帯、接続器具の正しい使用方法を指導・訓練したか。　□はい　□いいえ
・保護帽、安全靴等の正しい着装等を指導したか。　□はい　□いいえ
・親綱、安全帯、接続器具に異常を感じたら直ちに再点検をするよう指導したか。　□はい　□いいえ
・新規入場者に対する安全教育の実施を確認したか。　□はい　□いいえ

☆ **天候等**
・天候等による作業中止等を検討したか。　□はい　□いいえ

☆ **ミーティング時の指導等**
・作業者の健康状態等を確認し、適正配置を行ったか。　□はい　□いいえ
・作業に適合した履物、服装、保護帽等を確認したか。　□はい　□いいえ
・立入禁止区域の周知や予定外作業および上下同時作業の禁止をしたか。　□はい　□いいえ
・安全工程打合せを踏まえた指導となっているか。　□はい　□いいえ
・使用する車両系建設機械等は作業計画書に定められたものか。　□はい　□いいえ
・使用する車両系建設機械等は点検・整備されたものか。　□はい　□いいえ
・車両系建設機械等の運転者に作業範囲、運行経路、作業方法等を説明したか。　□はい　□いいえ
・ＫＹ活動等を行ってから作業を始めたか。　□はい　□いいえ
・新たな問題点や留意すべき事項はないか。　□はい　□いいえ
・その他の必要事項（　　　　　　　　　　　　）　□はい　□いいえ

（参考資料：平成23年2月　建設業労働災害防止協会）

災害防止の急所

法面作業での墜落災害防止

　ダム工事や道路工事等でよく行われる法面工事で、法面での吹付けや整形などの作業中に発生しがちな墜落や転落による災害について考えてみましょう。

> **法肩での片付け作業で、安全帯を使用せずに墜落**
> 1. 法肩での準備・整理作業のための安全帯を取り付ける親綱等の設備を設け、安全帯を使用する。
> 2. 作業指揮者を選任し、作業の直接の指揮をさせ、安全帯の使用状況を監視指導する。
> 3. 法面作業に関する安全設備と作業手順についての教育を行う。

★　法面作業を計画する時点で、本作業だけではなく準備～資材運搬～本作業～片付け資材運搬までの全工程について、墜落防止措置についての検討が必要になります。作業者が安全帯を使用したくても、安全に取り付けられる設備を計画的に設置してやらなければ、どうにもなりません。また、作業に夢中になると安全帯を取り付けるのを忘れることがありますので、作業を監視できる人を配置したいものです。始業前点検である「アンカーの点検」や「親綱の点検」のときも、墜落防止措置を怠ってはなりません。

勾配を甘くみて、安全帯を使用せずに墜落・転落

1. 法面を移動するときなど、安全帯を使用せずに墜落・転落するケースがある。
   自分は「怪我しない」「このくらい大丈夫」などの根拠のない過信から発生することが多いので、過信は禁物。
2. 一度でも、安全帯を使用しないところを見つけたときは、決して見逃さずに指導することが大切。
3. 知識経験不足の者には、熟練者を就けて指導することも大切。災害事例を用いた教育を実施する。

★　安易に未熟練者を危険作業に就けてはなりません。やむを得ない場合は、十分教育するとともに熟練した指導者を就けます。
　　危険作業で守るべき基本事項を検討し、決まった安全対策は必ず実行することが重要です。

横にずらしながら使用しているときに親綱が切れて墜落

1. 予定幅を超えて横移動する場合は、親綱が擦れないように親綱の固定端を移動する。
2. 管架台のクランプ部等に親綱が当たらないようにする。
   （法面作業で設置したフレームも同様に親綱が当たらないようにする）
3. 擦れる箇所は、親綱防護カバー等で保護し、使用前に点検した上で使用する。
   （防護カバーはズレないように設置する）

★　作業装置としての親綱が切断したときに身を守ってくれる親綱が、別に必要となります。
　　自分の命を守る親綱です。作業開始前の親綱点検は、自分で責任を持って確実に実施することが大事です。

<労働安全衛生規則>

第518条
　事業者は、高さが2メートル以上の箇所（作業床の端、開口部等を除く。）で作業を行なう場合において墜落により労働者に危険を及ぼすおそれのあるときは、足場を組み立てる等の方法により作業床を設けなければならない。
2　事業者は、前項の規定により作業床を設けることが困難なときは、防網を張り、労働者に安全帯を使用させる等墜落による労働者の危険を防止するための措置を講じなければならない。

第519条
　事業者は、高さが2メートル以上の作業床の端、開口部等で墜落により労働者に危険を及ぼすおそれのある箇所には、囲い、手すり、覆い等（以下この条において「囲い等」という。）を設けなければならない。
2　事業者は、前項の規定により、囲い等を設けることが著しく困難なとき又は作業の必要上臨時に囲い等を取りはずすときは、防網を張り、労働者に安全帯を使用させる等墜落による労働者の危険を防止するための措置を講じなければならない。

第520条
　労働者は、第518条第2項及び前条第2項の場合において、安全帯等の使用を命じられたときは、これを使用しなければならない。

第521条
　事業者は、高さが2メートル以上の箇所で作業を行なう場合において、労働者に安全帯等を使用させるときは、安全帯等を安全に取り付けるための設備等を設けなければならない。
2　事業者は、労働者に安全帯等を使用させるときは、安全帯等及びその取付け設備等の異常の有無について、随時点検しなければならない。

第522条
　事業者は、高さが2メートル以上の箇所で作業を行なう場合において、強風、大雨、大雪等の悪天候のため、当該作業の実施について危険が予想されるときは、当該作業に労働者を従事させてはならない。

第523条
　事業者は、高さが2メートル以上の箇所で作業を行なうときは、当該作業を安全に行なうため必要な照度を保持しなければならない。

第526条
　事業者は、高さ又は深さが1.5メートルをこえる箇所で作業を行なうときは、当該作業に従事する労働者が安全に昇降するための設備等を設けなければならない。ただし、安全に昇降するための設備等を設けることが作業の性質上著しく困難なときは、この限りでない。
2　前項の作業に従事する労働者は、同項本文の規定により安全に昇降するための設備等が設けられたときは、当該設備等を使用しなければならない。

第530条
　事業者は、墜落により労働者に危険を及ぼすおそれのある箇所に関係労働者以外の労働者を立ち入らせてはならない。

昭51.10.7　基収第1233号
　勾配が40度以上の斜面上を転落することは、労働安全衛生規則第518条及び第519条の「墜落」に含まれる。

40°以上の勾配であれば「墜落」
40°未満であれば「転落」

第3章
建設機械災害の防止

3-1 車両系建設機械作業での災害防止

災害事例 掘削溝の埋戻しのため、後進してきたドラグショベルが激突

作業種別	埋戻し作業	災害種別	激突され	天候	曇り
発生月	4月	職種	土工	年齢	50歳
経験年数	1年3カ月	入場後日数	1日目	請負次数	3次

災害発生概要図

災害発生状況

排水管埋設工事において、ドラグショベルを使用して敷設した排水管の埋戻作業中に発生したものである。
朝礼時、3次下請の現場代理人が不在のため、1次下請の現場代理人が3次下請の作業内容と注意事項を指示した後、被災者は同僚と排水管の敷設作業の補助および清掃など雑作業を行っていた。
2本目に掘削した場所の排水管の敷設が終了したので、ドラグショベルのオペレーターは埋戻し作業を行うため、ドラグショベルを一旦後退させたところ、近くで竹ぼうきで散乱した土を掃いていた被災者はドラグショベルに激突された。

	主な発生原因	防止対策
人的要因	・ドラグショベルのオペレーターが周囲で作業する作業者の状況などを十分に確認せず、突然後進させた。	・車両系建設機械を用いて作業を行う際は、オペレーターは周囲の安全を十分確認した上で運転すること。
物的要因	・ドラグショベルを使用して掘削、埋戻し作業を行うのに、立入禁止措置を講じなかった。	・運転中の建設機械に接触することにより危険が生ずるおそれのある箇所に、バリケード、立入り禁止用トラロープ等により立入禁止区域を明瞭にし、作業者に周知すること。 ただし、立入禁止区域を定めることが困難な場合は、誘導者を配置すること。
管理的要因	・現場の作業状況に応じた具体的な災害防止対策などについて、関係請負人に対する指導が徹底していなかったことなど、現場の統括安全管理が不十分だった。	・作業計画を作成し、現場巡視等を通じて安全管理を実施させるとともに、車両系建設機械を使用する作業についての危険性の認識を高めるための安全衛生教育を実施すること。

安全上のポイント

1. 車両系建設機械(ショベル系)による災害発生状況

　車両系建設機械のうち、ショベル系掘削機による災害の起因別死傷者数では、「激突・激突され」が213件と最も多く、約31％を占めています。次いで、「挟まれ」が192件（約28％）、「飛来・落下物にあたる（崩壊、倒壊物を含む）」が93件（約14％）、「墜落・転落」が72件（約11％）の順になっています。

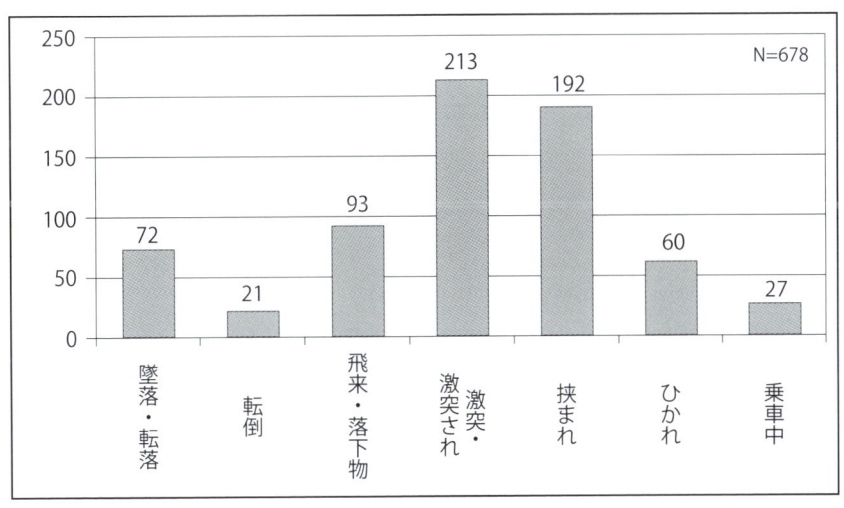

ショベル系掘削機による災害の起因別死傷者数
（平成20年、休業4日以上、 単位：人）

墜落・転落	72
転倒	21
飛来・落下物	93
激突・激突され	213
挟まれ	192
ひかれ	60
乗車中	27

N=678

　これらの災害の型別の事例から災害の原因を探ると、次のようなことが関連しあって発生しています。

　　①誘導・合図・指揮等が不十分
　　②粗暴な運転、誤操作、運転技能の未熟
　　③無理な使用（用途外使用を含む）
　　④建設機械の稼働範囲に立ち入る
　　⑤地盤が不安定な箇所（路肩等を含む）に建設機械が入る
　　⑥周辺作業者等との事前の連絡調整が不十分
　　⑦その他（教育不十分、作業方法不適、無資格運転等の管理上の問題等）

2．車両系建設機械の使用に係る危険の防止

　車両系建設機械はほとんどの建設現場で使用されています。しかし、その利便さの半面、「激突・激突され」、あるいは「挟まれ・巻き込まれ」といった災害で毎年多数の作業者が死亡しています。特に、作業者が近くで建設機械が使用されていることを知っているにも関わらず、「大丈夫だろう」と安易に考え、作業半径内に立ち入ったことで被災するといった災害などは、日ごろからの安全教育不足といえるでしょう。
　こうしたことがないように、日頃から法令に規定される最低基準としての災害防止対策を順守するだけでなく、作業や作業場所に潜在する危険について作業者に認識させるために、リスクアセスメントを取り入れた危険予知活動などの安全教育を繰り返す必要があります。

（1）作業計画の作成（安衛則155条）

　車両系建設機械を用いて作業を行うときは、地形、地質の状態等の事前調査に適応する作業計画を定めなければなりません。作業計画には下記の項目を示し、関係作業者に周知徹底する必要があります。
　　①使用する車両系建設機械の種類および能力
　　②車両系建設機械の運行経路
　　③車両系建設機械による作業の方法

（2）転倒または転落の防止（安衛則157条）

　車両系建設機械の転倒または転落による作業者の危険を防止するため、運行経路となる路肩の崩壊防止、地盤の不同沈下の防止、必要な幅員の確保、ガードレールや標識の設置などの措置を講じる必要があります。また、傾斜地や路肩のそばで車両系建設機械を稼働させるときは、誘導者を配置し、運転者はこれに従わなければなりません。

（3）車両系建設機械との接触の防止（安衛則158条）

　運転中の車両系建設機械に接触する災害が多く発生しており、立入禁止措置あるいは誘導者の配置、旋回範囲に入らないなどの対策を講じることが必要です。接触により危険が生ずるおそれがある箇所には、機械の走行範囲のみならず、アーム等の作業装置の可動範囲内の場所が含まれています。

■建設機械（油圧ショベル）の危険範囲と危険な理由について

　油圧ショベルが原因となった死傷災害は、毎年、車両系建設機械災害の上位に位置しています。これは様々な現場で数多く稼働していることにもよりますが、それにも関わらずその危険性をよく理解していない事例が見受けられます。

【主な災害事例やヒヤリ・ハット】
　①後進してきた油圧ショベルに接触する。
　②旋回してきたバケットに激突される。

③カウンターウエイトと建物等との間に挟まれる。
④用途外使用によるつり荷作業等の災害など。

【危険な理由】
①アームの旋回スピードは意外と速く、旋回範囲も見た目の倍ほど大きい。
②思いのほか、運転席からの死角は多い。しかも複雑な作業では操作に集中して周囲が見えない。
③掘削中は周辺の足場の状態も悪く、とっさに逃げられない。
④作業中の騒音で、危険を知らせる声などに反応が鈍くなる。
⑤用途外使用は無理な姿勢や作業を余儀なくされ、危険性も高い。

したがって、周辺作業者は油圧ショベル使用の作業には大きな危険性があることを認識して、危険範囲に入らず、誘導、監視員等の指示や合図などの打合せ事項を守り、安全に自分の作業ができるよう行動する必要があります。

(4) 合図の徹底

車両系建設機械の運転時に誘導者を配置するときは、一定の合図を定め、誘導者に合図を行わせなければなりません。立入禁止措置が行われ誘導者が配置されていない場合、通行者が車両系建設機械の作業半径内にやむを得ず立ち入る際には、通行者とオペレーターとの間で「グーパー合図」等により、安全を確保する方法があります。

(5) 車両系建設機械の主な運転資格

車両系建設機械の運転業務に必要な資格としては、下表に示すとおりです。

車両系建設機械の運転に必要な資格

	選任・配置すべき者	業務内容	必要な資格	関係条文
建設機械等	車両系建設機械（整地・運搬・積込・掘削用および解体用）運転者	機体重量3t以上のもの	技能講習修了者	安衛法61条 安衛令20条
		機体重量3t未満のもの	特別教育修了者	安衛則36条
	車両系建設機械（基礎工事用）運転者	機体重量3t以上のもの	技能講習修了者	安衛法61条 安衛令20条
		機体重量3t未満のもの	特別教育修了者	安衛則36条
	車両系建設機械（締固め用）機械運転者	機体重量を問わず動力を用い、不特定の場所に自走できるものの運転	特別教育修了者	安衛法59条 安衛則36条
	車両系建設機械修理作業指揮者	車両系建設機械の修理またはアタッチメントの装着および取外しの作業	事業者が指名	安衛則165条

（6）主たる用途以外の使用の制限（安衛則164条）

　油圧ショベル（バックホウ）による荷のつり上げ等、主たる用途以外の使用は原則禁止となっています。ただし、次のいずれかに該当する場合には適用しません。
①作業の性質上やむを得ないとき、または安全な作業の遂行上必要なとき。
②安全確保措置として、バケット等につり金具の取付けや、フックには玉掛けワイヤロープの外れ止めが付いているなどの措置ができている場合　など。
　詳細は、P.51「車両系建設機械による荷のつり上げ作業基準」を参照のこと。

　油圧ショベル（バックホウ）等による荷のつり上げ作業を行う場合には、作業者とつり上げた荷との接触、つり上げた荷の落下または車両系建設機械の転倒もしくは転落による災害や事故が発生する危険性が高いことから、クレーン機能を備えた車両系建設機械を使用しましょう。

3．クレーン機能を備えた車両系建設機械

　クレーン機能を備えた車両系建設機械とは、油圧ショベル（バックホウ）等の車両系建設機械に荷をつり上げるためのフックおよび安全装置等を取り付けることにより、荷のつり上げ、運搬を行うことができるクレーン機能を備えたものです。
　クレーン機能を備えた車両系建設機械には、クレーン作業を安全に行うために、（社）日本クレーン協会規格に適合した過負荷制限装置や格納型フック（外れ止め付き）をはじめ、各種の安全装置が備えられています。

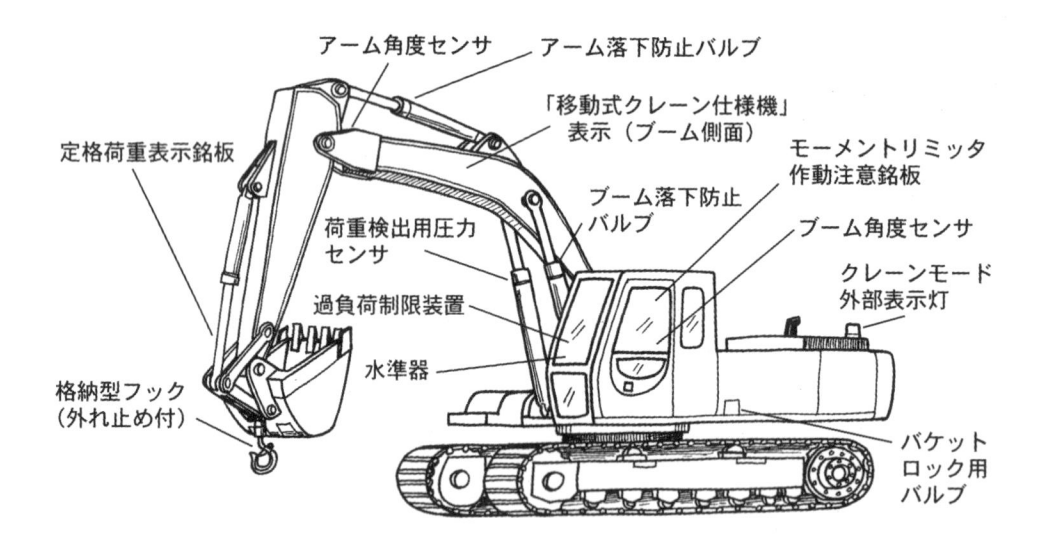

（図：クレーン機能を備えた車両系建設機械の各部名称）
- アーム角度センサ
- アーム落下防止バルブ
- 「移動式クレーン仕様機」表示（ブーム側面）
- モーメントリミッタ作動注意銘板
- 定格荷重表示銘板
- 荷重検出用圧力センサ
- ブーム落下防止バルブ
- ブーム角度センサ
- 過負荷制限装置
- クレーンモード外部表示灯
- 水準器
- 格納型フック（外れ止め付）
- バケットロック用バルブ

（1）油圧ショベルによる労働災害と法令等の経緯

1）これまでの経緯

当初、車両系建設機械による荷のつり上げ作業は災害が多発したことから、一定の要件を満たした場合の土止め支保工の組立て等の作業を除き、用途外使用として禁止されていました。

しかしながら、上下水道や電気・ガス等の工事現場においては、掘削以外に物をつり上げる作業がしばしば必要であり、その都度移動式クレーンを手配するよりは、その構造上、比較的容易に物をつり上げることができる油圧ショベルに簡単なつり金具等を取り付けて代用してしまうことも多く、このため災害も発生していました。

こうした現場における実状と災害を背景に、平成4年に労働安全衛生規則164条が改正され、車両系建設機械の「主たる用途以外の使用の制限」が緩和され、特定条件下（作業場所が狭く、クレーン搬入により作業場所が輻輳し危険が増すと考えられる場合など）では、アーム、バケット等の作業装置につり上げ用具を取り付け、安全措置を講ずる等により、荷のつり上げが認められるようになりました。

ところが、この緩和措置の拡大解釈もあり、油圧ショベルによるつり荷作業に伴う重大災害が多発するようになったことから、（社）日本クレーン協会において、労働省（現厚生労働省）の委託を受け、平成10年にJCA規格（日本クレーン協会規格）として「油圧ショベル兼用屈曲ジブ式移動式クレーンの過負荷制限装置」について、その機能、構造、性能等が規定されました。

2）事務連絡「クレーン機能を備えた車両系建設機械」の取扱いについて（要約）

平成12年2月に労働省（現厚生労働省）労働基準局安全衛生部安全課長より事務連絡として、クレーン機能を備えた油圧ショベル等の車両系建設機械の法令上の位置付け、クレーン作業、資格関係等について示されました。

①法令上の位置付け

油圧ショベル等の車両系建設機械は、車両系建設機械に係る規定および移動式クレーンに係る規定の両方が適用される。したがって、構造要件についても両方の構造規格が適用された。

②クレーン作業

当該機械を用いたクレーン作業は、労働安全衛生規則164条に規定する「用途外使用」には該当しない。すなわち、クレーン機能を備えた車両系建設機械は正式に移動式クレーンとして使うことが認められた。

なお、移動式クレーン構造規格に規定する安全装置等については、必ず有効な状態にして使用しなければならない。

③クレーン作業に必要な資格

車両系建設機械を用いてクレーン作業を行う場合の運転等の資格は、移動式クレーンの運転と同様、当該機械のつり上げ荷重に応じた運転の資格が必要であり、また、玉掛けの業務についても玉掛けの資格が必要となる（次ページ表1）。

また、掘削作業等車両系建設機械の用途で作業を行う場合は、その用途および機体重量に応じ、車両系建設機械運転技能講習修了者または車両系建設機械の運転の業務に関する安全のための特別教育を受けた者が行う。

表1　クレーン作業に必要な資格

作業内容	当該機械の つり上げ荷重	必要な資格
運転の業務	5t以上	移動式クレーン運転士免許所持者
	1t以上5t未満	移動式クレーン運転士免許所持者 小型移動式クレーン運転技能講習修了者
	0.5t以上1t未満	移動式クレーン運転士免許所持者 小型移動式クレーン運転技能講習修了者 移動式クレーン特別教育修了者
玉掛けの業務	1t以上	玉掛け技能講習修了者
	0.5t以上1t未満	玉掛け技能講習修了者 玉掛け特別教育修了者

(2) 点検、検査について

　クレーン機能を備えた車両系建設機械は法令上の位置付けとして、車両系建設機械と移動式クレーンの両方の規定が適用されるため、定期自主検査についても両方が適用されることになります（表2）。
　点検・検査は、機械を常に正常な状態に維持する上で重要であり、確実に実施することが大切です。また、管理者においては便利な点検シートや取替基準などを作成しておくことも効果的であると考えます。

表2　クレーン機能を備えた車両系建設機械の定期自主検査等

点検・検査	車両系建設機械	移動式クレーン
作業開始前点検	作業開始前点検 （安衛則170条）	作業開始前点検 （ク則78条）
月例検査	定期自主検査 （安衛則168条）	定期自主検査 （ク則77条）
年次検査	特定自主検査 検査は有資格者が行う （安衛則167条、169条の2）	定期自主検査 （ク則76条）

※安衛則：労働安全衛生規則　　ク則：クレーン等安全規則

災害防止の急所

車両系建設機械での災害防止

　車両系建設機械による災害は、建設業における三大災害（墜落・転落災害、重機・クレーン災害、倒壊・崩壊災害）のひとつであり、労働災害の件数も多く、また、ひとたび災害を起こせば、死亡災害や重篤な災害に至る可能性が高いのが現状です。

　車両系建設機械による労働災害の大部分は、建設機械の周辺の作業者とオペレーターとの連絡不十分、不明確な合図・誘導等での作業指揮、オペレーターの不安全作業、新しい機械の取扱いの知識の不足などにより発生しています。ヒューマンエラー等の発生原因を十分に認識し、災害を防止していかなければなりません。

バックホウが法肩から転落する災害防止

1. 作業前に必ず重機足場を確認し、不安定であるときは敷鉄板の使用、必要に応じての地盤改良や、重機足場の造成を行うなどの検討が必要になる。
2. 法肩に近づかないような重機の配置を計画し、法肩には注意喚起表示をすることが大事である。
3. やむを得ず法肩に近づかなければならない時は、誘導者を配置し、その合図に従って操作させることが必要になる。

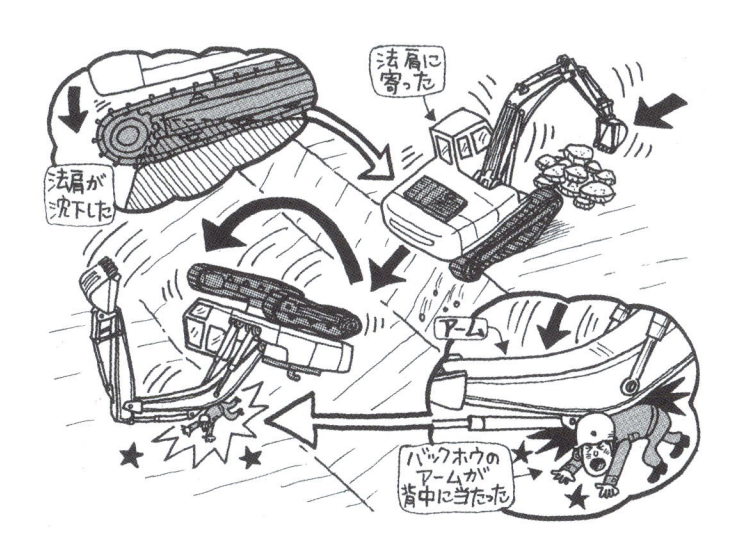

★　法肩付近での作業は、法肩が崩壊するという危険性があるので、法肩に近づけさせないで作業させることが大事です。
　そのためには、作業計画に重機の作業範囲を明示し、誘導者を配置して、できるだけリスクを伴わない状態にしておかなければなりません。

運転者が振り落とされて、機械の下敷きになる災害だけでなく、転落（墜落）した下方にいた作業者が被災する例もあります。また、バランスを崩した際に、思わぬ挙動により誘導者が被災する例も少なくありません。
　万が一を考慮し、他の作業とエリア区分を確実に行い、誘導者が立つ位置も考慮しなければなりません。

＜労働安全衛生規則＞
第157条
　　事業者は、車両系建設機械を用いて作業を行なうときは、車両系建設機械の転倒又は転落による労働者の危険を防止するため、当該車両系建設機械の運行経路について路肩の崩壊を防止すること、地盤の不同沈下を防止すること、必要な幅員を保持すること等必要な措置を講じなければならない。
　2　事業者は、路肩、傾斜地等で車両系建設機械を用いて作業を行なう場合において、当該車両系建設機械の転倒又は転落により労働者に危険が生ずるおそれのあるときは、誘導者を配置し、その者に当該車両系建設機械を誘導させなければならない。
　3　前項の車両系建設機械の運転者は、同項の誘導者が行なう誘導に従わなければならない。

バックホウのカウンターウエイトと建物等の間に挟まれる

1. バックホウの作業半径内立入り禁止柵等を設ける。柵の設置ができない場合は、誘導者を配置し、無断立入りを徹底する。

    柵の設置をせずに、カラーコーン等で表示するだけの措置では、容易に入ることができ、不安全行動による立入りで被災する例が多く見られる。安易に表示だけで済ませないようにする。
2. 何らかの事情で、急ぎ作業半径内に立ち入る必要ができた時は、誘導者の合図により重機が停止したことを確認した後でなければならない。緊急時に備え、あらかじめ合図を決めておくと良い（グーパー合図）。
3. 思いのほか、重機の運転席からの死角は大きい。作業者にその範囲を理解させる安全教育を行う。
4. 予定外作業が発生したときにも、近接作業になる場合もある。勝手に作業変更せず、元請と協議のうえ作業手順の確認、安全設備等の確保や、関係者への連絡をした上で、作業開始することが必要である（予定外作業変更ルールをあらかじめ決め、作業者に周知する）。

＜労働安全衛生規則＞

第158条

事業者は、車両系建設機械を用いて作業を行なうときは、運転中の車両系建設機械に接触することにより労働者に危険が生ずるおそれのある箇所に、労働者を立ち入らせてはならない。ただし、誘導者を配置し、その者に当該車両系建設機械を誘導させるときは、この限りではない。
2　前項の車両系建設機械の運転者は、同項ただし書の誘導者が行なう誘導に従わなければならない。

第159条

事業者は、車両系建設機械の運転について誘導者を置くときは、一定の合図を定め、誘導者に当該合図を行なわせなければならない。
2　前項の車両系建設機械の運転者は、同項の合図に従わなければならない。

《 刑　法 》
（業務上過失致死傷等）
第211条
　　業務上必要な注意を怠り、よって人を死傷させた者は、5年以下の懲役若しくは禁錮又は100万円以下の罰金に処する。重大な過失により人を死傷させた者も、同様とする。

★　車両系建設機械の災害は、重機の作業半径近くで作業者と重機とで共同作業を行うようなときに多く発生しています。重機の運転中は、重機に接触するおそれのある箇所に、作業者を立ち入らせないことを徹底してください。
　また、重機のオペレーターは、作業者が当該箇所に立ち入っている場合、運転を停止することを徹底してください。

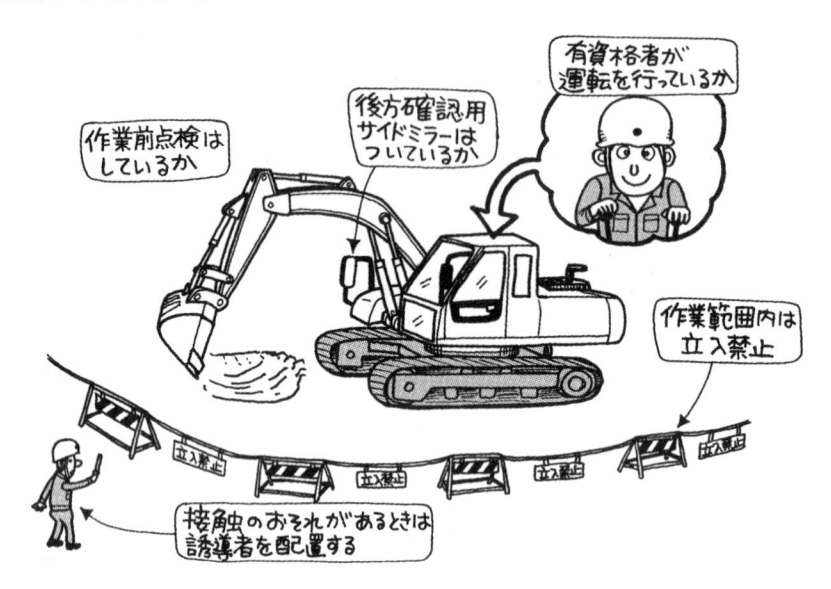

グーパー合図の例

①通行者が重機作業範囲内にやむを得ず立ち入る際はオペレーターに合図を送る。
②オペレーターが存在を認識した段階で「パー」を出し、重機作業範囲内に受け入れる意思を表示する。
③オペレーターはバケットを接地する等の停止措置を行ってから「グー」を出し、通行者に立入りの許可を出す。
④通行者は重機から十分離れた位置に達したら「グー」を出して、作業範囲から出たことをオペレーターに示す。
⑤通行者の「グー」を確認したらオペレーターは「パー」を出し、周囲を目視確認の上、作業を再開する。

操作レバーに思いがけずに触れ、重機が動き挟まれる

　重機のエンジンが掛かっている状態で、オペレーターが運転席から身を乗り出す行為をした時に、思わず操作レバーに体や衣服が接触し、重機が動き出す災害が発生することもある。短時間でも運転姿勢を変えるなど、操作以外に体を動かす時は、バケットを着地させるなど重機を安定させ、エンジンを停止させてからにする。

- 深い所の掘削箇所を確認するときに立ち上がって
- 死角になっているところを確認しようとして
- 重機を降りようとして（搭乗しようとして）　など

★　バックホウのオペレーターが席を離れる場合や燃料を給油する場合には、思わぬ災害を招くおそれがあります。必ずエンジンを止め、走行ブレーキ等の逸走を防止する措置をとることを徹底させてください。

<労働安全衛生規則>

第160条
　　事業者は、車両系建設機械の運転者が運転位置から離れるときは、当該運転者に次の措置を講じさせなければならない。
　一　バケツト、ジツパー等の作業装置を地上におろすこと。
　二　原動機を止め、及び走行ブレーキをかける等の車両系建設機械の逸走を防止する措置を講ずること。
　2　前項の運転者は、車両系建設機械の運転位置から離れるときは、同項各号に掲げる措置を講じなければならない。

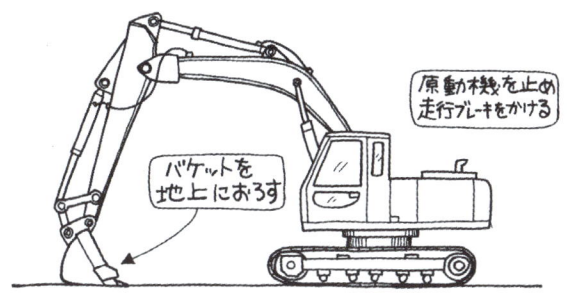

運転位置から離れる時の危険防止

第3章　建設機械災害の防止

バックホウで敷鉄板をつり上げ旋回し、バックホウが転倒

　クレーンを用意せず、バックホウで鉄板をつって横転し、鉄板やバックホウの下敷きになる災害が多く発生している。

　バックホウで物をつる行為は、用途外使用となり、危険な状態になりやすく、原則として禁止されている。荷重に応じた能力を持つクレーン等を使用する。

　身近にあり、応用が効きやすく便利なバックホウだが、建設機械の災害の発生上位になっている。

★　用途外使用は原則として禁止されています。

　バックホウ等により荷をつるときは、次の条件が必要になります。
（1）作業の性格上やむを得ないとき、または安全作業のため必要なとき。
　　　例：土砂崩壊防止のため土止め用矢板等をつりこむとき
　　　　　作業場所が狭く移動式クレーンを使うとかえって危険なとき
（2）バケット等につり金具を堅固に取り付ける。
（3）フックには玉掛けワイヤロープのはずれ止めを取り付ける。
（4）合図者を指名し、合図させる。
（5）平らな場所で行う。
（6）荷の落下、接触の危険箇所を立入禁止とする。

(7) 構造上負荷させることのできる荷重を超えてつらない。
　　（標準バケットの平積容量×1.8に相当する重量で最大1tまで）
(8) 玉掛けワイヤロープは安全係数6以上で、キンクしていないもの等安全なものを使用する（玉掛けは有資格者）。
(9) エンジンの回転速度は低速で行う。
　　できるだけ、クレーン機能付きのバックホウを使用するようにしましょう。

車両系建設機械による荷のつり上げ作業基準

- 玉掛け用ワイヤロープは一定の要件に該当するものを使用すること（安全係数6以上、素線の切断が10%未満、直径の減少が7%以下、キンク、形くずれ、腐食がないこと）
- 玉掛け用つりチェーンは一定の要件に該当するものを使用すること（安全係数原則5以上、伸びが製造時の長さの5%以下、リンクの断面の直径の減少が10%以下、き裂がないこと）
- つり上げできる最大荷重を超えないこと
- 立入禁止区域の設定

つり上げ作業をして良い場合
① 作業の性質上やむを得ない場合
② 安全な作業の遂行上必要な場合

次の要件に該当するフック等のつり上げ器具があること。
・十分な強度であること
・外止め装置があること
・作業装置から外れないこと

平坦な場所であること

合図者を決め一定の合図で行う

専用装置の取付け基準

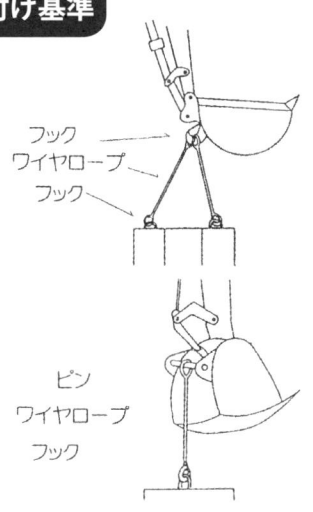

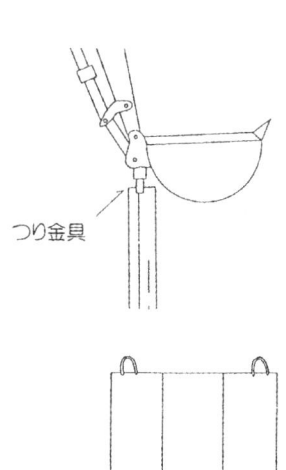

フック
ワイヤロープ
フック

ピン
ワイヤロープ
フック

つり金具

・つり金具の例

第3章　建設機械災害の防止　51

「クレーン機能付きドラグ・ショベル」の必要要件について

　　クレーン機能付きドラグ・ショベルは、下記に示すとおり、外観上、一般のドラグ・ショベルとは、「格納型のフック」、「クレーンモード時に点灯する回転灯」、「移動式クレーン仕様である旨の表示」などの点が異なることが特徴です。（平 22.3.2 基安安発 0302 第 3 号）

各部の名称および安全装置

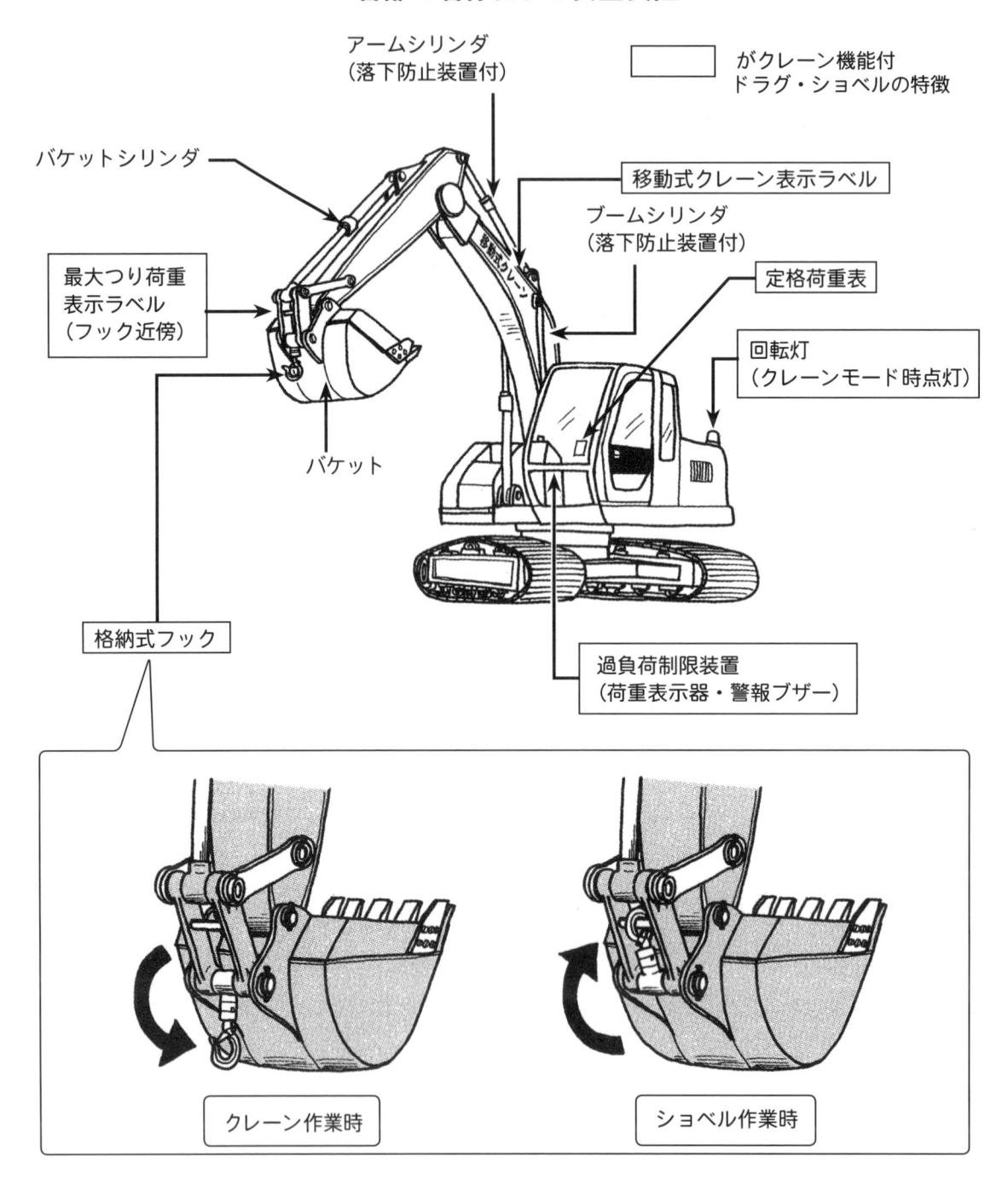

- アームシリンダ（落下防止装置付）
- バケットシリンダ
- 最大つり荷重表示ラベル（フック近傍）
- バケット
- 移動式クレーン表示ラベル
- ブームシリンダ（落下防止装置付）
- 定格荷重表
- 回転灯（クレーンモード時点灯）
- 過負荷制限装置（荷重表示器・警報ブザー）
- 格納式フック

□ がクレーン機能付ドラグ・ショベルの特徴

クレーン作業時　　ショベル作業時

バックホウの爪で敷鉄板を動かした際、鉄板が合図者の足にあたる

敷き鉄板のずれを直そうとしてバックホウのバケットの爪で敷鉄板を手前に寄せようとしたときに、下に敷いてある砕石の盛り上がりの部分を支点に敷鉄板が大きく回転し、合図者の足の先に当たり被災。

鉄板が大きく回転することを予想していないことが原因で発生する。

1. 作業を行う前、状況をよく確認し、予想される危険を把握させる。
2. 作業前、服装点検を確実に行い、安全靴や鉄板で補強された安全長靴を履くことを徹底する。
3. 砕石の不陸が発生している場合は、不陸整正を行う。

★ 「重機の作業半径内立入禁止」はよく言われていますが、状況によっては、重機の作業半径内に入っていなくても、災害が起こる場合があります。重機作業による影響範囲をよく把握し、合図者、誘導者は適切な場所に配置することが重要です。

重機災害防止の要点

①作業者が「不安全な行動」をしても、機械や防護設備が完全な状態であれば災害にはなりません。すなわち、「運転中の重機の周りには近付けないように防護設備をしておくこと」です。

②「機械や防護設備が不安全な状態」でも、「作業者が絶対安全な行動」をしていれば、災害にはなりません。すなわち、「運転中の重機の周りに作業者が絶対に近づかないようにすること」です。

3-2 杭打ち機械作業での災害防止

[災害事例] アースドリルで掘削作業中、上部旋回体とキャタの間に挟まれる

作業種別	場所打ち杭作業	災害種別	挟まれ	天候	晴れ
発生月	10月	職種	杭工	年齢	38歳
経験年数	10年3カ月	入場後日数	10日目	請負次数	2次

災害発生概要図

災害発生状況

前日に引き続き、アースドリルに付けられた拡底バケットにより掘削作業を行っていたところ、杭工（被災者）が杭穴まわりに堆積した排土を片付けるため、アースドリルの旋回範囲内に入った。
運転者は排土後にもう1回掘削するとの意味で杭工に手合図を行い、拡底バケットのワイヤロープを巻き上げ後、掘削土を掘削土仮置き場に排出しようと、アースドリルの機体上部旋回体を旋回させた。
運転者は杭工への手合図で旋回範囲内から退避したと思い、周囲の確認をしないままアースドリルを旋回したところ、杭工はアースドリルの機体上部とキャタとの間に挟まれ被災した。
なお、旋回時の警報を発する装置が故障しており、ランプの点滅だけで旋回を行っていた。また、繰返し作業のため、職長等からの安全指示がなかった。

	主な発生原因	防止対策
人的要因	・安易に作業中のアースドリルの旋回内に入った。 ・運転者は作業慣れで、作業者が退避したことを確認せず旋回した。 ・運転者と杭工は合図を確認してはいた。	・機械の可動範囲にやむを得ず入る場合は、運転者に合図し、機械を止めてから入ることを徹底する。 ・運転者と杭工は「グーパー合図」等により、作業半径内に立ち入ることをお互いに確認する。
物的要因	・作業中のアースドリルの周囲には部分的にしか立入禁止柵がなかった。 ・旋回時の警報装置が故障していた。	・機械の稼働範囲は立入禁止柵を設置する。 ・始業前点検を行い、故障している箇所は放置しないで、補修してから作業にかかる。
管理的要因	・繰返しの基礎杭作業で作業慣れもあり、安全ミーティング時に元請や職長からの安全指示等はなかった。 ・手合図の方法を決めていなかった。 ・職長、作業者への安全衛生教育が不足していた。	・繰返し作業でも、作業開始前に安全作業への指示を出すとともに、安全意識の高揚を図る。 ・重機の移動、旋回時は合図方法を明確にする。 ・職長、作業者への再教育の実施と、職長による監視体制を徹底する。

安全上のポイント

1. 基礎工事用機械による災害発生状況

　基礎工事用機械の死傷災害（平成20年）を事故の型別にみると、「挟まれ」が27件（50％）と最も多く、次いで「飛来、落下物に当たる（崩壊、倒壊物を含む）」が15件（28％）、「激突・激突され」が6件（11％）の順となっています。

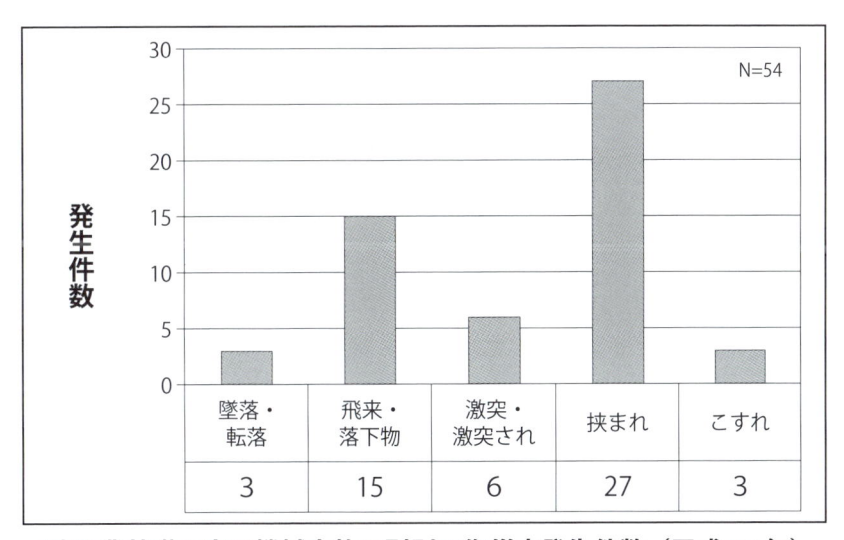

事故の型	墜落・転落	飛来・落下物	激突・激突され	挟まれ	こすれ
発生件数	3	15	6	27	3

（N=54）

建設業基礎工事用機械事故の型別死傷災害発生件数（平成20年）

　基礎工事用機械の死傷災害（平成20年）を不安全な状態別にみると、作業方法の欠陥で約50％を占めており、その内の約33％が作業手順の誤りとなっています。次いで、その他の不安全な状態が約22％、物自体の欠陥が約11％となっています。

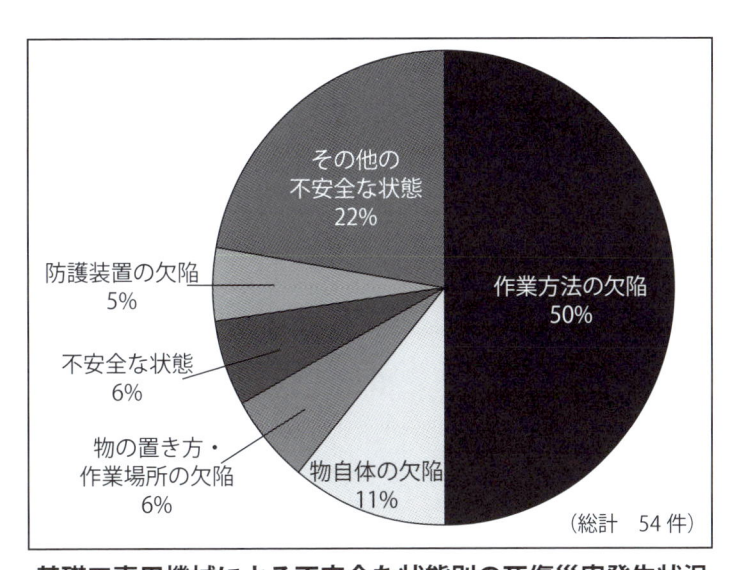

- 作業方法の欠陥　50％
- その他の不安全な状態　22％
- 物自体の欠陥　11％
- 物の置き方・作業場所の欠陥　6％
- 不安全な状態　6％
- 防護装置の欠陥　5％

（総計　54件）

基礎工事用機械による不安全な状態別の死傷災害発生状況

第3章　建設機械災害の防止　55

また、不安全行動別では、危険場所等への接近（動いている機械に接近する、つり荷の下に入る）が約44%を占めており、その他の不安全な行為（道具のかわりに手を出す、飛乗りや飛降り、確認しないでの作業）が約28%、誤った動作（昇り方や降り方の誤り、物の支え方の誤り）が約11%となっています。

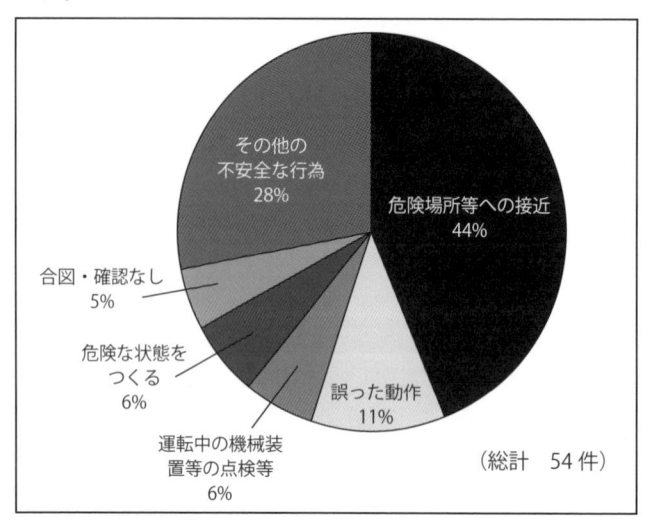

基礎工事用機械による不安全な行動別の死傷災害発生状況

2. 基礎工事用機械による災害防止のポイント

（1）事前調査と作業計画

　杭打機等の組立てまたは作業中は、倒壊を防止するため、あらかじめ作業場所の地形、地質の状態や現場周辺の状況などの作業条件について調査するとともに、これに適応した敷鉄板の敷設等による地盤強度の確保の方法や作業方法などについての作業計画を策定し、当該作業計画により作業を行います。

　また、作業に使用する機械については、機械の仕様書等に示された内容をもとに、地形、地盤の状況、作業内容に応じた能力のものを選定します。

　労働安全衛生法令では、車両系建設機械を用いて作業を行う場合は、次の事項に示す作業計画を作成し、運転者、誘導者、共同作業者等の関係作業者に周知させることが定められています。

> ①使用する車両系建設機械の種類、能力
> ②運行経路
> ③作業方法

1）計画に際し、安全上配慮すべき事項

①基礎工事の場合、作業の進捗に伴い、事前調査による作業条件と実際が相違する場合には、速やかに新しい作業条件に対応した作業計画に変更することが必要である。
　・作業地盤の強度を調査し、地盤改良の必要性、補強用敷き鉄板の数量等を検討する。
　・地下埋設物、架空線、近接工作物について調査し、事故・災害防止の措置を関係者と協議する。

②杭打ち、杭抜きのどちらの作業も資材置場、プラント設備用地、機械の作業空間等の作業エリアが必要であることから、計画時に十分な広さの作業用地、作業空間を確保する。

（2）基礎工事用機械の組立て時の措置

基礎工事用機械を現場で組み立てる場合は、事前に組立時期、場所、作業手順など綿密に打合せを行います。組立てでは作業指揮者を配置し、作業手順に基づいて組立て後、計画通りに組み立てられているか確認し、持込機械届受理証を交付します。

（3）作業指揮者、有資格者の配置

杭打機の組立て・解体には作業指揮者を配置し、機体重量3t以上の基礎工事用機械の運転には技能講習修了者を選任します。下表には、基礎工事用機械に関連する作業・業務で配置を必要とする者について示します。

基礎工事に関連する作業・業務で配置を必要とする者

	作業・業務の内容	配置する者（左欄に対応した講習等を受けた者および役職者）	安衛法令条文
a	動力を用い、かつ、不特定の場所に自走できる機体重量3t以上の車両系建設機械（基礎工事用）の運転者	技能講習修了者	安衛法施行令20条12号
b	機体重量3t未満の車両系建設機械（基礎工事用）の運転者	特別教育修了者	安衛則36条9号
c	基礎工事用機械で、動力を用い、かつ、不特定の場所に自走できるもの以外のものの運転者	特別教育修了者	安衛則36条9号の2
d	基礎工事用機械で、動力を用い、かつ、不特定の場所に自走できるものの作業装置の操作（車体上の運転席における操作を除く）を行う者	特別教育修了者	安衛則36条9号の3
e	杭打機、杭抜機の組立て、解体、変更または移動の作業	作業指揮者	安衛則190条
f	車両系建設機械の修理またはアタッチメントの装着および取外しの作業	作業指揮者	安衛則165条
g	路肩、傾斜地等の作業で車両系建設機械が転倒・転落のおそれのある場合	誘導者	安衛則157条
h	作業者が車両系建設機械に接触するおそれのある場合	誘導者	安衛則158条
i	架空電線等に近接して、杭打機、杭抜機を使用する作業	監視人	安衛則349条

(4) 基礎工事用機械の作業上の留意事項

1) 一般的な留意事項

① 一般に杭打機はリーダが長く、ハンマや杭をつり上げた状態では重心の位置が高いので安定には十分注意する必要がある。また、杭打機を移動するときは、ハンマを下げ、できる限り重心を低くして行うこと。

② 作業の途中で機械を停止するときは、必ずワイヤドラムに歯止めを確実にかけておくこと。

③ 運転席を離れるときは、作業装置を地上に下ろし各種ブレーキを確実にかけ、エンジンを止めておくこと。

④ 杭打機の組立て・解体、変更または移動は、作業指揮者を指名し、その者の直接指揮のもとに行うこと。

⑤ ワイヤロープの切断や滑車の破損などにより、作業者が跳ね飛ばされる災害を防止するため、ワイヤロープの内角側に作業者を立ち入らせないこと。

⑥ 杭打ち、杭抜機に使用するワイヤロープは安全係数 6 以上の十分な強度を有するものとし、巻きドラムの乱巻きは修正してから荷をかけること。

⑦ シャックル、つかみ金具などは十分な強度を有するものを用いること。

⑧ 杭を打つ場所は一般に不整地が多く、掘返しや埋戻しを行っていることが多いため、機械の移動時には敷板養生をするなど十分注意を払うこと。

⑨ 杭打機がハンマの巻上げや杭をつり込んだときは、リーダが大きく前方に傾くことがあり、高圧線などに触れる場合がある。このため、リーダの前かがみ分を考慮して接触事故を防止すること。

2) 杭抜き作業での留意事項

① 杭抜き作業で最も危険なのが、使う装置に許容された限度以上の力をかけて強引に引き抜くことである。無理をすると、機械を破損したり、ワイヤロープが破断することがあり、人身事故を引き起こす可能性があるので絶対にしてはいけない。特に、クレーンでバイブロハンマを使って引き抜く場合、振動で杭の周面摩擦が切れていないうちに無理に巻き上げてブームを破損したり、ワイヤロープの切断による事故を引き起こす。

② 杭抜きの後、抜いた杭をつり上げて旋回し地面に下ろすとき、長尺物を下ろそうとするため作業半径を伸ばすが、これによって過荷重となり、クレーンや杭抜機を転倒させることがあるので慎重に行う必要がある。

3）主な機械の種類ごとの留意事項

①バイブロハンマ（振動式杭打機）

- バイブロハンマを使用する場合、クレーンのブームがハンマの振動により共振現象を起こして大きく揺れることがある。これを放置してそのまま力を掛けているとブームが座屈して折れてしまうことがあるため、共振現象が起きたらなるべく早く機械を止めるか、ハンマの振動数を変えることが望ましい。
- バイブロハンマの運転中はボルト類や部品の脱落の危険があるので、危険区域を明示し、関係者以外立入禁止とし、関係者は安全な距離に離れていること。

バイブロハンマ

②油圧ハンマ（打撃式杭打機）

- ハンマおよび杭をつり上げた際は、重心が高くなっているので移動のときは転倒に注意する。
- ハンマの操作は特別教育修了者以外の者が操作してはならない。また、作業指揮者は１人にすること。
- 合図の打合せを行い、合図方法を確認し合図者を定める。
- ハンマの運転中はその直下および危険範囲内に人が立ち入ってはいけない。

油圧ハンマ

③アースドリル（場所打ち杭・機械掘削工法）

- 作業場所は鉄筋やトレミ管などを乱雑に置きがちなので、場内は常に整理整頓に努め、不測の災害を防止する。
- 孔壁の崩壊が起きて孔の周囲が沈下、陥没することがある。このような場合、機械本体が傾いたり、転倒したりする危険があるので、安全な施工方法と作業手順を順守し、孔壁崩壊を招かないように作業すること。
- 掘削した孔の周囲は人が落ちないように丈夫な柵を設置する。
- 鉄筋かごは重量があるので、つり上げの操作は安全を期すこと。玉掛けワイヤのかけ方に注意しないと、かご鉄筋の溶接が外れて落下する事故が起きやすい。鉄筋かごの重量を事前に把握し、玉掛け、つり上げ、建込みは慎重に作業すること。
- トレミ管の継足し、切縮めの作業のとき、手を挟まれる災害が多い。合図者とクレーン運転者との緊密な連絡・合図が必要である。

第３章　建設機械災害の防止　59

基 礎 知 識

基礎工事用機械の種類と用途別分類

　基礎工事には、基礎の種類や施工方法により各種の機械が用いられています。下図に、代表的な基礎工事用機械の種類と用途別分類を示します。

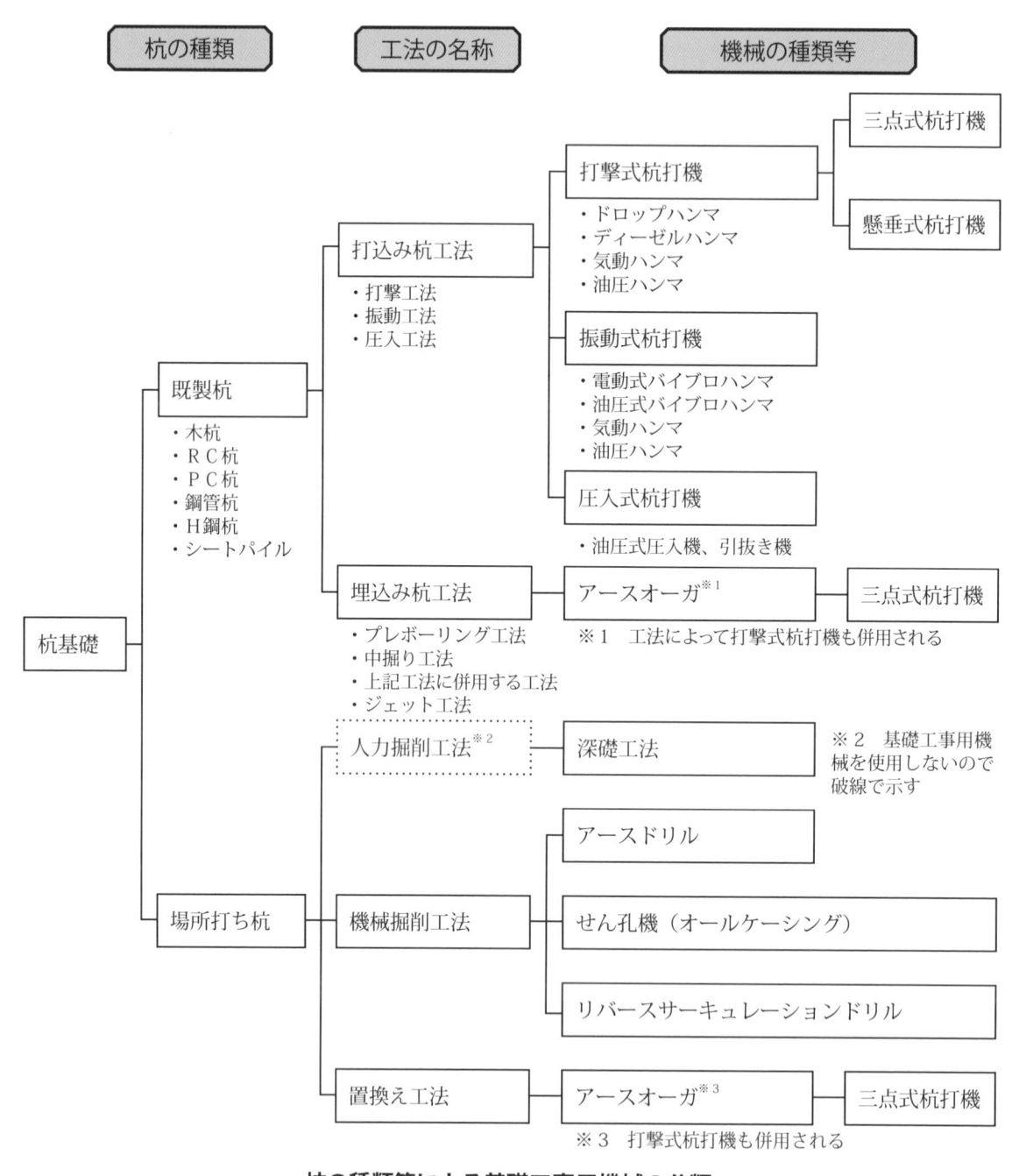

```
杭の種類                   工法の名称                  機械の種類等

                                                                    ┌─ 三点式杭打機
                                              ┌─ 打撃式杭打機 ──┤
                                              │  ・ドロップハンマ    └─ 懸垂式杭打機
                                              │  ・ディーゼルハンマ
                           ┌─ 打込み杭工法 ──┤  ・気動ハンマ
                           │  ・打撃工法       │  ・油圧ハンマ
                           │  ・振動工法       │
                           │  ・圧入工法       ├─ 振動式杭打機
                           │                  │  ・電動式バイブロハンマ
          ┌─ 既製杭 ──────┤                  │  ・油圧式バイブロハンマ
          │  ・木杭        │                  │  ・気動ハンマ
          │  ・RC杭        │                  │  ・油圧ハンマ
          │  ・PC杭        │                  │
          │  ・鋼管杭      │                  └─ 圧入式杭打機
          │  ・H鋼杭       │                     ・油圧式圧入機、引抜き機
          │  ・シートパイル│
          │                │                     アースオーガ※1 ── 三点式杭打機
          │                └─ 埋込み杭工法 ──
          │                   ・プレボーリング工法  ※1 工法によって打撃式杭打機も併用される
杭基礎 ──┤                   ・中掘り工法
          │                   ・上記工法に併用する工法
          │                   ・ジェット工法
          │                                                          ※2 基礎工事用機
          │                ┌─ 人力掘削工法※2 ── 深礎工法              械を使用しないので
          │                │                                          破線で示す
          │                │                   ── アースドリル
          │                │
          └─ 場所打ち杭 ──┼─ 機械掘削工法 ──── せん孔機（オールケーシング）
                           │
                           │                   ── リバースサーキュレーションドリル
                           │
                           └─ 置換え工法 ──── アースオーガ※3 ── 三点式杭打機
                                               ※3 打撃式杭打機も併用される
```

杭の種類等による基礎工事用機械の分類

（1）杭打機とは

　杭打機とは、ＩＳＯ11886：2002で定められている建設機械の一つで、建設工事や土木工事の基礎を造成するために用います。

　ここでいう杭とは、鋼管杭（ＪＩＳ　Ａ　5525）、Ｈ鋼、鋼矢板などを指し、軟弱な地盤に構造物を建設する際の基礎杭、土砂を掘削する際の支保工（仮設工）、災害時の被害拡大を防止する施設など、基礎地盤からの支持力や反力が必要とされる工事現場に用いられています。杭打機は、そのような杭を必要な現場で地盤中に貫入もしくは打ち込む際に用いる機械です。

　日本では高度経済成長期以降、施工期間中の周辺環境の保全や市街地の密集化、狭小敷地での施工、工事期間の短縮等の要因で杭打ち工法や建設機械の技術が進歩し、メーカー毎に多様な機能を搭載した複数種の杭打機が開発されており、単純な分類が困難となっています。

1）打撃系杭打機

　杭頭を鋼製のリングで割れないように補強したＰＣ杭や鋼管杭の上から大型の打撃ハンマーを落下させたり、振動を用いて打ち込む杭打機です。

①やぐらを組んで上部からおもりを連続してたたきつけるモンケン、杭打機全体が単気筒２ストロークディーゼルエンジンのシリンダーおよびピストンと化しているディーゼルハンマ、高周波を発生させる振動機により自沈させるバイブロハンマ、油圧によりピストンを上下させる油圧ハンマーなどがある。

②構造が簡単で、自走式の機材を用いることができ、扱いが容易であること、掘削土砂や泥水を発生させないメリットがあるが、固い岩盤への打込みが困難であること、騒音、振動が発生するというデメリットがある。

③ディーゼルハンマについては、工事敷地境界における騒音レベルが80db前後であり、加えてディーゼルエンジンの排気ガスが発生し、環境保全の観点等で問題となり、日本国内の市街地ではほとんど使われなくなっている。民家から遠く離れた場所でまれに見られる程度であり、ディーゼルハンマはすでに製造が打ち切られている。

2）圧入系杭打機

　油圧による静荷重を用いて杭を地中に押し込む（圧入する）杭打機です。杭を圧入する際に何に反力を求めるかで、さまざまな方式があります。

①機械本体をクレーンでつり上げ自重を反力とする方法や、機械重量とウェイトブロックまたは油圧シリンダーが取り付けられたベースマシンの自重などを用いる方法がある。

②すでに地中に押し込まれた杭を数本つかみ、その引抜抵抗力を反力にする機械（サイレントパイラー）は、機械本体は軽量ながら、大型の杭の打込みも可能になっている。振動や騒音、泥水が発生しないメリットがあり、また、サイレントパイラーには、Ｎ値の高い地盤、岩盤層、礫層への圧入が可能な機種、超低空頭地対応機、狭隘地対応機などがある。

3）掘削系杭打機

　掘削部分の先端がスクリュー型をしたドリルのオーガドリルやビットを用いて物理的に地盤を掘削し、杭の先端部に高圧水（ウォータージェット）を送水して掘削することにより杭を建て込む杭打機です。支持力確認のため、ドロップハンマにより打撃を加えることがあります。

①強固な岩盤や深い地盤への打込みが可能となるメリットがあるが、掘削に伴い掘り出された土砂や泥水、周囲土圧により杭孔を内部崩壊から防ぐためのベントナイト液の処理が必要となるデメリットがある。

災害防止の急所

杭打ち機械による災害防止

　最近、基礎工事用の杭打ち機やクレーンが転倒する事故が目立っています。これらの大型の機械は、ひとたび転倒すれば機械の損傷や、労働災害のみならず、近隣の建物や第三者を巻き込む大きな事件に発展する危険性があります。人命のみならず、企業の存続にも重大な影響を与えることでしょう。

杭打ち機械が転倒し、第三者が死亡

　ビル新築工事現場で、大きな音とともに土止め用の大型杭打ち機（重さ約100ｔ、高さ約30ｍ）が倒れた。下敷きになった民家や木造アパート2棟が全壊、2棟が半壊、3棟の一部が壊れた。この事故でアパートの中にいた大学生2名が死亡。工事作業者に怪我人は出なかった。

　当日は工事敷地の周囲の地面にＳＭＷ工法により、地盤の強化剤とＨ鋼のパイルを打ち込むため、敷き並べられた鉄板の東端の部分で、穴を開ける作業をした後、3、4ｍバックして運転者が降りた。この直後に、機体の前部が鉄板ごと地面に沈み、杭打ち機が傾き始めた。これに気付いた運転者が乗り込みさらにバックさせようとしたが、東側の鉄板1枚をややめくりあげるような格好で地響きをあげながらそのまま転倒した。

（補足）
　杭打ち機が地面に沈まないよう、現場には幅約1.5ｍ、長さ約6ｍ、厚さ2ｃｍの鉄板10数枚を並べて、杭打ち機はその上を移動していたが、地面はかなりぬかるんでいた（この周囲の部分は基礎工事の前に地下の岩石などを取り除いた後、埋め戻されていた）。

　掘削用の長さ30ｍのドリルを5本装備し、自重が100ｔと重かった。

（主な原因）
1　ゆるい地盤を見越した安全対策をしていなかったこと。
2　掘削作業中はアウトリガーで固定しているが、作業前との理由で固定を行っていなかったこと。
3　安全装置のスイッチを切っていたため、安全装置が作動しなかったこと。

★　地盤が軟らかい所で重機を用いた工事を行う際の安全対策としては、凝固剤の注入などによって地盤をしっかりしたものにしてから工事に入ることや、重機の周囲にアウトリガー等の部材を出してから工事を行うなどの転倒防止策が考えられます。

1　建設重機の転倒を防ぐためには、事前に入念な地質調査を行わなければならない。
2　軟弱な地盤の上で転倒の可能性のある重機を使用する場合には、凝固剤を注入するなどして地盤を強固にしておかなければならない。
3　建設重機を運転していないときでも、アウトリガーを用いたり、周囲から支えるなどして安定した状態に保たなければならない。
4　安全装置は常時作動できる状態にしておかなければならない。

　住宅街に近接する場所において杜撰（ずさん）な安全管理に起因する事故が発生することは、建設産業全体に対する社会の不信感を生む要因となるものであり、社会的な影響も大きい。再発を防止するために、重機の扱いにおける安全管理を徹底する必要がある。

（出典：「建設事故」日経BP社）

＜労働安全衛生規則＞

第173条
　事業者は、動力を用いるくい打機（以下「くい打機」という。）、動力を用いるくい抜機（以下「くい抜機」という。）又はボーリングマシンについては、倒壊を防止するため、次の措置を講じなければならない。
一　軟弱な地盤に据え付けるときは、脚部又は架台の沈下を防止するため、敷板、敷角等を使用すること。
二　施設、仮設物等に据え付けるときは、その耐力を確認し、耐力が不足しているときは、これを補強すること。
三　脚部又は架台が滑動するおそれのあるときは、くい、くさび等を用いてこれを固定させること。
四　軌道又はころで移動するくい打機、くい抜機又はボーリングマシンにあつては、不意に移動することを防止するため、レールクランプ、歯止め等でこれを固定させること。
五　控え（控線を含む。以下この節において同じ。）のみで頂部を安定させるときは、控えは、3以上とし、その末端は、堅固な控えぐい、鉄骨等で固定させること。
六　控線のみで頂部を安定させるときは、控線を等間隔に配置し、控線の数を増す等の方法により、いずれの方向に対しても安定させること。
七　バランスウエイトを用いて安定させるときは、バランスウエイトの移動を防止するため、これを架台に確実に取り付けること。

第191条
　事業者は、控えで支持するくい打機又はくい抜機の2本構、支柱等を建てたままで、動力によるウインチその他の機械を用いて、これらの脚部を移動させるときは、脚部の引過ぎによる倒壊を防止するため、反対側からテンションブロツク、ウインチ等で、確実に制動しながら行なわせなければならない。

　杭工事は場所打ち杭、プレキャストコンクリート杭、鋼管杭など多くの種類があります。杭工事に関する作業は、くい打ち機、クレーン、バックホウなど重機周辺での作業が多いことが特徴的といえるでしょう。

杭打ち機を組立て中に作業者が墜落し、スクリューが倒れ作業者に激突

　　杭打ち機のリーダー部（高さ約4m）の位置で、スクリューを杭打ち機に連結するためのロックピンを打ち込む作業をしていた作業者が墜落。墜落の際大声を出したために、運転者がオーガーを上げる合図があったものと間違えて、とっさにオーガーを上げる操作を行ったため、オーガーで上から支えられていたスクリュー（870kg）が倒れ、墜落した作業者に激突した。

1. 2m以上の高所作業では安全帯を使用するよう安全教育を実施する。
2. 玉掛けワイヤは、ロックピン挿入後に外す作業手順を周知する。
3. 合図者を決め、合図方法を確認して作業を実施する。
4. 作業指揮者を配置し、作業手順や作業状況の確認を実施させる。

★　通常の組立て解体作業の手順が守られていないことと、安全軽視が災害を招いてしまったといえます。

　　杭打ち機械の組立て解体は、作業場所の敷地形状等に大きく影響される場合があり、計画的に作業を進める必要があります。

　　杭打ち機の組み立解体は、非常に危険な作業であることを認識する必要があります。

＜労働安全衛生規則＞

第518条
　　事業者は、高さが2メートル以上の箇所（作業床の端、開口部等を除く。）で作業を行なう場合において墜落により労働者に危険を及ぼすおそれのあるときは、足場を組み立てる等の方法により作業床を設けなければならない。
2　事業者は、前項の規定により作業床を設けることが困難なときは、防網を張り、労働者に安全帯を使用させる等墜落による労働者の危険を防止するための措置を講じなければならない。

第521条
　　事業者は、高さが2メートル以上の箇所で作業を行なう場合において、労働者に安全帯等を使用させるときは、安全帯等を安全に取り付けるための設備等を設けなければならない。
2　事業者は、労働者に安全帯等を使用させるときは、安全帯等及びその取付け設備等の異常の有無について、随時点検しなければならない。

第189条
　　事業者は、くい打機、くい抜機又はボーリングマシンの運転について、一定の合図及び合図を行う者を定め、運転に当たっては、当該合図を使用させなければならない。
2　くい打機、くい抜機又はボーリングマシンの運転者は、前項の合図に従わなければならない。

第190条
　　事業者は、くい打機、くい抜機又はボーリングマシンの組立て、解体、変更又は移動を行うときは、作業の方法、手順等を定め、これらを労働者に周知させ、かつ、作業を指揮する者を指名して、その直接の指揮の下に作業を行わせなければならない。

アースドリルによる杭孔掘削作業中、重機旋回体とクローラの間に挟まれる

　ドリルバケットに堆積した残土を排除しようとして、作業者Aは杭打ち機の旋回体の下に置いてあったバケットの底盤を開くための鋼棒（長さ2m）を取りにクローラの間に立ち入った。

　この時、杭打ち機の運転者はそれに気がつかずに旋回させたので、Aはクローラと上部旋回体の間に挟まれた。

1．重機の旋回範囲内への立入禁止措置を実施する。やむを得ず立ち入る必要が生じたときは、オペレーターに合図し、機械を止めてから入ることを徹底する。
2．作業手順を見直し、道具は重機旋回内に置かないように計画する。
3．作業者への再教育の実施と職長・安全衛生責任者による監視体制を整備する。
　（監視員や誘導者の配置を計画する。）

★　杭工事では、杭打ち機、相番クレーン、バックホウなど多くの重機がある中で作業することになりますので、重機作業半径内に作業者が入らないように、待機場所、工具の置き場所等を決め、作業者の安全確保を図ることが重要です。

<労働安全衛生規則>

第189条

事業者は、くい打機、くい抜機又はボーリングマシンの運転について、一定の合図及び合図を行う者を定め、運転に当たつては、当該合図を使用させなければならない。

2　くい打機、くい抜機又はボーリングマシンの運転者は、前項の合図に従わなければならない。

第158条

事業者は、車両系建設機械を用いて作業を行なうときは、運転中の車両系建設機械に接触することにより労働者に危険が生ずるおそれのある箇所に、労働者を立ち入らせてはならない。ただし、誘導者を配置し、その者に当該車両系建設機械を誘導させるときは、この限りではない。

2　前項の車両系建設機械の運転者は、同項ただし書の誘導者が行なう誘導に従わなければならない。

第159条

事業者は、車両系建設機械の運転について誘導者を置くときは、一定の合図を定め、誘導者に当該合図を行なわせなければならない。

2　前項の車両系建設機械の運転者は、同項の合図に従わなければならない。

拡底機収納スタンドと拡底機の間に指を挟む

拡底機を収納スタンドに納める作業をしていた時に、スタンドの荷振れを抑えようとして、力を入れるためスタンドの縦枠チャンネルを掴んでいたが、拡底機が振れ、拡底機とスタンドの間に指を挟み被災した。

1. 拡底機が振れた際に縦枠との間に指が挟まってしまう構造であったので、スタンドを網で覆うか、スタンドに持ち手を付けるなどして、収納スタンドの内側に指や手を入れないようにする。
2. 不慣れな作業者が作業する場合は、作業手順、危険のポイントなどを教育してから作業させる。
3. 作業開始までに手順書を作成し、作業者に周知後作業を開始する。

★　この災害の大きな原因は拡底機収納スタンドの構造上の問題にありますが、構造上の問題に対し、対策を立てなかったことは大きな問題といえます。

リスクアセスメントを実施し、災害を予測し、防止対策を立て作業を開始することが重要です。作業手順や使用機械工具に問題があれば作業者とよく話し合い改良してください。
　敷地に余裕があれば地面に拡底機を寝かせたほうがリスクの低減が図れる可能性があります。現場条件に合わせた検討をしてください。

杭打ち機クローラのシューに敷き鉄板が挟まり反転し、作業者が下敷きになった

　杭打ち機を使用してH鋼の打設・鋼矢板の圧入作業の準備として、杭打ち機本体をトレーラから降ろし、必要部材および機材の荷下ろしを行った。
　また、地盤が軟弱であったため鉄板の敷き込みを実施した（地盤改良等なし）。
　杭打ち機を移動させるために、合図なしにクローラを回転させたところ、クローラのシューの間に鉄板が挟まり、鉄板が反転し、重機周囲にいた作業者に激突した。

1. 地盤強度を事前に確認し、鉄板敷とする場合でも、地盤に問題がある場合は、地盤改良を実施する。
2. 重機を移動・旋回する場合は、その合図方法を明確にし、誘導者に確認させる。
3. 杭打ち機を使用した作業では、作業を指揮する者を配置する。

★　重機の移動時には、移動経路の地盤強度、路盤勾配等が安全か確認し、立入禁止の実施と誘導者の配置を計画的に実施してください。
　また、軟弱地盤上では鉄板を敷くだけでなく地盤改良を実施すべきでしょう。

＜労働安全衛生規則＞

第189条
　事業者は、くい打機、くい抜機又はボーリングマシンの運転について、一定の合図及び合図を行う者を定め、運転に当たつては、当該合図を使用させなければならない。
2　くい打機、くい抜機又はボーリングマシンの運転者は、前項の合図に従わなければならない。
　※運転には、移動を含む趣旨であること。（昭34.2.18　基発第101号）

第190条
　事業者は、くい打機、くい抜機又はボーリングマシンの組立て、解体、変更又は移動を行うときは、作業の方法、手順等を定め、これらを労働者に周知させ、かつ、作業を指揮する者を指名して、その直接の指揮の下に作業を行わせなければならない。

杭打ち機による災害防止の要点

◆施工検討期間が短い着工直後の作業であることも要因に。

　杭工事は工事着工後すぐに実施することが多い工程であり、施工検討期間が短い中で作業が開始される傾向にありますが、重篤な災害が起こる可能性があることを考え、作業計画や作業手順を決め、事前にリスクアセスメントを実施することが災害防止上重要です。

　大型の機械を使用することから、近隣の生命、財産に影響を与えたり、労働者にとっても危険性の高い工種でもあります。専門性の高い工種ですが、専門工事業者に任せきりにせず、元請も一緒になって検討した上で作業を進めましょう。

3-3 コンクリートポンプ車作業での災害防止

[災害事例] 輸送管の増し締め作業中に指先を挟まれる

作業種別	コンクリート打設作業	災害種別	挟まれ	天候	晴れ
発生月	10月	職種	コンクリート工	年齢	45歳
経験年数	3年10カ月	入場後日数	10日目	請負次数	1次

災害発生概要図

災害発生状況

コンクリートポンプで圧送されたコンクリートを打設中に、輸送管を固定していたチェーンが緩んだため、被災者がレバーブロックでチェーンを調整中に、輸送管の振れでチェーンが引っ張られ人差し指を挟まれた。

	主な発生原因	防止対策
人的要因	・ゆるんだチェーンに、安易に指をおいた。	・チェーンの締付け時には指を近づけない。
物的要因	・輸送管の固定が不十分であった。	・固定箇所や輸送管およびホースに異常があった時は、作業を中断してから修繕を行う。
管理的要因	・作業指揮者の作業開始前点検による不備を見逃していた。 ・異常時の連絡体制が不十分であった。	・作業指揮者は、作業開始前に輸送管やホースの位置、ルート、固定状況を点検して、安全を確認し、不安全状態があれば改善を行ってから作業を開始する。 ・異常時に備え、操作者、作業指揮者と作業者が連絡を取れる無線・電話等の連絡手段を整えておく。

安全上のポイント

1. コンクリートポンプ車による事故の発生状況

　平成11年～18年に発生したコンクリートポンプ車による事故を発生箇所別にみると、下図に示すとおり、「ブーム折損事故」が14件と最も多く、次いで、「ホッパ巻込事故」が7件、「輸送管・ホースの破裂事故」が6件の順となっています。ただし、この集計は甚大な事故に限っており、保守作業まで含めて全ての事故案件まで網羅すると、更に発生箇所は増えるものと思われます。

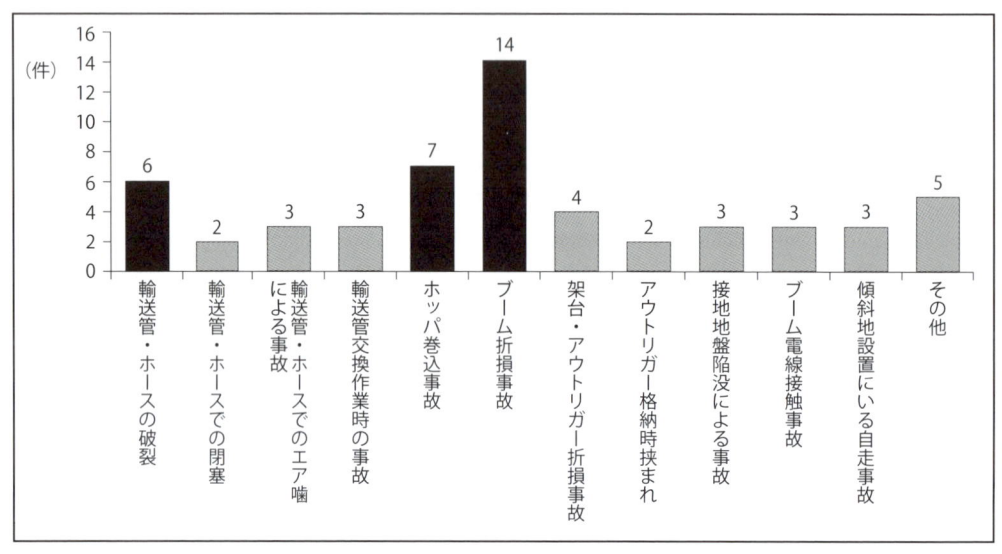

発生箇所	件数
輸送管・ホースの破裂	6
輸送管・ホースでの閉塞	2
輸送管・ホースでのエア噛による事故	3
輸送管交換作業時の事故	3
ホッパ巻込事故	7
ブーム折損事故	14
架台・アウトリガー折損事故	4
アウトリガー格納時挟まれ	2
接地地盤陥没による事故	3
ブーム電線接触事故	3
傾斜地設置にいる自走事故	3
その他	5

コンクリートポンプ車による事故

2. コンクリートポンプ車の事故原因と対応

(1) コンクリート輸送管と先端ホース

　コンクリート輸送管や先端ホースでの事故としては、管の破裂による生コン飛散・閉塞したホースの暴れ・エア噛みによる生コン飛散などがあげられます。

1) 管の破裂

　管が破裂すると、生コンが爆出し甚大な事故に繋がります。この破裂は輸送管やホースが生コンの流動により摩耗して肉厚が薄くなり、圧送圧力や圧送時の衝撃に耐えられなくなって発生します。

　圧送時の衝撃は、圧送速度や生コン配合にも関係しますが、根幹の原因は管の肉厚管理不足といえます。なお、圧力が大きくなるという点では後述の閉塞を機に発生する場合も多く、合わせて劣化した管継手のシールからのセメントミルク漏れや、輸送管計画・機種選定（吐出圧力の選定）の誤りに起因する場合もあり、これらに対しては現場ごとの使用部材の選定や打設計画を確実に行う必要があります。

2）閉塞

閉塞に起因して発生する事故としては、先端ホースでの閉塞によりホースが暴れて災害に繋がるケース、もしくは、閉塞解除にあたる際の圧抜き不足による生コン飛散による事故があげられます。

閉塞にいたる原因は多岐に渡り、
① 乾燥した配管内を湿潤にする潤滑材（先行モルタル）の不足
② 生コン自体の流体としての素性不適
③ 管路（ポンプ装置自体の管路も含む）の不適
④ 圧送条件の不適

などが考えられます。

これらの内容は、圧送技術者が習得すべき根幹の知識ではありますが、その原因追求は非常に難しく、長年の経験と実績によるところも大きく、圧送技術者や生コン製造者だけでなく、躯体施工者・設計者までこの認識を持ち、圧送作業全体の質を高めてスムーズな作業に配慮する必要があります。

3）エア噛み

エア噛みはホッパからポンプ内にエアを吸い込んでしまうことによるものが大半ですが、生コンの配合に起因することもあります。作業的にはホッパ内の生コンレベルを保ち、ポンプ吸込み口を常に生コンで塞いでおくことが必要となります。

合わせて、前述の閉塞に乗じて高い圧力を帯びた上で事故に繋がるケースは被害も大きくなることから、生コン飛散を引き起こす可能性のあるエア噛みは十分に注意を払う必要があります。

（2）ホッパでの巻込み

ホッパ周りでの災害としては、以下に示す2つに大別されます。
① 圧送作業中、ミキサ車から生コン投入の補助作業を行う際、ホッパのスクリーン上に立ち誤って足をホッパ内に落としこむ。
② ホッパの洗浄にあたり、ホッパ内の残った生コンを掻き出す際、攪拌装置に巻き込まれる。

①は、スクリーン上に立つこと、②は攪拌装置を作動させながらの洗浄作業が直接的な原因となっています。各メーカーの取扱説明書、社団法人日本建設機械工業会（建機工）の安全マニュアルなどで啓発は行っていますが、脚立の使用など面倒な側面もあり根絶していないのが現状です。

なお、2006年4月に制定されたJIS A 8612「コンクリート及びモルタルの圧送ポンプ、吹付機及びブーム装置－安全要求事項」では、ホッパ攪拌装置の自動停止装置（ホッパスクリーン開と攪拌装置停止の連動）の装着を指導しており、建機工ではこれに先行してガイドラインを設け、2005年7月より製造販売するコンクリートポンプの全ての機械にこれを適用しています。

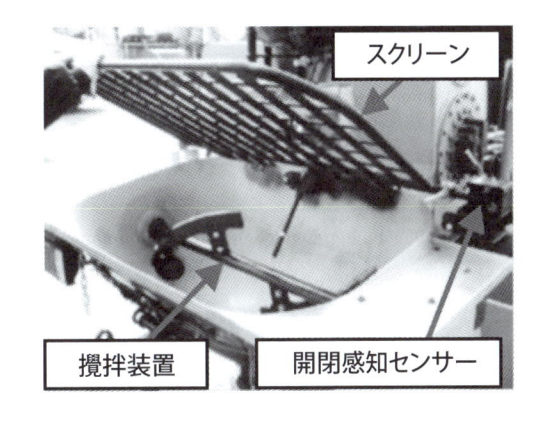

（3）ブーム装置関係

　ブーム装置がもたらす省力効果は非常に大きく、昨今のコンクリートポンプ車はほとんどがこのブーム装置付きとなっています。ブーム付きコンクリートポンプ車の事故事例として、ブーム折損、アウトリガー折損、旋回ベアリング固定ボルト折損による災害は、コンクリート打設に意識が集中している作業者の上に、ブーム等が突然落下し、作業者に激突することにより発生しています。また、ブーム等は打設中のコンクリート上に落下するため、コンクリート打設場所全体への影響が大きくなります。
　ブーム装置の破壊には大きく2つ考えられ、1つは座屈で、もう1つは金属疲労です。

1）座屈

　座屈は過負荷により突然ブームが破綻するものです。指定された荷重・使用条件の下でこの座屈に至るブームは論外であり、通常はメーカーが設定した条件を超えて使用した場合に発生します。この条件に関する1つの指針として、前述のJIS A8612の安全要求事項があり、具体的には先端ホース長さの規定や安全措置および警報または防止装置などがあります。

2）金属疲労

　金属疲労は、ブームの過大な振動により大きな応力（物体に外力が加わる際その物体内部に生ずる力）の振幅が生じ、少しずつ長時間かけて亀裂が進行してやがて破綻する現象です。
　このブーム（溶接構造体）の疲労破壊（疲労亀裂）に関してはいろいろ研究がなされていますが、一般的に知られているものを要約すると以下のとおりです。
　①疲労亀裂は、応力振幅の大きさに対して累乗的に大きな影響を受ける。
　②溶接継手の種類によって耐疲労性が異なる。
　コンクリートポンプ車のブームは年間100万回前後振動するといわれており、更に取扱い上で禁止している想定外の姿勢やブーム先端に過負荷を与えた作業などにより、過大な振動を受けて疲労亀裂を誘発するケースもあります。メーカーはこれらをより一層考慮した安全装置開発が必要であり、使用者側はこの特性を認識して吐出量を下げるなど過大なブーム振動を避ける配慮を行ったり、次ページに示す法令点検を確実に実施することにより、早い段階でブーム装置の異変を把握して対処を行うことが必要となります。

3. コンクリートポンプ車の点検・補修と整備

（1）定期自主点検・特定自主検査等の実施

　　コンクリートポンプ車は労働災害防止を目的に労働安全衛生法により定期点検・検査が義務づけられています。必ず規定された期間内に点検・検査を実施してください。

コンクリートポンプ車の点検・検査義務（労働安全衛生規則抜粋）

点検・検査	労働安全衛生規則	
作業開始前点検	安衛則170条	・事業者は、その日の作業を開始する前にコンクリートポンプ車の機能について点検を行わなければならない。
定期自主検査	安衛則168条	・コンクリートポンプ車を所有する事業者は、1カ月以内毎に1回、定期に自主検査を行わなければならない。
	安衛則167条（年次検査）	・コンクリートポンプ車を所有する事業者は、1年以内毎に1回、定期に自主検査を行わなければならない。
特定自主検査	安衛則169条、169条の2（自主検査の記録・検査標章）	・コンクリートポンプ車を所有する事業者は、1年以内毎に1回、定期に特定自主検査を行わなければならない。 ・特定自主検査は、資格のある検査員、または登録を受けている検査業者に実施させなければならない。 ・事業者は特定自主検査の結果を記録し、これを3年間保存しなければならない。 ・特定自主検査を実施した機械は、検査を実施した年月を明らかにする検査標章を貼りつけなければならない。
補　修	安衛則171条（補修等）	・安全を確保するために、特定自主検査、定期自主検査（月例）、作業開始前の点検を行った場合において、異常を認めたときは直ちに補修、その他必要な措置を講じなければならない。

（2）点検・検査時の留意点

　　コンクリートポンプ車の点検・検査は、日頃からコンクリートポンプ車の構造・機能等を熟知したうえ、次の事項に留意して、点検・検査前の準備を行い、系統立てて点検・検査を行うことが必要です。

　①点検・検査中は、「点検中」であることを表示し、検査場所の周囲に第三者が立ち入らないよう安全を確保して行うこと。
　②点検・検査を行うコンクリートポンプ車は、足場の良い平坦地に止め、安全装置を確実にセットする。また、点検・検査内容によって車体を持ち上げる必要のあるときは、車体と地面の間に木材等の安全支柱により固定するなどして安全を確保すること。
　③点検・検査を実施し、異常を認めた場合は、直ちに専門の整備業者などで整備・補修を行うこと。

4．操作に必要な資格

　コンクリートポンプ車を操作するには、車両系建設機械（コンクリート打設用）の作業装置の操作の業務に係る特別教育を修了していることが必須要件となります。この資格は重量無制限であるため、どのようなコンクリートポンプ車でも操作可能です。これとは別に該当車種の運転免許も必要となります。

　ほかに、2級圧送技能士、1級圧送技能士、コンクリート圧送基幹技能者などがあり、現場によっては1級圧送技能士でないと操作をしてはいけないなど規制している現場も多くなってきています。

【参考】

「コンクリートポンプ車のブーム破損による労働災害の防止の一層の徹底について」

（平16・11・9基安発第1109001号）

（1）現在使用されているコンクリートポンプ車について、販売ルート等を通じ使用事業場に対して、ブームのき裂・変形の有無を調べ、異常を認めたときは補修等の措置を早急に講ずる必要のあることを文書により情報提供すること。

（2）コンクリートポンプ車の使用に際しては、次の事項が遵守されるよう取扱説明書に明示する等により譲渡先等に対し情報提供を行うこと。

　①コンクリートポンプ車を用いて作業を行う時は、労働安全衛生規則第163条に基づき、当該コンクリートポンプ車についてその構造上定められた安定度、最大使用荷重、ブーム先端ホース長等を守ること。

　②労働安全衛生規則第167条に基づく定期自主検査及び同規則第169条の2に基づく特定自主検査を確実に実施すること。

　③上記②の検査の際には、車両系建設機械の定期自主検査指針（平成3年自主検査指針公示第14号）に基づき、ブームの曲がり、ねじれ、へこみ、き裂、損傷等の有無を調べること。

　④上記②の検査等により異常を認めたときは、労働安全衛生規則第171条に基づき、直ちに補修その他必要な措置を講ずること。

（3）コンクリートポンプ車の設計・製造を行う際には、実際に行われる作業を想定した負荷に対するブームの強度の安全性を向上するように努めること。また、ブームにかかる負荷を計測し、想定を超えた負荷がかかった場合には、ポンプの作動を自動的に停止する等の「過負荷防止装置」等の開発に努めること。

基礎知識

1. コンクリートポンプ車の種類

（1）ブーム車

　ブーム車とは、フレッシュコンクリートを離れた場所に圧送するために、輸送管のついた折りたたみ式のブームを架装したタイプのコンクリートポンプ車をいいます。ブームの最大作業高さは2t車で11m、3t車で14〜17m、4t車で16〜18m、8t車で21〜26m、GVW22t車で33m、GVW25t車で36m程度です。

　現在の主流は折りたたみ式4段ブームであり、このブームの存在により、高所等、配管を使ったフレッシュコンクリートの輸送が難しい場所への圧送が比較的容易に可能となります。車両の安定を保つ目的で、アウトリガーと呼ばれる張出し脚を使用するため、設置に必要な面積が広いというデメリットもあります。

26mセミロングブーム8tピストン式

（2）配管車

　配管車とは、ブームを持たないポンプから直接配管を敷設し、フレッシュコンクリートを圧送するタイプのコンクリートポンプ車をいいます。設置に場所を取らないというメリットがあります。

　また、ブームを架装していない分車高が低いため、高さに制限がある場所への進入が可能であるというメリットもあり、ブーム車が主流となっている中でも稼働の場所は残されています。最近は都会の超高層建築物や山奥の砂防ダム、鉄塔基礎などの現場で超高圧仕様の配管車も使われています。

2. コンクリートポンプの種類

（1）スクイーズ式

　スクイーズ式とは、ポンピングチューブと呼ばれる円筒形の筒を回転式のローラーで絞ることにより、チューブ内のフレッシュコンクリートを送り出すタイプのポンプをいいます。使いやすさと経済性に優れたスクイーズ式（絞出し式）コンクリートポンプ車は小規模現場や1戸建て住宅の基礎工事などに使われています。

（2）ピストン式

　ピストン式とは、往復式の油圧ピストンによりフレッシュコンクリートを押し出すタイプのポンプをいいます。圧送能力に優れ、高強度（高粘度）フレッシュコンクリートでも輸送が可能であり、主に4t車〜GVW25t車に架装されています。

災害防止の急所

コンクリートポンプ車作業による災害防止

　土木、建築工事に関わらず構造物（柱、梁、床、壁など）にはコンクリートはつきものであり、コンクリートの品質（耐久性、外観性）が大きく問われることになります。

　昔は、一輪車を作業者が足場板通路を押し上げて打設場所に運搬していましたが、1964年の東京オリンピック以降、コンクリートミキサー車によって搬送された生コンをコンクリートポンプ車により圧送し打ち込むようになりました。

　コンクリートポンプ車のブームが破損・落下し労働者が死亡する災害の発生や、ホッパ（攪拌装置付き）清掃中、配管清掃中、打設中に配管の振れで激突されたり、跳ね飛ばされたり、手を挟まれるなどの災害が発生しています。

ホッパを清掃中、巻き込まれる

　事務所から離れた残土置き場で、使用したコンクリートポンプ車のホッパを1人で清掃をしていた。その後、同僚がコンクリートポンプ車のホッパに巻き込まれ死亡している被災者を発見した。この時エンジンは稼働しホッパの作動レバーも入ったままの状態だった。

　被災者が、事業者に指示された手順によらずに作業を行った。
1. ホッパの清掃を行う場合は、攪拌棒の回転を停止させて作業を行う。
2. 攪拌棒の回転を停止して作業を行うことの手順を明確にし、徹底する。

★　ホッパに、コンクリートミキサー車から受けた生コンが固まらないように攪拌する装置が付いており、内部は攪拌用の羽が付いた攪拌棒が回転するようになっています。

　コンクリートの圧送作業時には、ホッパの開口部に保護用の金属網を取り付けてありますが、清掃時にはこれを取り外す必要があります。

　補修・点検・清掃等どんな作業でも回転中の物体は停止させ、必ず不用意に回転しないよう確実に止め、停止したのを確認してから作業することがポイントです。

※このことを知っていながら、回転していると作業がしやすいと考え、「ちょっとだから」「自分だけは、ヘマしない」と手順を守らず被災するケースがほとんどです。

<労働安全衛生規則>

第107条
　事業者は、機械（刃部を除く。）のそうじ、給油、検査又は修理の作業を行なう場合において、労働者に危険を及ぼすおそれのあるときは、機械の運転を停止しなければならない。ただし、機械の運転中に作業を行なわなければならない場合において、危険な箇所に覆いを設ける等の措置を講じたときは、この限りではない。
2　事業者は、前項の規定により機械の運転を停止したときは、当該機械の起動装置に錠をかけ、当該機械の起動装置に表示板を取り付ける等同項の作業に従事する労働者以外の者が当該機械を運転することを防止するための措置を講じなければならない。

第108条
　事業者は、機械の刃部のそうじ、検査、修理、取替え又は調整の作業を行なうときは、機械の運転を停止しなければならない。ただし、機械の構造上労働者に危険を及ぼすおそれのないときは、この限りでない。
2　事業者は、前項の規定により機械の運転を停止したときは、当該機械の起動装置に錠をかけ、当該機械の起動装置に表示板を取り付ける等同項の作業に従事する労働者以外の者が当該機械を運転することを防止するための措置を講じなければならない。
3　事業者は、運転中の機械の刃部において切粉払いをし、又は切削剤を使用するときは、労働者にブラシその他の適当な用具を使用させなければならない。
4　労働者は、前項の用具の使用を命じられたときは、これを使用しなければならない。

生コンの圧送作業中に振れたホースに激突

　コンクリート打設中に生コンが輸送管の途中で詰まったことから、作業者がこれを取り除こうとして輸送管とホースの接続部を切り離したところ、コンクリートが噴き出しホースが振れ、振れたホースに激突され被災する事例や、胸を強打して両肺破裂で即死するという事例も発生している。

1. 閉塞した輸送管とホース接続部を切り離す場合にあっては、あらかじめバルブまたはコックを開放する等により輸送管およびホースの内圧を減少させ、コンクリートの噴出しを防止する。
2. 輸送管とホースの接続部を切り離す場合にあっても、鎖等により頑丈なものに固定し、振れを防止する。
3. 輸送管とホースの接続部を切り離す場合にあっては、作業の方法、手順等を定め、これらを作業する全員に周知し、作業を指揮する者を指名してその直接指揮の下に作業を行う。

★　輸送管およびホース等は、圧送作業中は、常に振れるものという認識を作業者に周知しておくこと、また、作業に関連する他の協力会社の作業者にも同様に周知しておくことが必要です。

　圧送作業中は、輸送管およびホース内には圧力がかかっていることも周知しておくことが必要です。圧送作業では、輸送管およびホースが詰まることが時々起こります。その時の措置方法を事前に定め、教育しておくことがポイントになります。

<労働安全衛生規則>

第171条の2
　　事業者は、コンクリートポンプ車を用いて作業を行うときは、次の措置を講じなければならない。
　一　輸送管を継手金具を用いて輸送管又はホースに確実に接続すること、輸送管を堅固な建設物に固定させること等当該輸送管及びホースの脱落及び振れを防止する措置を講ずること。
　二　作業装置の操作を行う者とホースの先端部を保持する者との間の連絡を確実にするため、電話、電鈴等の装置を設け、又は一定の合図を定め、それぞれ当該装置を使用する者を指名してその者に使用させ、又は当該合図を行う者を指名してその者に行わせること。
　三　コンクリート等の吹出しにより労働者に危険が生ずるおそれのある箇所に労働者を立ち入らせないこと。
　四　輸送管又はホースが閉そくした場合で、輸送管及びホース（以下この条及び次条において「輸送管等」という。）の接続部を切り離そうとするときは、あらかじめ、当該輸送管等の内部の圧力を減少させるため空気圧縮機のバルブ又はコックを開放すること等コンクリート等の吹出しを防止する措置を講ずること。
　五　洗浄ボールを用いて輸送管等の内部を洗浄する作業を行うときは、洗浄ボールの飛出しによる労働者の危険を防止するための器具を当該輸送管等の先端部に取り付けること。

第171条の3
　　事業者は、輸送管等の組立て又は解体を行うときは、作業の方法、手順等を定め、これらを労働者に周知させ、かつ、作業を指揮する者を指名して、その直接の指揮の下に作業を行わせなければならない。

コンクリート打設中に筒先作業者が墜落

　コンクリート打設作業で、被災者は圧送ホースの筒先をロープで縛り、そのロープを持ってコンクリートを型枠の中に流し込んでいたが、圧送による噴出しの勢いで身体のバランスを崩し、外部足場床に墜落し被災した。
（片足を外部足場にかけ、もう片方を型枠の上にかけての不安定な姿勢で作業を行った。）

1. 作業に着手する前に、作業に関わる場所についての状態を調べ、作業床の確保を含む打設方法、手順を検討し、作業に関わる作業者に周知しておく。
2. 検討した打設方法で必要な足場等を事前に設置する。
3. 作業指揮者を指名し、作業を直接指揮し不安全行動の監視指導を行う。

★　コンクリート圧送業者は、打設当日に初めて現場を見ることがよくあると思いますが、事前に作業場所を見てもらい、打合せのうえ、必要な設備を準備しておくことも有効な対策になるでしょう。打設当日には、時間と人手が足りないはずです。

その他、よく起きる事例としては、
- コンクリート打設作業終了後、輸送管内の残コン清掃中に入れたスポンジが飛び出し。
- 消耗していた曲管が破裂してコンクリートが飛び出して
- コンクリート打設中、配管ルートで詰まり、接続部のジョイントを外したら、残圧で砕石やセメント分が噴き出して目に入った。

などによる、労働災害がよく発生しています。

① コンクリート打設中は、コンクリートポンプ車は常に圧力をかけて生コンを送り出しています。不用意に輸送管やホースをのぞき込んだり、接続部を外すことは非常に危険なことであることを普段から作業者によく教育しましょう。
② コンクリートポンプ車のブームが折れる事故も発生しています。輸送管、ホースの下回りの立入禁止だけでなくブームの下にも立ち入らせないようにすることが大切です。

<労働安全衛生法>
第59条
　事業者は、労働者を雇い入れたときは、当該労働者に対し、厚生労働省令で定めるところにより、その従事する業務に関する安全又は衛生のための教育を行なわなければならない。
2　前項の規定は、労働者の作業内容を変更したときについて準用する。
3　事業者は、危険又は有害な業務で、厚生労働省令で定めるものに労働者をつかせるときは、厚生労働省令で定めるところにより、当該業務に関する安全又は衛生のための特別の教育を行なわなければならない。

↳ 労働安全衛生規則第36条10号の2
「五　令別表第7第5号」に掲げる機械の作業装置の操作の業務　⇒　特別教育終了者の配置
（コンクリート打設用機械　1　コンクリートポンプ車）

コンクリートポンプ車による災害防止の要点

① 特別教育終了者を配置する。
② 作業指揮者を配置し、その者に作業を指揮する権限を与えること。
③ 作業計画の作成と元請会社との連絡調整を図ること。
④ 定期自主点検を実施し、その記録を残すこと。
⑤ 作業開始前に、作業場所、ポンプ車の配置、輸送管のルートおよび固定状況、連絡の方法、配置状況、立入禁止措置を点検し、不備があれば改善する。
⑥ 慣れた作業でも、全作業者に打設箇所を示す図面で、打設順路、作業手順などの指導を行う。

　コンクリート打設前日までには実施しておきたいものです。当日やろうとしても時間的に余裕がないのが現実です。

3-4 高所作業車作業での災害防止

[災害事例] ホイール式高所作業車にて走行中、バスケットから墜落

作業種別	鉄筋組み作業	災害種別	墜落	天候	晴れ
発生月	10月	職種	鉄筋工	年齢	38歳
経験年数	2年2カ月	入場後日数	2日目	請負次数	2次

災害発生概要図

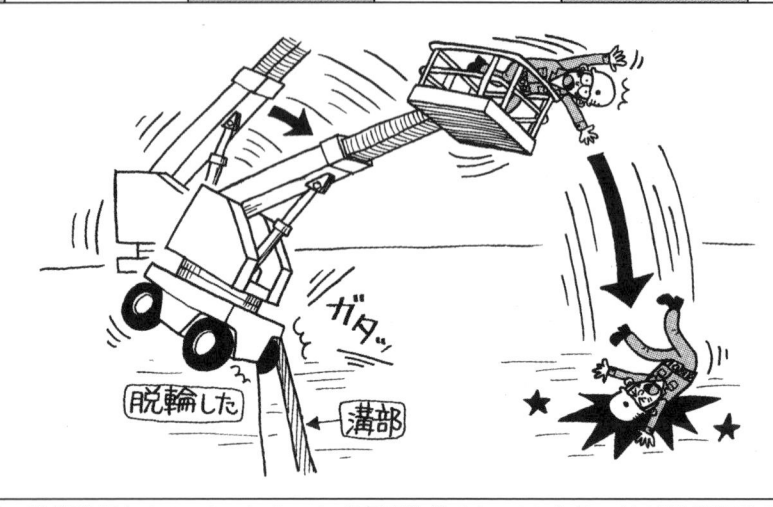

災害発生状況

下水処理場の建築現場において、ホイール式高所作業車にて1本目の柱部鉄筋組み作業を終え、2本目の柱部へ移動するため、被災者は作業床（バスケット）の中から高所作業車の走行操作をして走行中、他社施工の通路を横切る形で掘ってあった溝部に脱輪した。その衝撃で被災者は作業床（バスケット）から投げ出され3m下の土間に墜落した。

	主な発生原因	防止対策
人的要因	・被災者が前方をよく確認しないまま「安全だろう」と思い込んで運転操作をした。 ・バスケットを上げたまま走行した。	・運転者は前方はもとより周囲の安全に十分配慮し、「見込み運転」、「思込み運転」は絶対にしないこと。 ・バスケットを下げて走行すること。
物的要因	・バスケット内の被災者が安全帯を使用していなかった。 ・通路が確保されていない。	・バスケットから作業者が墜落する事例が多く、作業者は必ず安全帯を使用すること。 ・溝に脱輪しないように、横切る箇所を養生する。
管理的要因	・事前点検での危険抽出が不十分だった。	・作業開始前に作業場所の状況等をチェックし、関係者との打合せを十分行うこと。

安全上のポイント

1．高所作業車の使用における危険防止

（1）作業前

①作業計画の作成（安衛則194条の9）

高所作業車を用いて作業を行うときは、事前に作業場所の状況、高所作業車の種類、能力、作業方法などに適応する作業計画を作成し、関係作業者に周知しなければなりません。

②運転および作業に必要な資格

公道を走行するもの（主にトラック搭載型）は、道路交通法により、車両総重量の区分で普通自動車・中型自動車・大型自動車となるので、対応した運転免許が必要となります。

これとは別に、高所作業車を操作して行う高所作業に従事するには、作業床の高さが10m以上の高所作業車では、労働安全衛生法61条（就業制限）：施行令20条の15に基づいた運転技能講習が必要となります。作業床の高さが10mに満たない機械の場合は特別教育が必要です。

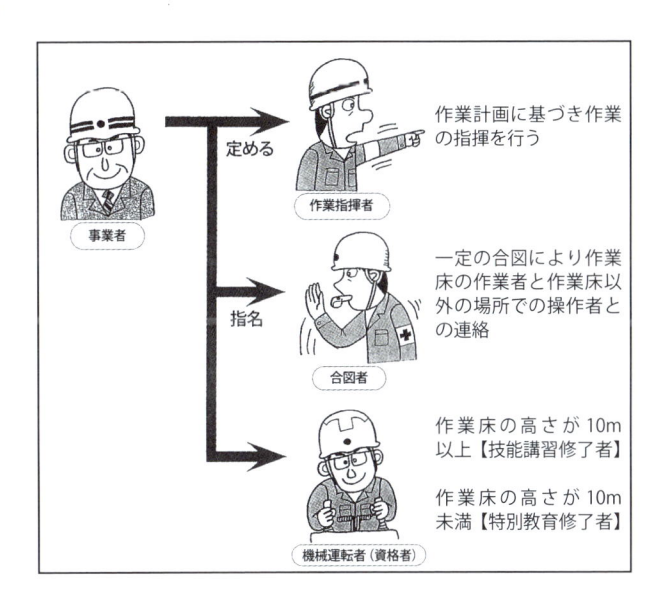

③関係者との作業の打合せ

作業開始前に作業指揮者、合図誘導者、作業者などの関係者と十分な打合せを行う必要があります。打合せが十分でないと無謀な作業を行い、墜落、転倒、追突等による災害を引き起こした例は多くあります。また、他の競合する業者との打合せも十分行うようにします。

【主な打合せ事項】
- 作業計画、作業手順
- 使用する高所作業車の種類、能力
- 作業場所の状況および設置地盤（傾斜地、軟弱地盤等）、敷板敷設の処置、アウトリガー張出し等の転倒防止方法
- 合図、誘導方法
- 立入禁止の措置方法（柵や監視員の配置）

（2）作業中

①合図に従って作業（安衛則194条の12）

高所作業車の作業床以外の箇所で作業床を操作するときは、作業床上の作業者との間の連絡を確実にするため、一定の合図を定め、合図を行う者を指名してその者に行わせなければなりません。

②運転位置から離れる場合の措置（安衛則194条の13）

高所作業車の運転者が運転位置から離れるときは、次の措置を講じなければなりません。

- 作業床を最低降下位置に置くこと。
- ブーム式の場合は、ブームを走行姿勢の状態に格納すること。
- 原動機を止め、機械の逸走防止のためブレーキを確実に掛けて、タイヤなどに輪止めをすること。

③積載荷重を超える積載物を載せない（安衛則194条の16）

作業床に積載荷重を超える積載物を載せると過負荷になり、機械が壊れたり転倒事故を起こす原因になります。作業床に積載物を載せる前に、積載物の重量が機械の積載荷重を超えていないことを確認してください。

④主たる用途以外の使用制限（安衛則194条の17）

高所作業車を荷のつり上げ等、高所作業車の主たる用途以外の用途に使用してはいけません。作業床やブームなどにワイヤロープを掛けての荷のつり上げは、機械に無理な荷重が掛かり、機械が損傷したり、機械が転倒する恐れがあります。

⑤作業床への搭乗制限等（安衛則194条の20）

高所作業車を走行させるときは、高所作業車の作業床に作業者を乗せてはなりません。

ただし、平坦で堅固な場所において高所作業車を走行させる場合で、次の措置を講じた場合はこの限りではありません。

- 誘導者を配置し、高所作業車を誘導させること。
- 一定の合図を定め、誘導者に合図を行わせること。
- 事前に高所作業車の作業床の高さ、ブームの長さ等に応じた高所作業車の適正な制限速度（高所作業車の転倒、作業床の振れ等による危険が防止できる速度）を定め、運転者に運転させること。

⑥安全帯等の使用（安衛則194条の22）

高所作業車を用いて作業を行うときは、高所作業車の作業床上の作業者に安全帯を使用させなければなりません。ただし、作業床が接地面に対して垂直にのみ上昇し下降する構造のものは除きます。

⑦アウトリガーの設置状態の確認

　アウトリガーの設置状態が悪いと作業範囲が減少するばかりでなく、転倒する原因になります。特に下記の点を確認する必要があります。
- アウトリガーは常に最大幅に張り出すこと。
- アウトリガービームがロックピンで固定されていること。
- タイヤが地面から離れていること。
- すべてのアウトリガーフロートが地面に接地していること。
- ジャッキが敷板の中央に乗っていること。

⑧作業半径内は立入禁止

　作業半径内に関係者以外の人や障害となる車両などが入ると、人身事故や接触事故の原因になります。そのため、作業箇所に人が入らないように「立入禁止」とし、人が近づけない措置（柵や監視員の配置）を講じることが必要です。また、交通量の多い場所での作業は、誘導者を置いて接触事故を防止しなければなりません。

⑨作業床からの乗移りなどの禁止

　高所作業車の作業床から建物へ、建物から作業床への乗り移りは墜落の危険が高まります。また、作業床の手すりに足を掛けて登ったり、作業床内で梯子、脚立などを使用してはいけません。これらの不安全行動は墜落などの災害につながります。

⑩悪天候時は作業中止

　10分間の平均風速が毎秒10m以上の強い風が吹くときは、ブームがあおられたり機械が転倒するおそれがあります。また、1回の降雨量が50mm以上の大雨や1回の降雪量が25cm以上の大雪のときは、感電などの事故が発生するおそれがあります。強風、大雨、大雪などの悪天候下での作業や基準以下でも危険が予想されるときは作業を中止してください。

第3章　建設機械災害の防止

2. 高所作業車の点検・整備

(1) 定期自主点検・特定自主検査等の実施

　高所作業車は労働災害防止を目的に労働安全衛生法により定期点検・検査が義務づけられています。必ず規定された期間内に点検・検査を実施してください。

高所作業車の点検・検査義務（労働安全衛生規則抜粋）

点検・検査	労働安全衛生規則	
作業開始前点検	安衛則194条の27	・事業者は、高所作業車を用いて作業を行うときは、その日の作業を開始する前に点検を行わなければならない。
定期自主検査	安衛則194条の23	・事業者は、高所作業車については、1年以内ごとに1回、定期に自主検査を行わなければならない。
	安衛則194条の24	・事業者は、高所作業車については、1カ月以内ごとに1回、定期に自主検査を行わなければならない。
特定自主検査	安衛則194条の26	・事業者は、高所作業車の定期自主検査のうち、1年以内ごとに1回、定期に特定自主検査を行わなければならない。 ・特定自主検査は、検査資格を有する者（事業内検査者）または「検査業者」が行わなければならない。 ・事業者は、高所作業車の特定自主検査を行ったときは、機械の見やすい箇所に、検査を行った年月を明らかにすることができる検査標章を貼りつけなければならない。
定期自主検査の記録	安衛則194条の25	・事業者は定期自主検査を行ったときは、次の事項を記録し、これを3年間保存しなければならない。 　(1) 検査年月日 　(2) 検査方法 　(3) 検査箇所 　(4) 検査の結果 　(5) 検査を実施した者の氏名 　(6) 検査の結果に基づいて補修の措置を講じたときは、その内容

（2）修理の点検、整備を行う場合の留意事項

①作業指揮者を定める

高所作業車の修理、作業床の装着、取外しの作業を行うときは、作業を指揮する者を定め、作業手順の決定、作業の直接指揮を行わなければなりません。また、安全支柱、安全ブロック等の使用状況を監視しなければなりません。

②点検、整備は平坦な場所で

高所作業車を斜面に停止した状態での点検、整備は、正確な機械の状態を判断しにくくさせるだけではなく、機械が自重で動き、挟まれ災害などの危険性があります。点検、整備をするときは、危険のない堅い地盤の平坦な場所に停止させてから行ってください。

また、点検、整備中に当事者以外の人が不用意にエンジンを始動したり、機械を動かすと、機械の破損だけでなく挟まれ巻き込まれなどの災害を起こす危険性があります。作業場所には、「点検・整備中」の表示と関係者以外立入禁止にしてください。

③機械の下での修理、点検、整備

作業床の作業装置は最低地上高に下ろしておきます。やむを得ず作業床等を上げ、その下で点検、整備を行う場合は、安全支柱または安全ブロック等を用い、作業装置が不意に降下しないようにする必要があります。

3．土木工事における高所作業車の主な使用例

土木工事においては、主にトンネル、ダム、橋梁、その他の構造物工事に高所作業車が使用されています。

（1）トンネル工事

NATMにおいては、地山の安定を確認するための計測用の足場として、伸縮ブーム型高所作業車が使用されています。伸縮ブーム型が使用される理由は、旋回、上下伸縮が自在で、計測地点への移動がスムーズに行えることがあげられます。

また、送排気風管、電気設備等の取付け、修理、維持管理などにも多く使用されています。

なお、ドリルジャンボに付属する作業床を有する昇降装置は、高所作業車には該当しません。

（2）ダム工事

ダム工事においては、高所での構造物の補修など各種足場として使用されます。

（3）橋梁工事

橋梁工事においては、新設、メンテナンス、点検および長期固定足場の組立て作業に高所作業車が使用されています。

基礎知識

1. 構造による分類

高所作業車の構造として、以下の方式があげられます。

(1) ブーム式

　トラックにクレーンのようなブームを備え、昇降・伸縮・旋回による構造となっており、公道走行が可能です。ブームの先に作業床としてバスケット（カゴ）が取り付けられ、作業者はバスケットに乗って作業をします。

　また、バスケットよりも広く、重荷重に対応したプラットホームを有した機種や、ブームの一部が屈折する機構を有する機種も存在します。

　主に作業床高さ8m以上のトラック搭載型または自走式でよく見られます。

　積載荷重が少なく機動性を重視する作業では、ブーム式で全旋回するタイプを選択します。

ブーム式高所作業車

ブーム式（プラットホーム型）

(2) 垂直昇降式

　プラットホームが垂直に昇降する構造であり、作業現場内での範囲にて走行します。主に作業床の高さが2～10mクラスの自走式です。

　作業床に移動用の走行機構を有したもので、ホイール式とクローラ式があります。

　積載荷重、材料等の大きな物を積み広い作業床を必要とする作業には、作業床の広いタイプ（垂直昇降式）を選択します。

垂直昇降式高所作業車

2．走行装置による分類

（1）トラック式
　トラック式は、走行装置が自動車となっていて一般道路を走行することができるため、機動性に富み作業現場の移動が容易です。工期の短い現場や、電気通信工事や看板工事、街路灯、信号機等の保守工事現場で使用されています。

（2）ホイール式
　ホイール式は、一般道路を走行することはできませんが、走行部分にゴムタイヤを使用しているため、舗装路面を傷つけることなく現場内での連続作業が可能です。主に、建設工事、造船工事現場で使用されていますが、小型バッテリー駆動のものは建物の内装工事等屋内での使用に最適です。

（3）クローラ式
　クローラ式は、走行部分にクローラ（履帯）を装備し、不整地や軟弱な場所での作業が可能です。ホイール式と同様に走行速度は遅いのですが、機体が重いのでトラック式に比べ作業半径を広く取れます。主に建築、設備工事現場での使用が多いですが、小型のものはゴムクローラを採用し、屋内工事用としても使用されています。

3．作業装置による分類

（1）伸縮ブーム型
　伸縮ブーム型は、油圧式トラッククレーンと同様の伸縮ブームが作業位置に向かってまっすぐ伸びていくタイプで、主に、建設工事、電気・通信工事、造船所等において広く使用されています。

（2）屈折ブーム型
　屈折ブーム型は、ブーム式コンクリートポンプ車と同様の関節を持ったブームが油圧シリンダの伸縮により上下するタイプで、主に、電気・通信工事等において使用されています。

（3）混合型
　混合型は、伸縮ブーム型および屈折ブーム型を混合したタイプで、主に、大規模建設工事等で使用されています。

4．高所作業車の使用条件

高所作業車を建設工事に使用するための基本条件は、
①走行可能な地盤であるか
②作業床が作業位置まで届くか
の2点です。

建設工事に使用される高所作業車は、一般的に自走式で地盤の状況により、不整地や軟弱地盤では接地圧の低いクローラ式が、堅土上や地盤を痛めてはならない場合ではホイール式が使用されます。

また、作業位置まで届くという条件については、作業床の高さが十分であることと、梁などの状況により、作業床が通過できる空間があることを確認する必要があります。

> 【建設物等の高さと高所作業車の選定（例）】
>
> より安全で効率的に作業を行うための高所作業車の地上高さを選択する目安は、高所作業車の作業床の高さを建設物等作業位置の高さの1.1～1.2倍に設定します。
>
> 例えば、12mの建設物で作業をする場合、標準的には建設物高さ12m×1.1～1.2＝13.4～14.4mで14m程度の作業床高さの高所作業車を選定しなければなりません。

> ◆ミニ知識
> **作業床**
>
> 人および荷を載せる物を総称して「作業床」といいます。
> ・プラットホーム……床に手すりを付けたもの
> ・バスケット…………床および囲いが籠状のもの
> ・バケット……………床および囲いを一体構造としたもの（FRPバケット）

災害防止の急所

高所作業車作業による災害防止

　高所作業車は、無足場工法には欠かせない機械であり、従来のローリングタワー等の移動式足場に代わって、幅広く利用されています。

　高所作業車を使用する利点は、足場に関する一連の作業（資材運入〜組み立て〜解体〜資材搬出）での災害が防げることや、スピードアップが図れることにあります。しかし、安全で効率化を目指しているにも関わらず、高所作業車による事故・災害も多く発生しています。

　ここでは、安全に使用するための急所についてお話しします。

垂直型高所作業車の床を上げたまま移動し転倒

　吹付工が梁の耐火被覆補修のため、止めてあった垂直型高所作業車を無断で使用し、高所作業車の作業床を上げたままで上に乗って移動中、床のフロアコンセント穴（深さ10cm）に車輪が落ちたために高所作業車とともに転倒した。

1. 高所作業車移動時は作業床を下げるのが基本。
2. 運転前に作業箇所、走路を確認し、段差や開口部は養生する。
3. 無断使用できないようにキーの抜取り管理を行う。

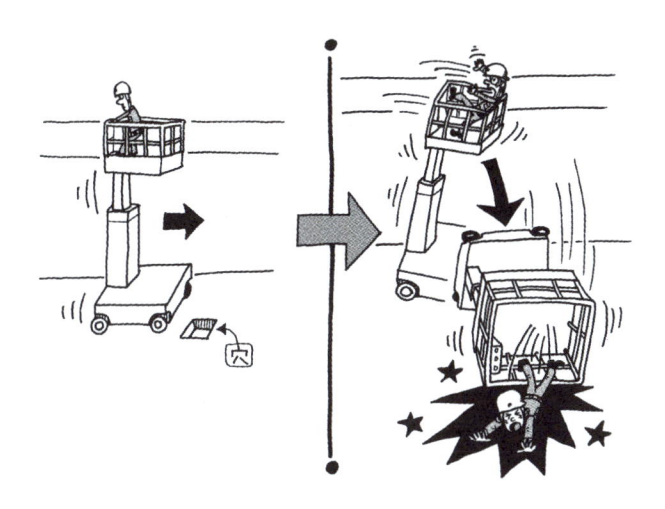

★　高所作業車は、作業床を上げて走行することを想定した構造になっていません。作業床を一番低い位置まで下げて走行するのが鉄則です。無断で使用できる状態では、無資格者が操作したり、作業計画をたてずに作業することに繋がります。また、作業床に乗ったまま移動すると、下がり壁や梁の間に上半身が挟まれる災害の危険もありますので要注意です。

<労働安全衛生規則>

第194条の20

　事業者は、高所作業車（作業床において走行の操作をする構造のものを除く。以下この条において同じ。）を走行させるときは、当該高所作業車の作業床に労働者を乗せてはならない。ただし、平坦で堅固な場所において高所作業車を走行させる場合で、次の措置を講じたときは、この限りでない。
一　誘導者を配置し、その者に高所作業車を誘導させること。
二　一定の合図を定め、前号の誘導者に当該合図を行わせること。
三　あらかじめ、作業時における当該高所作業車の作業床の高さ及びブームの長さ等に応じた高所作業車の適正な制限速度を定め、それにより運転者に運転させること。
2　労働者は、前項ただし書の場合を除き、走行中の高所作業車の作業床に乗つてはならない。
3　第1項ただし書の高所作業車の運転者は、同項第1号の誘導者が行う誘導及び同項第2号の合図に従わなければならず、かつ、同項第3号の制限速度を超えて高所作業車を運転してはならない。

第194条の21

　事業者は、作業床において走行の操作をする構造の高所作業車を平坦で堅固な場所以外の場所で走行させるときは、次の措置を講じなければならない。
一　前条第1項第1号及び第2号に掲げる措置を講ずること。
二　あらかじめ、作業時における当該高所作業車の作業床の高さ及びブームの長さ、作業に係る場所の地形及び地盤の状態等に応じた高所作業車の適正な制限速度を定め、それにより運転者に運転させること。
2　前条第3項の規定は、前項の高所作業車の運転者について準用する。この場合において、同条第3項中「同項第3号」とあるのは、「次条第1項第2号」と読み替えるものとする。

> 「適正な制限速度」は高所作業車の転倒、作業床の振れ等による危険が防止できるよう定めなければならないこと。（平2.9.26　基発第583号）

第194条の11

　事業者は、高所作業車を用いて作業を行うときは、高所作業車の転倒又は転落による労働者の危険を防止するため、アウトリガーを張り出すこと、地盤の不同沈下を防止すること、路肩の崩壊を防止すること等必要な措置を講じなければならない。

◆高所作業車の走行

① 高所作業車の走行操作には次の2種類の方式がある。
　a. 作業床操作専用型
　　作業台を最下部に下げ作業床上で低速で操作する。
　b. 作業床・地上操作兼用型
　　作業床を最下部に下げ、原則として地上において低速で操作する。
② 斜路を降りることが必要なときは、勾配を5°未満にする。
　ただし、機種により定められた勾配の限度を確認のうえ措置する。
③ 斜路上では、走行変更のステアリング操作をしない。
　（ステアリング操作により水平力が発生する。）

　機種ごとに、車体傾斜警報装置等の走行に関わる安全装置が装着されていますので、操作者に安全装置の機能を理解させておくことが大切。

高所作業車を使って電線を持ち上げようとして転倒

仮設電力線を敷設するため、垂直昇降型高所作業車に被災者2名が乗り込み、作業床の手すり上をまたいだ状態でケーブルを乗せて作業床を上昇させたところ、ケーブルの重さで高所作業車が片側に引っ張られる格好でバランスを失い、転倒した。

1. ケーブルを持ち上げることは、「主たる用途外の使用」にあたるので本来の用途で使用することを周知する。
2. 水平力に弱く転倒しやすいという機械特性を周知させる。

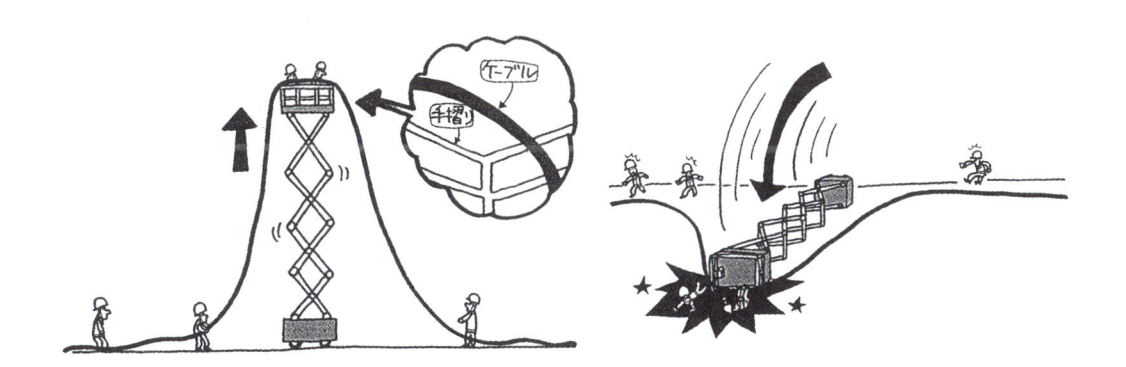

★ 高所作業車を使用して物をつり上げたい気持ちは分かりますが、高所作業車は作業床を高く上げるほど不安定になります。高く伸ばした機械が転倒すれば、搭乗している作業者だけでなく、周囲で働く仲間を危険にさらすことになります。もちろん機械そのものにも大きな損傷を与え、構築している建物にもダメージを与えるかもしれません。用途外の使用はやらないようにしなければなりません。

高所作業車での作業にあたり、事前に作業方法を検討し作業計画を定めますが、計画を策定する者は、用途外の使用がないよう作業の方法や使用機械を決定しなければなりません。

作業指揮者は計画から逸脱しないようにし、計画に問題があることが分かった時には作業を中断して、元請とともに変更計画を検討し、作業者に変更内容を周知した上で再開してください。

＜労働安全衛生規則＞

第194条の17
事業者は、高所作業車を荷のつり上げ等当該高所作業車の主たる用途以外の用途に使用してはならない。ただし、労働者に危険を及ぼすおそれのないときは、この限りでない。

第194条の9
事業者は、高所作業車を用いて作業（道路上の走行の作業を除く。以下第194条の11までにおいて同じ。）を行うときは、あらかじめ、当該作業に係る場所の状況、当該高所作業車の種類及び能力等に適応する作業計画を定め、かつ、当該作業計画により作業を行わなければならない。
2　前項の作業計画は、当該高所作業車による作業の方法が示されているものでなければならない。
3　事業者は、第1項の作業計画を定めたときは、前項の規定により示される事項について関係労働者に周知させなければならない。

第194条の10
　　事業者は、高所作業車を用いて作業を行うときは、当該作業の指揮者を定め、その者に前条第1項の作業計画に基づき作業の指揮を行わせなければならない。

第194条の11
　　事業者は、高所作業車を用いて作業を行うときは、高所作業車の転倒又は転落による労働者の危険を防止するため、アウトリガーを張り出すこと、地盤の不同沈下を防止すること、路肩の崩壊を防止すること等必要な措置を講じなければならない。

解体材を積み過ぎバランスを崩して傾き、資材とともに墜落

　高所作業車を使用して既設建屋の屋根スレートの撤去作業を行っていた。荷台にスレートを積んで降ろそうとしたとき、水平ネットに作業床の手すりが引っかかるので、被災者が作業床の先端に移動した際、機械が突然傾きスレートとともに墜落した。

1. 原因はスレート材を積み過ぎた過積載による。作業計画策定時に積載可能な枚数を明確にし、作業者に周知する。バケットに積載可能枚数で表示することも忘れずに。
2. 高所作業車の作業床上でも、安全帯を使用する。

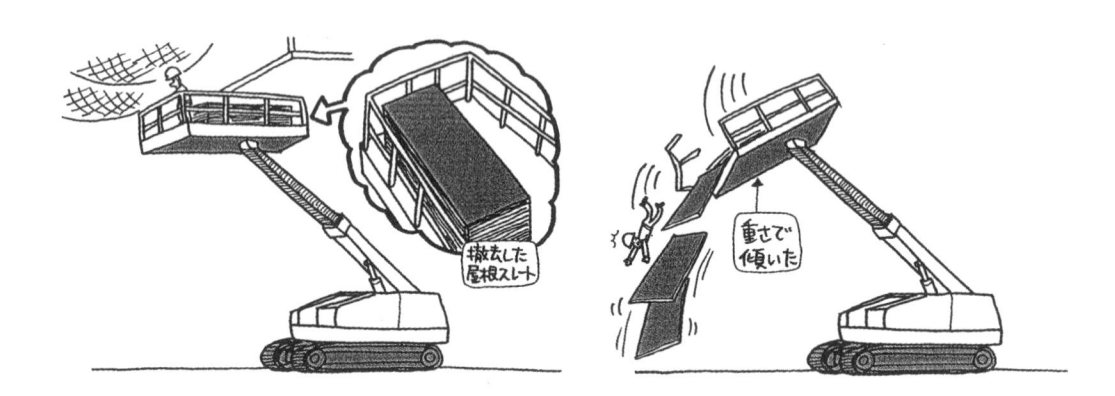

★　積載重量に余裕を持たせた作業計画とすべきでしょう。積載重量は、「○○kg」としても作業者はピンとこないはず。「○○枚まで、△△人まで」と具体的な表現にすることを心がけてください。

＜労働安全衛生規則＞

第194条の16
　　事業者は、高所作業車については、積載荷重（高所作業車の構造及び材料に応じて、作業床に人又は荷を乗せて上昇させることができる最大の荷重をいう。）その他の能力を超えて使用してはならない。

第194条の22
　　事業者は、高所作業車（作業床が接地面に対し垂直にのみ上昇し又は下降する構造のものを除く。）を用いて作業を行うときは、当該高所作業車の作業床上の労働者に安全帯等を使用させなければならない。
　2　前項の労働者は、安全帯等を使用しなければならない。

高所作業車に乗って上昇中、下がり壁と作業床の手すりに挟まれる

　ブーム式高所作業車に乗り、作業床を上昇中に下がり壁に気がつかずに上昇を続け、下がり壁と作業床の手すりの間に上半身を挟まれた。

1. 作業床を移動する場合は、動かす前に周囲（当然頭上も）を声を出して確認し、機械操作することを指導する。
2. 作業指揮者は、全体を見渡せる場所で直接作業指揮を行う。
3. 作業床から挟まれ防止の棒状のものを立てるなどの設備を配置する。
4. 挟まれ防止センサーの設置を検討する。

★　操作者が作業に集中しすぎると、自分の周りの状況がわからなくなることがあります。機械による災害防止の急所は、動出しにあるのではないでしょうか。操作する前にひと呼吸待って、機械の周り、自分の周りを見渡して「右ヨシ　左ヨシ　頭上、足元ヨシ」と声を出して確認する癖をつけましょう。作業指揮者はよく見渡せる立ち位置をよく考え、操作者に合図を送るようにすることがポイントです。

<労働安全衛生規則>

第194条の10
　　事業者は、高所作業車を用いて作業を行うときは、当該作業の指揮者を定め、その者に前条第1項の作業計画に基づき作業の指揮を行わせなければならない。

押しても引いても転倒の危険　高所作業車の特性

★　水平力に弱い

　　垂直昇降型高所作業車は水平力がかかった場合、左右方向は特に転倒しやすいです。ある実験結果では、水平な床上でも20kgの水平力で反対側の車輪が浮き上がるものもあります。

垂直昇降式の水平力実験結果

形　式	地盤水平	地盤傾斜5度(3度)
クローラ式（A社）最大地上高 4m	200kg → 46kg　※注1	200kg → 14kg (28kg)　※注3
ホイール式（A社）最大地上高 2.7m	200kg → 36kg　※注2	200kg → 2kg (26kg)
クローラ式（S社）最大地上高 2.8m	200kg → 20kg	200kg → 7kg (11kg)

注1　クローラ式 46kgの水平力でⒶ部浮上
注2　ホイール式 36kgの水平力でⒷ部浮上
注3　クローラ式 地盤傾斜角度5°の場合、14kgの水平力でⒸ部浮上

作業者が…押したり引いたり　～すると車輪の転倒のおそれがあります。
計画時に十分検討しましょう！

倒れるでー
危険した場所では、使用禁止

人が押し引きするときの水平力

押し力	約30kg
引き力	約60kg

倒れるのに1人で十分な力です！

94　3-4　高所作業車作業での災害防止

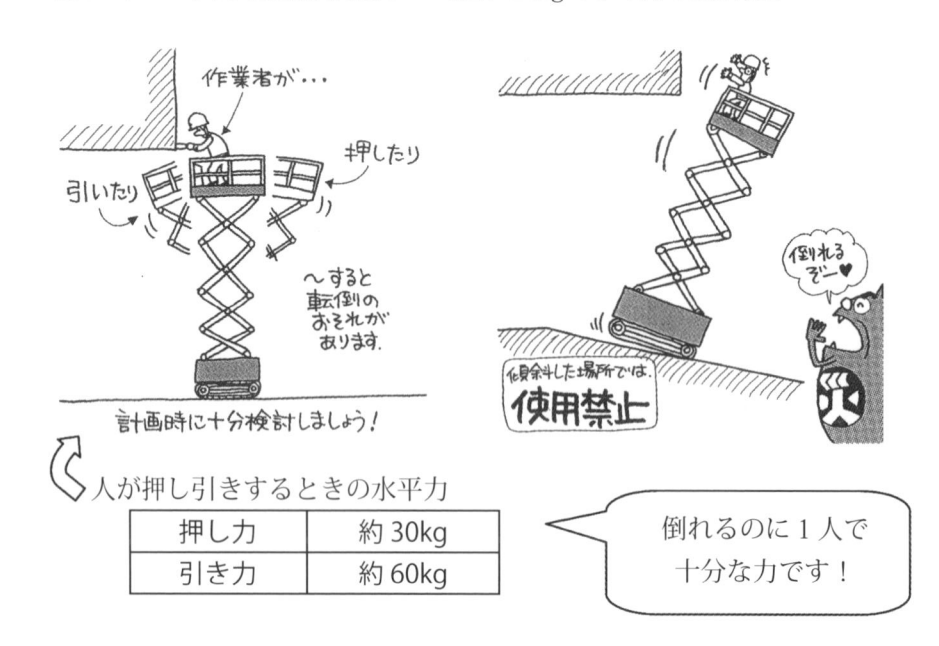

挟まれ防止用の安全装置

　高所作業車を使用する作業では、建物や設備に接近して作業することが避けられないため、常に挟まれる危険があります。挟まれ防止のために機種ごとに様々な安全装置が開発されています。以下に主なものを紹介します。

①タッチセンサー
　作業床内で挟まれる場所の大半は、操作盤側の手すりと障害物の間。この挟まれを防止するためのスイッチがタッチセンサー。このスイッチが押されるとすべての作動が停止します。

②操作レバーカバー
　命綱や安全ネット等がレバーに引っ掛かるなど、レバーの不意な動きで誤操作が起きることを防ぐカバーをいいます。

③機体方向表示板
　機体が180°旋回すると前後が逆転して方向を間違えることにより誤操作が起きやすくなるので、方向表示板で方向を確認して操作することで誤操作を防止します。

④二重手すり
　障害物に作業床の手すりが当たったとき、手すりをつかんでいると手が挟まれます。
　手すりにつかまった手の挟まれ防止として外側にガードとしてまわしたパイプをいいます。

⑤フットスイッチ
　足でスイッチを踏まないと停止以外の動作ができません。ペダルを離すと作動が停止します。操作者に異常が発生した時に機械を停止させます。

⑥非常停止ボタン
　スイッチを押すことにより全ての操作ができなくなります。異常を発見した近くにいる者が、機械を緊急で停止させます。

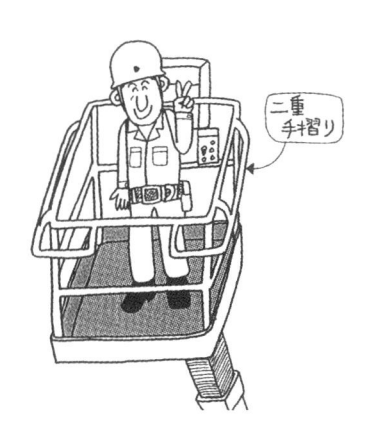

高所作業車の資格

作業床の高さ	2m以上10m未満	10m以上
資格	特別教育修了者	技能講習修了者

★ 高所作業車の種類が非常に多く、有資格者であってもその機種に習熟していなければ誤操作を起しやすくなります。

安全に使用するための要点

①主たる用途外での使用を禁止する。
②作業前に走行範囲にダメ穴、開口部、段差が無いか点検し、ある場合は養生する。必要により誘導者を配置する。
③走行路には資材等を置かない。
④走行開始前に走路上に障害物がないか必ず確認する。
⑤高所作業車上では必ず安全帯を使用する。
⑥操作者は資格を持った者で、機種ごとに習熟者を配置する。
⑦使用開始前、使用終了後には点検を行う。
⑧作業床の手すり上には乗らない。
⑨作業床以外の箇所に人を乗せない。
⑩操作場所を離れるときは、作業床を最下部に下げ、原動機を止め、ブレーキを確実にかける。

第4章
クレーン等災害の防止

4-1 移動式クレーン作業での災害防止
(「玉掛けが原因で発生する災害の防止」を含む)

災害事例 移動式クレーン作業でつり荷が落下

作業種別	H型鋼運搬作業	災害種別	飛来落下	天候	晴れ
発生月	8月	職種	土工	年齢	50歳
経験年数	5年6カ月	入場後日数	15日目	請負次数	1次

災害発生概要図

災害発生状況

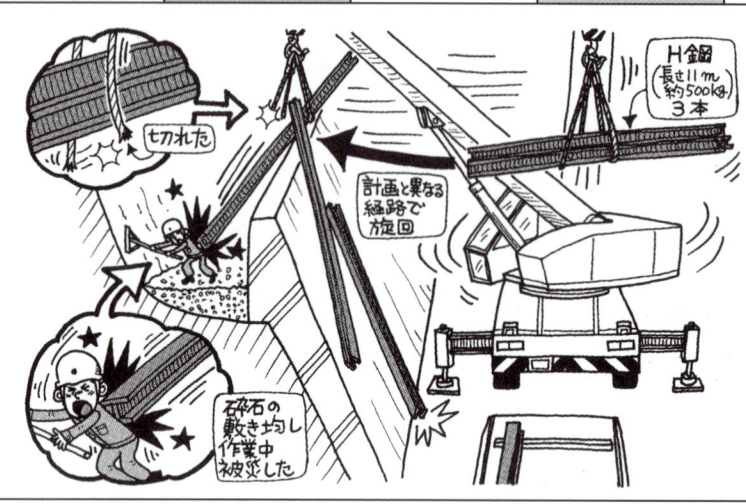

H型鋼3本をまとめて玉掛けし、ホイールクレーン（つり上げ荷重25t）によりつり上げ、擁壁の裏側を旋回させたところ、玉掛け用ワイヤロープが切断し、つり荷のH型鋼3本のうち1本が擁壁の裏側に落下した。
このとき、擁壁の裏側で砕石の敷き均し作業をしていた作業者の背中に直撃して被災した。
なお、当初の計画では、擁壁の表側を旋回することになっていたが、ホイールクレーンの運転者が急病で別の運転者に途中交代したため、計画の旋回方向および擁壁裏側での作業が、交代した運転者に知らされていなかった。

	主な発生原因	防止対策
人的要因	・クレーン運転者が作業計画を確認しなかった。 ・クレーン運転者がつり荷の運搬経路周辺の安全確認を怠った。	・クレーン運転者は、事前に作業計画（旋回方向等）を確認すること。 ・クレーン運転者は運搬経路周辺で作業している作業者が退避したことを確認後、旋回操作を行う。
物的要因	・玉掛け用ワイヤロープが摩耗して破断し、つり荷が落下した。	・作業開始前に玉掛け用ワイヤロープの点検を行う。 ・適切なつり具の選定と点検を行う。
管理的要因	・職長およびクレーン運転者、玉掛け者との間の作業方法、作業手順の周知、連絡調整が不十分であった。 ・クレーンの旋回範囲内の立入禁止措置をしていなかった。	・作業内容、作業手順について、綿密な連絡や調整を行う。 ・クレーンの旋回範囲内にはバリケード等を設置し人を立ち入らせない。

安全上のポイント

1. 移動式クレーン作業での安全上のポイント

(1) 移動式クレーンの定義

　移動式クレーンとは、「荷を動力を用いてつり上げ、これを水平に運搬することを目的とする機械装置で、原動力を内蔵し、かつ、不特定の場所に移動させることができるもの」とされています。このうち、つり上げ荷重が1t以上5t未満の移動式クレーンを小型移動式クレーンといいます。移動式クレーンは次のように分類されます。

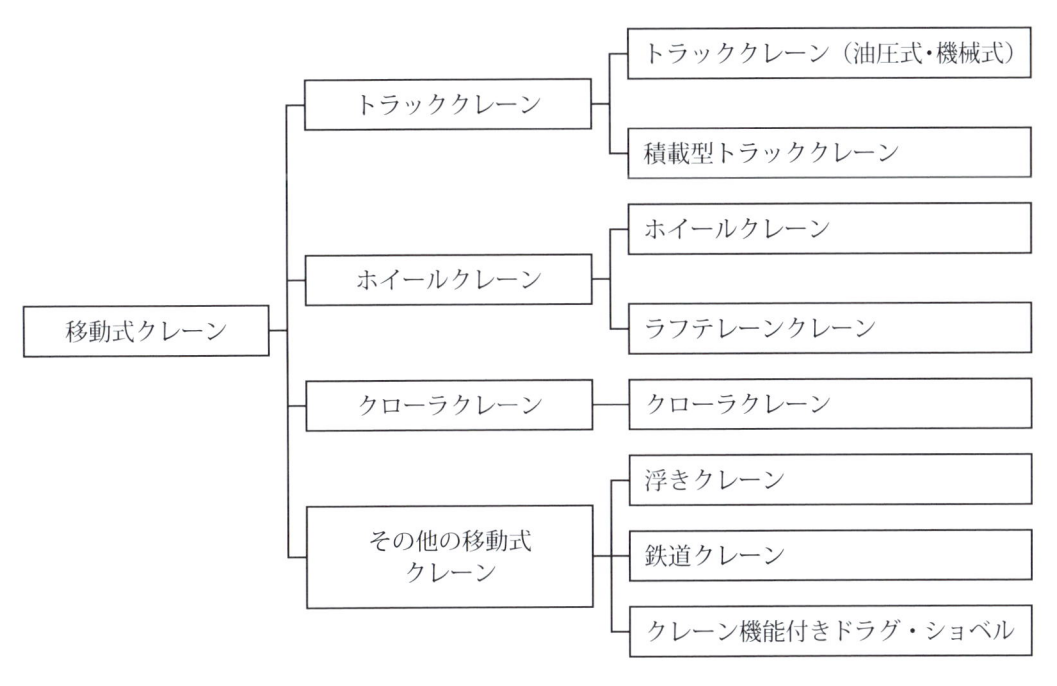

```
                        ┌─ トラッククレーン（油圧式・機械式）
        ┌─ トラッククレーン ─┤
        │                └─ 積載型トラッククレーン
        │
        │                ┌─ ホイールクレーン
        ├─ ホイールクレーン ─┤
移動式クレーン ─┤                └─ ラフテレーンクレーン
        │
        ├─ クローラクレーン ── クローラクレーン
        │
        │                ┌─ 浮きクレーン
        └─ その他の移動式 ─┼─ 鉄道クレーン
            クレーン      └─ クレーン機能付きドラグ・ショベル
```

(2) 移動式クレーンの死亡災害発生状況（平成15年〜19年）

　全産業における移動式クレーンでの死亡災害の合計は251人、そのうち建設業が163人と全産業の約65％を占め、他産業に比べ非常に高い比率となっています。

　機種別では、右図に示すとおり、積載型トラッククレーンによる死亡災害が97件（38.6％）と最も多く、次いでホイールクレーンの75件（29.9％）、クローラクレーン、トラッククレーンの順となっています。

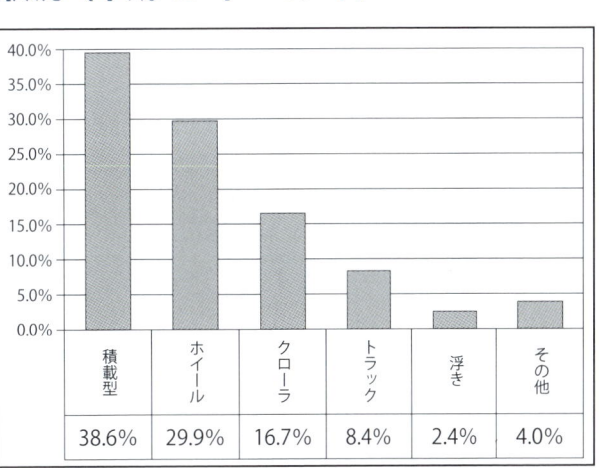

積載型	ホイール	クローラ	トラック	浮き	その他
38.6%	29.9%	16.7%	8.4%	2.4%	4.0%

移動式クレーンにおける機種別死亡者の割合

（3）移動式クレーンの現象別、原因別の発生状況

　全産業における平成15年から19年までの5年間累計の「移動式クレーンにおける現象別の死亡災害発生状況」は下図のとおりです。

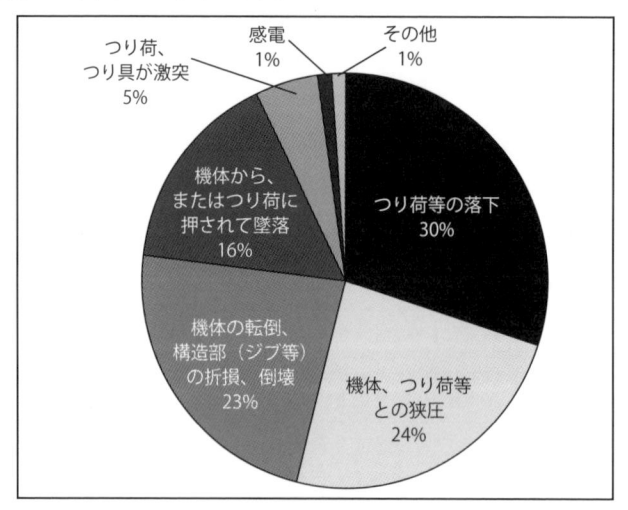

移動式クレーンにおける現象別・主な原因別の死亡災害発生状況

- つり荷等の落下 30%
- 機体、つり荷等との狭圧 24%
- 機体の転倒、構造部（ジブ等）の折損、倒壊 23%
- 機体から、またはつり荷に押されて墜落 16%
- つり荷、つり具が激突 5%
- 感電 1%
- その他 1%

　「つり荷等の落下」が30％と最も多く、次いで「機体、つり荷等との挟圧」が24％と、この2つの現象で全体の半数以上を占めています。
　また、現象別の主な原因は下表のとおりです。

移動式クレーンの現象別・主な原因別の死亡災害発生状況

（平成15年～19年累計）

順位	現　　象	発生件数	主な原因
1	つり荷の落下	77件（30％）	・玉掛け方法の不適切 ・つり具等の点検不良、選定不備など
2	機体、つり荷等との挟圧	60件（24％）	・急激なつり荷移動 ・立入禁止措置等の不備 ・作業指揮者の指示不徹底など
3	機体の転倒、ジブ等の折損、倒壊	57件（23％）	・過負荷、無理な運転、無資格者運転 ・アウトリガーの張出し不備 ・設置地盤の補強不足など
4	機体から、またはつり荷に押されて等により墜落	41件（16％）	・安全帯の不使用 ・合図、連絡等の不備など
5	つり荷、つり具が激突	12件（5％）	・合図の不徹底 ・つり荷への不用意な接近など
6	感電	2件（1％）	・架空電線防護措置の不備など

（4）クレーン等運転者の実施事項

①クレーン作業計画に定める事項を確認する。
②作業開始前点検、および据付地盤を確認し、アウトリガーと固定ピンを正しくセットする。
③作業半径、旋回方向、およびつり荷と定格荷重の関係を確認する。
④旋回時は、周囲に人がいないことを確認する。

作業半径等の確認　　　　　周囲の状況確認

⑤つり荷の下に人が入った場合はクレーン作業を中止し、退避させる。
⑥計画と相違する場合は作業を中断し、元請・下請で計画を修正し安全性を確認したうえで作業変更する。

（5）移動式クレーンの運転の資格

移動式クレーンの運転の資格は下表のとおり、つり上げ荷重の大きさにより法令で定められています。

移動式クレーンのつり上げ荷重と運転者の資格

移動式クレーンのつり上げ荷重	運転者の資格	備考
5ｔ以上	運転士免許	移動式クレーン運転免許取得者
1ｔ以上～5ｔ未満	技能講習	小型移動式クレーン運転技能講習修了者
1ｔ未満	特別教育	移動式クレーンの運転の業務に係る特別の教育を修了した者

※つり上げ荷重とは、アウトリガーまたはクローラを最大に張り出し、ジブ（ブーム）の長さを最短に、ジブ傾斜角を最大にしたときに負荷させることができる最大の荷重。

（6）強風による転倒

　移動式クレーンの転倒事故は、クレーンのジブやつり荷が風にあおられてバランスを崩すことからも生じています。風が強く吹くときは、転倒等の危険が予想されますので、作業を中止する判断を早めにしなければなりません。特に強風（10分間の平均風速が 10m/sec 以上）のときは非常に危険ですので法律でも作業禁止を定めています。
クレーン則では、

> 強風等悪天候時の作業禁止　クレーン則 31 条の 2、同 74 条の 3
> 　事業者は、強風のため、クレーンに係る作業の実施について危険が予想されるときは、当該作業を中止しなければならない。
>
> 強風時における損壊の防止　クレーン則 31 条の 3
> 　事業者は、前条の規定により作業を中止した場合であっても、ジブクレーンのジブが損壊するおそれのあるときは、当該ジブの位置を固定させる等、ジブの損壊による労働者の危険を防止するための措置を講じなければならない。

と定めており、その日の天候は事前に調べ、早めの決断をしなければなりません。

> ◆風速について
> ①強風とは、10 分間の平均風速が 10m/sec 以上の風をいう。
> ②タワークレーン等に設置されている風速計は瞬間風速を表示する。
> ③気象通報の風速は、周囲 100m ほどの間に障害物が無いような地上 10m で 10 分間観測した平均風速となっている。
> ④吹流しでみると支柱に対し角度 90°で吹流し全体がゆれている状態で風速 11m/sec 以上。
> ⑤葉のある低木がゆれ始める、池や沼の水面に波がしらが立つ（平均風速 8.0 〜 10.8m/sec）。
> ⑥大枝が動く、電線が鳴る、風に向かって歩きにくい（平均風速 10.8 〜 13.9m/sec）。

2．玉掛け作業での安全上のポイント

　災害事例に示したとおり、移動式クレーンでのつり荷の落下による災害が最も多く発生しており、その主な原因として、①玉掛け方法の不適切、②つり具等の点検不良、選定不備などがあげられます。
　これら玉掛けに起因する災害を防止するためには、玉掛け用具の点検からはじまり、玉掛け・玉外しまで、玉掛け作業の手順に沿って、正しい作業が行われているか常日頃からチェックするなど、災害防止に取り組んでいかなければなりません。

（1）玉掛け者の資格

　玉掛け作業は、移動式クレーンのつり上げ荷重（質量）に応じて、法令により次のように定められています。

移動クレーンの つり上げ荷重	玉掛け者の資格
1 t 以上	玉掛け技能講習を修了した者
1 t 未満	玉掛け技能講習を修了した者、または 玉掛け作業の業務に係る特別教育を修了した者

　玉掛け作業は、玉掛けする荷の質量ではなく、つり上げる移動式クレーンのつり上げ荷重によって、玉掛け作業に従事することのできる者の資格を定めています。
　なお、玉掛け作業では、玉掛け用ワイヤロープ等の玉掛け用具を掛ける作業だけでなく、玉掛け用具を外す作業にも資格のある者を配置しなければなりません。

（2）玉掛け作業関係者の役割

　玉掛け作業では、厚生労働省通達により「玉掛け作業責任者の指名・配置」等が必要となります。玉掛け作業責任者・玉掛け者・合図者・クレーン等運転者が、作業の中でそれぞれの立場に応じて役割が実施されているか確認することが重要となります。

1）玉掛け作業責任者の実施事項

①関係作業者を集めて、作業方法、作業手順について事前に検討・打合せを行う。
　・作業の概要
　　つり荷、作業範囲、作業者の位置等に関する事項
　・作業の手順
　　玉掛け方法、合図の統一、他作業との調整、緊急時の対応等に関する事項
②つり荷の重さ、形状および数量が指示通りか確認する。
③玉掛け用具の種類、数量が適切か確認する。
④クレーン等の据付状況、作業範囲の状況を確認する。
⑤玉掛け方法が適切か確認する。
⑥不安全状況を確認した場合、クレーン等の運転者に指示し作業を中止する。

2）玉掛け者の実施事項

①玉掛け用具を準備・点検し不良品は交換する。
- ◆ 使用禁止基準
  - ・キンクしたもの
  - ・素線が著しく飛び出したもの
  - ・心綱がはみ出したもの　など

②玉掛け状況を確認し必要な場合は玉掛け作業責任者に改善を要請する。
③地切時の玉掛け状況を確認し、不良時はやり直す。

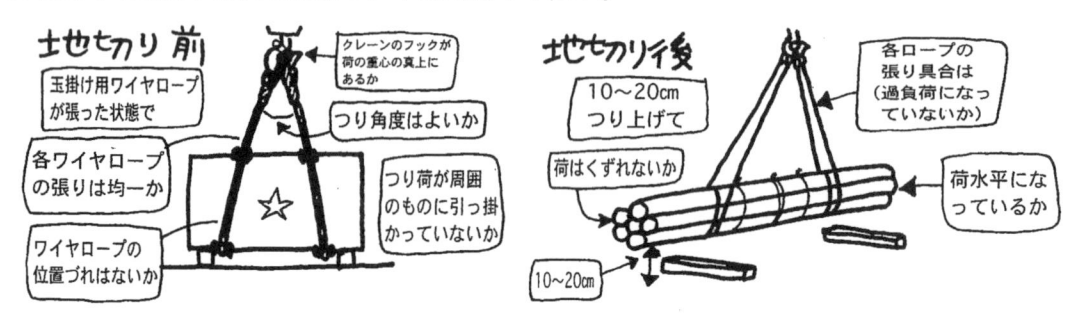

④荷受け場所を確認し、着地した荷の安定を見極めて玉外しを行う。

3）合図者の実施事項

①作業者の待避状況と運搬経路の第三者の有無を確認し合図を行う。
②運搬経路の状況を確認しながら、つり荷の監視・誘導を行う。
③つり荷が不安定になった場合、運転者に合図を送り作業を中断する。
④着地場所と玉掛け者の位置を確認してつり荷を着地させる。

運転の合図

基礎知識

玉掛けワイヤロープ

（1）構造

　ワイヤロープは、素線（ワイヤ）を数十本より合わせてストランド（子なわ）を作り、ストランドをさらにより合わせて製造されています。玉掛けには、ストランドを6本より合わせた構造のものが多く使用されています。

　ワイヤロープの中心には、形状を保持し、柔軟性を与えるとともに衝撃や振動を吸収して、ストランドの切断を防止するため、繊維心を入れていますがこれを心綱といいます。ワイヤロープの構造は（ストランド数×ストランドを構成する素線の数）で示される構成記号を用いて6×24、6×37のように表されます。同じ太さのワイヤロープでも素線が細かく数の多いものほど柔軟性があり、取り扱いやすくなっています。

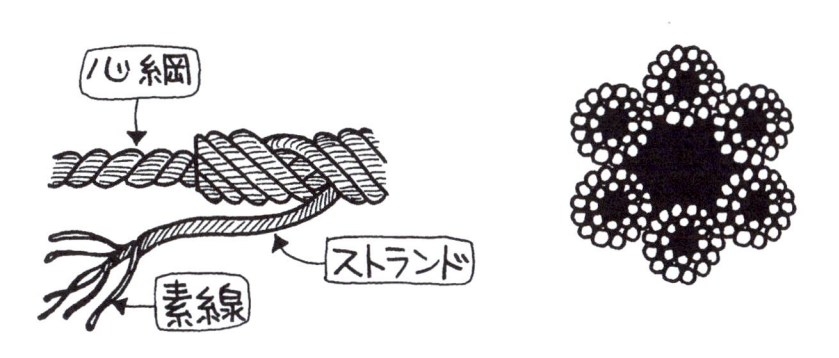

（2）より方

　ワイヤロープのよりとストランドのよりの方向が反対なものを「普通より」、同一方向によったものを「ラングより」といい、さらにワイヤロープのより方向により、ZよりとSよりに分けられます。

　普通よりのワイヤロープはラングよりのワイヤロープに比べ摩耗の度合いは多いが、よりがもどりにくく、キンクを起こしにくいため、取り扱いが容易で、玉掛け用としては一般に「普通Zより」のワイヤロープが使われています。

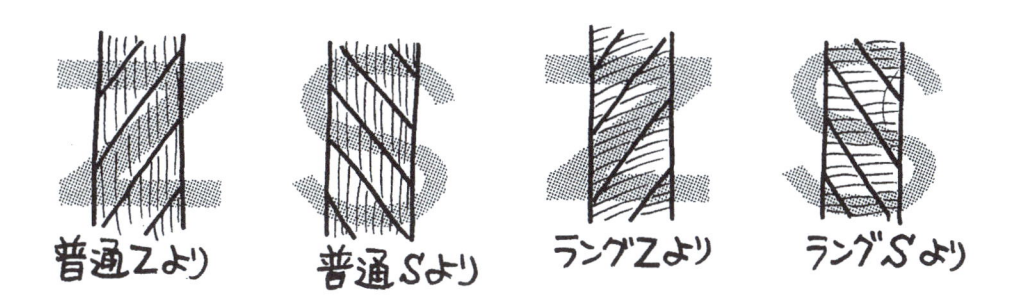

第4章　クレーン等災害の防止　105

（3）安全荷重

玉掛け用ワイヤロープには荷をつり上げた時や停止した時などに、荷の質量よりはるかに大きな力が作用します。このため、ワイヤが破断する時の荷量の1/6を安全荷重としています。

①1本でつれる質量

玉掛け用ワイヤロープ1本で垂直につることができる最大の質量を基本安全荷重といい、次の式で求められます。

$$基本安全荷重（t）＝破断荷重（KN）÷（9.8 ×安全係数）$$

注）（1）玉掛け用ワイヤロープの安全係数は6以上
　　（2）9.8は質量を力に換算するための定数

> **（計算例）**
> 6×24普通より　裸　A種　ロープ径12mm　破断荷重71KN
> この場合の基本安全荷重は
> $$基本安全荷重＝71（KN）÷（9.8×6）＝1.20\ t$$
> となります。

②つり角度の影響

ワイヤロープにかかる張力は同じ質量の荷であっても、つり角度が大きくなるにしたがって大きくなります。また、ワイヤロープの内側に引き寄せようとする力も大きくなり、ワイヤロープが滑ってつり荷の安定がくずれる危険性が大きくなるばかりでなく、フックからワイヤロープが外れやすくなるため、つり角度は60°以下で使用することが望ましいのです。

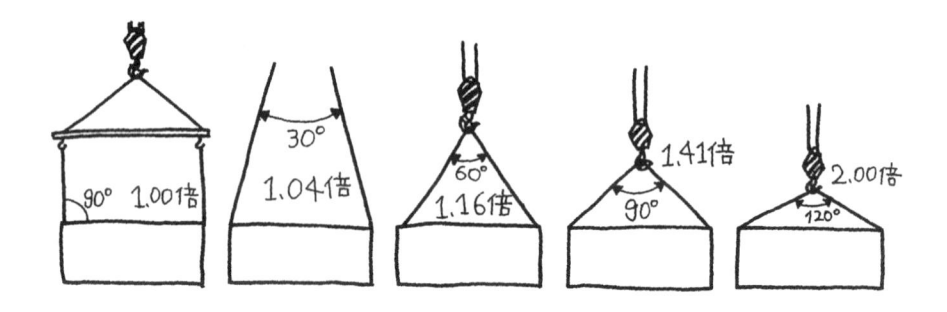

（4）使用禁止基準

　玉掛け用ワイヤロープは使用していると傷んできます。法令では次の通り廃棄の基準を定めています。作業開始前をはじめとした点検を怠らずに実施し、使用を禁止したものは、再び使用できないように処置することが大切です。

①ワイヤロープ1よりの間において素線の数の10％以上の素線が切断しているもの
②直径の減少が公称径の7％を超えるもの
③キンクしたもの
　・曲がり直しをして使用しないこと。

　　　　キンクの状態　　　　　　　　キンクを戻した状態

④著しい形くずれ、または著しい腐食があるもの
　・ストランドが落ち込んだもの
　・1本以上のストランドがゆるんだもの
　・素線が著しくとび出したもの
　・心綱がはみ出したもの
　・かどのある折れがあり素線に傷があるもの

災害防止の急所

1．移動式クレーン作業での災害防止

　災害発生を現象別にみると、ここ数年間変化がなく、玉掛け用ワイヤロープ等からつり荷が外れたり、バラ物を結束せずにつって荷が崩れて落下したりする災害や、リミッター等の安全装置を切って作業を行って巻上げワイヤが切断した事故も起きています。

　最近では、基礎工事用の杭打ち機や大型の移動式クレーンが転倒する事故が目立っています。これらの大型の機械は、ひとたび転倒すれば機械の損傷や、労働災害のみならず、近隣の建物や第三者を巻き込む大きな事故に発展する危険性があります。人命のみならず、企業の存続にも重大な影響を与えることになります。

> **移動式クレーンのアウトリガーが乗った地盤が崩れ転倒**
> 1. 敷き鉄板を敷設していたとしても、法肩にはアウトリガーを設置しない。
> 2. 機械重量と能力等を考慮し、必要に応じて地盤改良などの措置を行う。

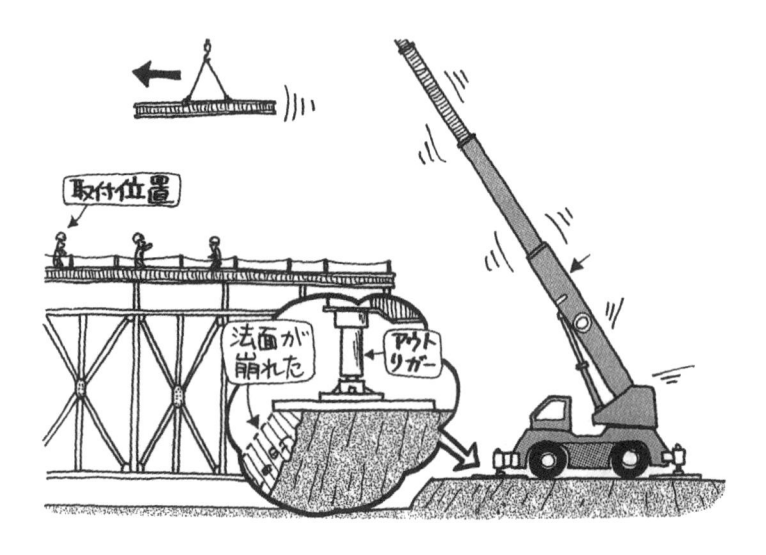

★　法面が見える状態ならば分かりやすいですが、埋め戻した後でも締固めや転圧が十分でないと同じような陥没が起きるおそれがあります。
　　また、コンクリート打設した部分にアウトリガーを乗せる場合も、コンクリートの強度計算をして確認しておく必要があります。軟弱地盤の上に捨てコンを打設した場合には、丈夫そうに見えても、アウトリガーが捨てコンを突き抜けてめり込んでしまうおそれがあります。作業計画を立てる際に、どこにアウトリガーを据えるか検討することを忘れないようにしてください。

<クレーン等安全規則>

第70条の3
　事業者は、地盤が軟弱であること、埋設物その他地下に存する工作物が損壊するおそれがあること等により移動式クレーンが転倒するおそれのある場所においては、移動式クレーンを用いて作業を行つてはならない。ただし、当該場所において、移動式クレーンの転倒を防止するため必要な広さ及び強度を有する鉄板等が敷設され、その上に移動式クレーンを設置しているときは、この限りでない。

第70条の4
　事業者は、前条ただし書の場合において、アウトリガーを使用する移動式クレーンを用いて作業を行うときは、当該アウトリガーを当該鉄板等の上で当該移動式クレーンが転倒するおそれのない位置に設置しなければならない。

過負荷防止装置を解除して、警報装置を無視して移動式クレーンが転倒

1. いかなる場合も安全装置を取り外し、またはその機能を失わせないこと。
2. 安全装置が取り外され、またその機能を失ったことを発見した時は、速やかに復旧、改善させること。
3. 移動式クレーンでは、作業半径内の定格荷重を超えて使用すると作動する警報装置を無視しないで、速やかに警報装置が鳴り止む作業半径内に戻し安全な場所に荷を降ろす。
4. 移動式クレーンによる作業を行うにあたっては、荷の重量、クレーンの種類および能力等を考慮した作業方法等を作業関係者全員に周知すること。

★　過負荷防止装置等の安全装置は、クレーンジブ等の組み立て・解体作業時以外での解除は厳禁です。作業中は、常に稼働していることを確認してください（過負荷防止装置外部表示灯）。

　作業中に機械能力を超えた作業をさせないために、クレーン運転者と資材のつり上げ、つり降ろし作業を開始する前に、つり荷の重量、数量、降ろす場所などを、打合せしてください。

　定格過重を超える場合は、つり荷を小分けにしてください。無理につらせると労働安全衛生法31条の3に定める「違法な指示の禁止」に抵触し、罰則を受けます。

第4章　クレーン等災害の防止

★　最大作業半径でつれる荷の重量を把握し、その限界を超えない重量に荷をまとめ、車体を移動し作業半径を短くします。移動式クレーンでは、「ほんの少しだから」と無理をせずに作業を中断し、安全な位置にセットし直すことが重要です。

　機械の能力を超えた作業とならないように、クレーンを手配する前に現場状況に合わせたクレーン作業計画をしっかりとたて、作業前に関係作業者に周知したうえで計画通り実施してください。

アウトリガーの張出しが不十分で移動式クレーンが転倒

1. アウトリガーは、できるだけ全張出しとすること。設置場所の制約から、全張出しができない場合は、張出し状態に応じた機械能力を確認したうえで、これを厳守すること。
2. 作業に必要な資格保持者に作業させる。小さな機械では、無資格者等のクレーン作業に必要な知識の無い者に操作されないように、キーの管理などをきちんと行うこと。

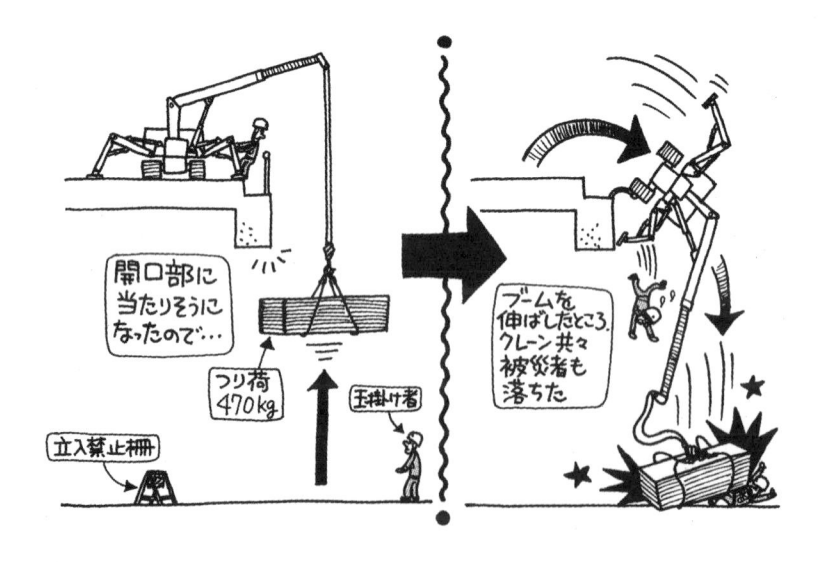

★　職長が資格を確認する時に口頭で「運転資格を持っています」という言葉を鵜呑みにし、資格証を確認せずに無資格で運転させてしまったという例があります。故意に嘘をつく場合だけではなく、本人が機械能力のつりあげ重量による資格の区分（特別教育、技能講習修了または免許）を間違えた結果、無資格で運転した例もあるようです。資格証の本証で確認するようにしてください。

<クレーン等安全規則>

第70条の5

　事業者は、アウトリガーを有する移動式クレーン又は拡幅式のクローラを有する移動式クレーンを用いて作業を行うときは、当該アウトリガー又はクローラを最大限に張り出さなければならない。ただし、アウトリガー又はクローラを最大限に張り出すことができない場合であつて、当該移動式クレーンに掛ける荷重が当該移動式クレーンのアウトリガー又はクローラの張り出し幅に応じた定格荷重を下回ることが確実に見込まれるときは、この限りでない。

> 「移動式クレーンに掛かる荷重が当該移動式クレーンのアウトリガー又はクローラの張り出し幅に応じた定格荷重を下回ることが確実に見込まれるとき」とは次のものがあること。
> 1　アウトリガーの張り出し幅に応じて自動的に定格荷重が設定される過負荷防止装置を備えた移動式クレーンを使用するとき。
> 2　アウトリガーの張り出し幅を過負荷防止装置の演算要素として入力する過負荷防止装置を備えた移動式クレーンにおいて、実際のアウトリガーの張り出し幅と同じ又は張り出し幅の少ない状態に過負荷防止装置をセットして作業を行うとき。
> 3　移動式クレーン明細書、取扱説明書等に、アウトリガーの最大張り出しでないときの定格荷重が示されており、実際のアウトリガーの張り出し幅と同じ又は張り出し幅の少ないときの定格荷重表又は性能曲線により、移動式クレーンにその定格荷重を超える荷重が掛ることがないことを確認したとき。
> 　拡幅式のクローラを有する移動式クレーンで、最大限にクローラを張り出していない状態で定格荷重を有しないものは、ただし書きの対象とはならないものであること。したがって、拡幅式のクローラを有する移動式クレーンで、最大限にクローラを張り出していない状態で定格荷重を有しないものは、クローラを縮小した状態で作業を行えないものであること。なお、移動式クレーンを用いる作業のために、荷をつらずに、ジブを起伏、旋回させることも当該作業に含まれること。(平4.8.24　基発第480号、平8.2.1　基発第47号)

第66条の2

　事業者は、移動式クレーンを用いて作業を行うときは、移動式クレーンの転倒等による労働者の危険を防止するため、あらかじめ、当該作業に係る場所の広さ、地形及び地質の状態、運搬しようとする荷の重量、使用する移動式クレーンの種類及び能力等を考慮して、次の事項を定めなければならない。
一　移動式クレーンによる作業の方法
二　移動式クレーンの転倒を防止するための方法
三　移動式クレーンによる作業に係る労働者の配置及び指揮の系統
2　事業者は、前項各号の事項を定めたときは、当該事項について、作業の開始前に、関係労働者に周知させなければならない。

> 1　第1項の「移動式クレーンの転倒等」の「等」には、移動式クレーンの上部旋回体によるはさまれ、荷の落下、架空電線の充電電路による感電等が含まれること。
> 2　第1項第1号の「作業の方法」には、一度につり上げる荷の重量、荷の積卸し位置、移動式クレーンの設置位置、玉掛けの方法、操作の方法等に関する事項があること。
> 3　第1項第2号の「転倒を防止するための方法」には、地盤の状況に応じた鉄板等の敷設の措置、アウトリガーの張り出し、アウトリガーの位置等に関する事項があること。
> 4　第1項第3号の「労働者の配置を定める」とは、作業全体の指揮を行う者、玉掛けを行う者、合図を行う者等労働者の職務を定めること並びにこれらの者の作業場所及び立入り禁止場所を定めること。
> 5　複数の事業場の労働者が共同して作業を行う場合には、それぞれの事業者が、「移動式クレーンを用いて作業を行う」事業者に該当するが、元方事業者等が作業計画、作業指示書等の形で本条第1項各号の事項について、統一して定めている場合については、その限度においてこれを用いても差し支えないこと。(平4.8.24　基発第480号)

第66条の3

　事業者は、移動式クレーンを用いて荷をつり上げるときは、外れ止め装置を使用しなければならない。

第67条

　事業者は、つり上げ荷重が1トン未満の移動式クレーンの運転(道路交通法(昭和35年法律第105号)第2条第1項第1号の道路上を走行させる運転を除く。)の業務に労働者を就かせるときは、当該労働者に対し、当該業務に関する安全のための特別の教育を行わなければならない。
2　前項の特別の教育は、次の科目について行わなければならない。
一　移動式クレーンに関する知識
二　原動機及び電気に関する知識
三　移動式クレーンの運転のために必要な力学に関する知識
四　関係法令
五　移動式クレーンの運転
六　移動式クレーンの運転のための合図

3　安衛則第37条及び第38条並びに前2項に定めるもののほか、第1項の特別の教育に関し必要な事項は、厚生労働大臣が定める。

第68条

事業者は、令第20条第7号に掲げる業務については、移動式クレーン運転士免許を受けた者でなければ、当該業務に就かせてはならない。ただし、つり上げ荷重が1トン以上5トン未満の移動式クレーン（以下「小型移動式クレーン」という。）の運転の業務については、小型移動式クレーン運転技能講習を修了した者を当該業務に就かせることができる。

第69条

事業者は、移動式クレーンにその定格荷重をこえる荷重をかけて使用してはならない。

第70条

事業者は、移動式クレーンについては、移動式クレーン明細書に記載されているジブの傾斜角（つり上げ荷重が3トン未満の移動式クレーンにあつては、これを製造した者が指定したジブの傾斜角）の範囲をこえて使用してはならない。

第70条の2

事業者は、移動式クレーンを用いて作業を行うときは、移動式クレーンの運転者及び玉掛けをする者が当該移動式クレーンの定格荷重を常時知ることができるよう、表示その他の措置を講じなければならない。

第71条

事業者は、移動式クレーンを用いて作業を行なうときは、移動式クレーンの運転について一定の合図を定め、合図を行なう者を指名して、その者に合図を行なわせなければならない。ただし、移動式クレーンの運転者に単独で作業を行なわせるときは、この限りでない。
2　前項の指名を受けた者は、同項の作業に従事するときは、同項の合図を行なわなければならない。
3　第1項の作業に従事する労働者は、同項の合図に従わなければならない。

第72条

事業者は、移動式クレーンにより、労働者を運搬し、又は労働者をつり上げて作業させてはならない。

第73条

事業者は、前条の規定にかかわらず、作業の性質上やむを得ない場合又は安全な作業の遂行上必要な場合は、移動式クレーンのつり具に専用のとう乗設備を設けて当該とう乗設備に労働者を乗せることができる。
2　事業者は、前項のとう乗設備については、墜落による労働者の危険を防止するため次の事項を行なわなければならない。
一　とう乗設備の転位及び脱落を防止する措置を講ずること。
二　労働者に安全帯等を使用させること。
三　とう乗設備ととう乗者との総重量の1.3倍に相当する重量に500キログラムを加えた値が、当該移動式クレーンの定格荷重をこえないこと。
四　とう乗設備を下降させるときは、動力下降の方法によること。
3　労働者は、前項の場合において安全帯等の使用を命じられたときは、これを使用しなければならない。

第74条

事業者は、移動式クレーンに係る作業を行うときは、当該移動式クレーンの上部旋回体と接触することにより労働者に危険が生ずるおそれのある箇所に労働者を立ち入らせてはならない。

第74条の2

事業者は、移動式クレーンに係る作業を行う場合であつて、次の各号のいずれかに該当するときは、つり上げられている荷（第6号の場合にあつては、つり具を含む。）の下に労働者を立ち入らせてはならない。
一　ハッカーを用いて玉掛けをした荷がつり上げられているとき。
二　つりクランプ1個を用いて玉掛けをした荷がつり上げられているとき。
三　ワイヤロープ等を用いて1箇所に玉掛けをした荷がつり上げられているとき（当該荷に設けられた穴又はアイボルトにワイヤロープ等を通して玉掛けをしている場合を除く。）。
四　複数の荷が一度につり上げられている場合であつて、当該複数の荷が結束され、箱に入れられる等により固定されていないとき。
五　磁力又は陰圧により吸着させるつり具又は玉掛用具を用いて玉掛けをした荷がつり上げられているとき。
六　動力下降以外の方法により荷又はつり具を下降させるとき。

「つり上げられている荷の下」とは、荷の直下及び荷が振れ、又は回転するおそれがある場合のその直下をいうこと。なお、作業の形態等によりやむを得ない場合があることから、労働者の立入りを禁止する範囲は、特に災害発生状況等から、特定の玉掛方法により玉掛けされた荷等の下に限定したものであるが、クレーン等に係る作業を行う場合には、原則として労働者を荷等の下に立ち入らせることがないよう指導すること。
2　第1号の「ハッカー」とは、先端がつめの形状になっており、荷の端部につめを掛けることにより玉掛けするフックをいうこと。
3　第2号の「つりクランプ」とは、つり荷の重量とリンク機構、カム機構等との作用により、つり荷を挟み把持する玉掛用具をいうこと。

> 4　第3号の「アイボルト」とは、丸棒の一端をリング状、他端をボルト状にし、荷に取り付けて、フック及びワイヤーロープ等を掛けやすくするために用いるものをいうこと。
> 5　第4号の「箱に入れられる等」の「等」には、ワイヤーモッコ又は袋に入れられる場合等が含まれるが、荷が小さくワイヤーモッコから抜け落ち、又は積み過ぎ若しくは片荷のため箱からこぼれ落ちるおそれのある場合は含まないこと。
> 6　第5号の「磁力により吸着させるつり具又は玉掛用具」には、リフチングマグネットのほか、永久磁石を使用したものがあるもの。また、「陰圧により吸着させるつり金具又は玉掛用具」とは、ゴム製等のカップを荷に密着させ、カップ内を陰圧にすることにより吸着させるものをいうこと。
> 7　第6号の「動力下降以外の方法」とは自由下降をいうこと。（平4.8.24　基発第480号）

第74条の3

事業者は、強風のため、移動式クレーンに係る作業の実施について危険が予想されるときは、当該作業を中止しなければならない。

第74条の4

事業者は、前条の規定により作業を中止した場合であつて移動式クレーンが転倒するおそれのあるときは、当該移動式クレーンのジブの位置を固定させる等により移動式クレーンの転倒による労働者の危険を防止するための措置を講じなければならない。

第75条

事業者は、移動式クレーンの運転者を、荷をつつたままで、運転位置から離れさせてはならない。
2　前項の運転者は、荷をつつたままで、運転位置を離れてはならない。

第75条の2

事業者は、移動式クレーンのジブの組立て又は解体の作業を行うときは、次の措置を講じなければならない。
一　作業を指揮する者を選任して、その者の指揮の下に作業を実施させること。
二　作業を行う区域に関係労働者以外の労働者が立ち入ることを禁止し、かつ、その旨を見やすい箇所に表示すること。
三　強風、大雨、大雪等の悪天候のため、作業の実施について危険が予想されるときは、当該作業に労働者を従事させないこと。
2　事業者は、前項第1号の作業を指揮する者に、次の事項を行わせなければならない。
一　作業の方法及び労働者の配置を決定し、作業を指揮すること。
二　材料の欠点の有無並びに器具及び工具の機能を点検し、不良品を取り除くこと。
三　作業中、安全帯等及び保護帽の使用状況を監視すること。

第76条

事業者は、移動式クレーンを設置した後、1年以内ごとに1回、定期に、当該移動式クレーンについて自主検査を行なわなければならない。ただし、1年をこえる期間使用しない移動式クレーンの当該使用しない期間においては、この限りでない。
2　事業者は、前項ただし書の移動式クレーンについては、その使用を再び開始する際に、自主検査を行なわなければならない。
3　事業者は、前2項の自主検査においては、荷重試験を行なわなければならない。ただし、当該自主検査を行う日前2月以内に第81条第1項の規定に基づく荷重試験を行つた移動式クレーン又は当該自主検査を行う日後2月以内に移動式クレーン検査証の有効期間が満了する移動式クレーンについては、この限りでない。
4　前項の荷重試験は、移動式クレーンに定格荷重に相当する荷重の荷をつつて、つり上げ、旋回、走行等の作動を定格速度により行なうものとする。

第77条

事業者は、移動式クレーンについては、1月以内ごとに1回、定期に、次の事項について自主検査を行なわなければならない。ただし、1月をこえる期間使用しない移動式クレーンの当該使用しない期間においては、この限りでない。
一　巻過防止装置その他の安全装置、過負荷警報装置その他の警報装置、ブレーキ及びクラッチの異常の有無
二　ワイヤロープ及びつりチエーンの損傷の有無
三　フック、グラブバケット等のつり具の損傷の有無
四　配線、配電盤及びコントローラーの異常の有無
2　事業者は、前項ただし書の移動式クレーンについては、その使用を再び開始する際に、同項各号に掲げる事項について自主検査を行なわなければならない。

第78条

事業者は、移動式クレーンを用いて作業を行なうときは、その日の作業を開始する前に、巻過防止装置、過負荷警報装置その他の警報装置、ブレーキ、クラッチ及びコントローラーの機能について点検を行なわなければならない。

第79条

事業者は、この節に定める自主検査の結果を記録し、これを3年間保存しなければならない。

第80条
　事業者は、この節に定める自主検査又は点検を行なつた場合において、異常を認めたときは、直ちに補修しなければならない。

2．玉掛け作業での災害防止

　玉掛け方法の不備と地切り確認の不適切により発生する事故、災害が多く発生しています。いずれもちょっとした手順や確認を怠ったために大きな事故につながる例もみられます。ポイントを理解している有資格者による慎重な作業が求められます。

> **足場材等をまとめてつり、ワイヤロープからすり抜けつり荷が落下**
> 1. 玉掛け作業は見よう見まねで作業できると思いがちだが、その手順には欠かせない安全のポイントがある。それらを知らない無資格者に作業させることは非常に危険である。玉掛け者は必ず有資格者の中から選任しなければならない。
> 2. 足場材などで、同じ部材でも複数の束をつり上げる際、つり荷が抜け落ちたり、荷姿が変形したりすれば、つり荷の重心が偏心し、荷ブレによる災害の発生も考えられる。荷は番線等でしっかりと緊結し、一体化させるようにする。

★　木製パレット等にいろいろな種類の荷を積む時なども、パレットから落下しないようにしっかりと緊結してください。固定したうえでネット等を被せるとよいでしょう。また、万が一に備え、つり荷の下に人を入れないよう人払いを徹底することが大切です。
　パネルや長尺物を重ねてつる場合は、つり荷の上を斜めに滑り、相当離れた距離のところに落下する例もあります。つり荷が落下するのは、直下とは限らないので十分な立入禁止範囲が必要になります。見張り人を配置しつり荷と、下方への立入禁止を徹底させてください。

ワイヤモッコに残っていた荷揚げ材が落下

1. ワイヤモッコは荷降ろし後に資材が中に残っていないか、外側に引っかかっていないかを十分に確認する。
2. 立入禁止区域はバリケードやロープで区画し、看板を表示する。
3. 小物の材料の荷揚げはコンテナを使用する。

★ ワイヤモッコも玉掛けワイヤ同様に点検が必要です。細かなものが落下しないように内側にシートを取り付けているものがありますが、がれき等により痛んでいるものを現場でよく見かけます。痛んでいるものは使わないようにしてください。十分な強度のあるシートを使うことはいうまでもありませんが、シートの状態の点検も忘れずに実施してください。つり荷作業の基本である立入禁止の徹底も忘れずに。

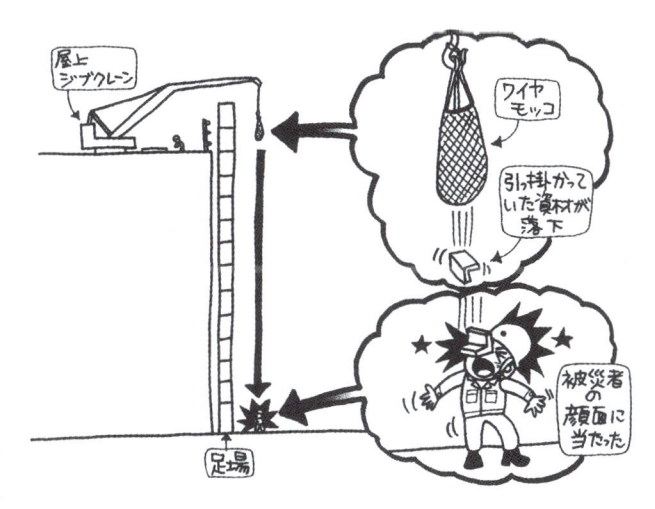

振れた荷に激突

1. 合図者はつり上げ時にクレーンフックの位置と、つり金具の位置にずれが無いか確認する。
2. 合図者は荷が振れるおそれのある箇所から作業者を退避させる。
3. 作業方法・手順について事前に十分検討・打合せを行う。

★ 地切りの確認ポイント

①地切り前（玉掛け用ワイヤロープが張った状態で）
- ワイヤロープの位置ずれは無いか
- 各ワイヤロープの張りは均一か
- つり角度は良いか
- つり荷が周囲のものに引っ掛かっていないか
- クレーンのフックが荷の重心の真上にあるか

②地切り後（10〜20cmつり上げて）
- 荷崩れは無いか
- 各ロープの張り具合は良いか（過負荷になっていないか）
- 荷は水平になっているか
- 荷以外のものが引っ掛かっていないか

★ 荷下ろし時の確認ポイント

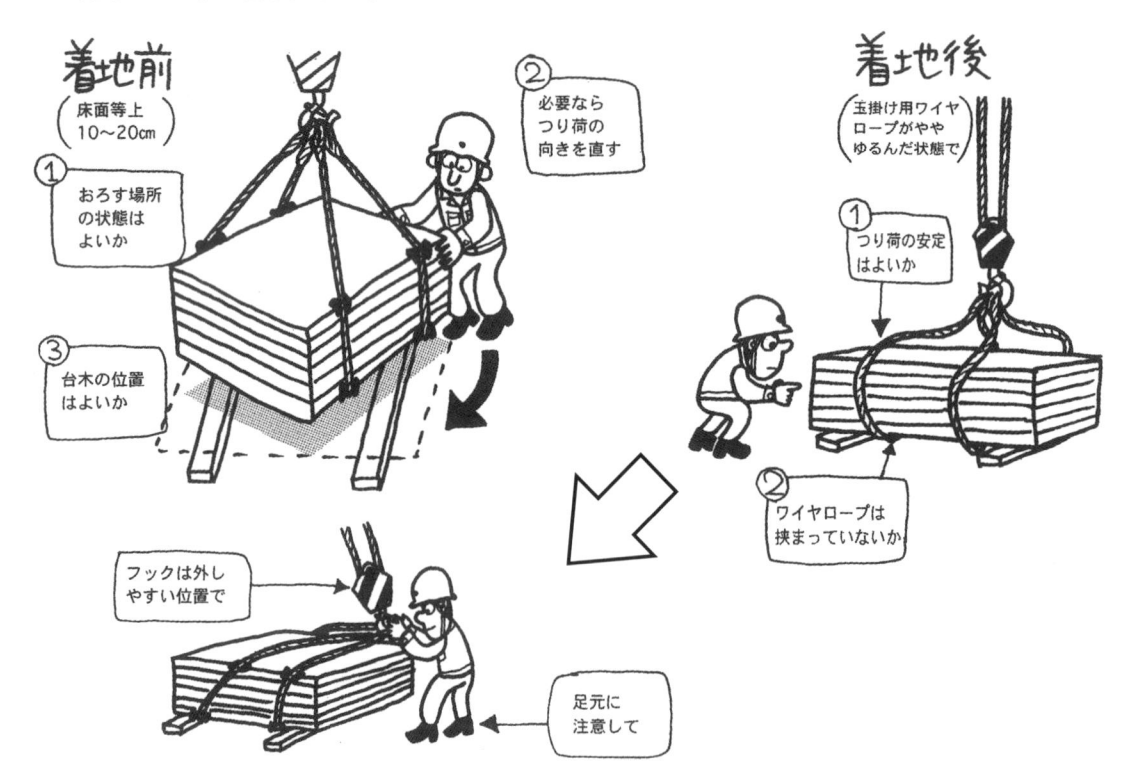

着地前
- 床面等上 10〜20cm
- ①おろす場所の状態はよいか
- ②必要ならつり荷の向きを直す
- ③台木の位置はよいか

着地後（玉掛け用ワイヤロープがややゆるんだ状態で）
- ①つり荷の安定はよいか
- ②ワイヤロープは挟まっていないか

- フックは外しやすい位置で
- 足元に注意して

★ 「台木」のポイント

①位置は良いか？
- 手や足を挟まない位置になっていること
- 沈下しない地盤で安定すること

②形状、材質は良いか？
- 荷に対し十分な強度があること、厚さがあること
- 手足を挟まずワイヤが容易に抜き取れる厚さがあること

<クレーン等安全規則>

第213条

事業者は、クレーン、移動式クレーン又はデリックの玉掛用具であるワイヤロープの安全係数については、6以上でなければ使用してはならない。

2　前項の安全係数は、ワイヤロープの切断荷重の値を、当該ワイヤロープにかかる荷重の最大の値で除した値とする。

第213条の2

事業者は、クレーン、移動式クレーン又はデリックの玉掛用具であるつりチェーンの安全係数については、次の各号に掲げるつりチェーンの区分に応じ、当該各号に掲げる値以上でなければ使用してはならない。

一　次のいずれにも該当するつりチェーン　4
　イ　切断荷重の2分の1の荷重で引つ張つた場合において、その伸びが0.5パーセント以下のものであること。
　ロ　その引張強さの値が400ニュートン毎平方ミリメートル以上であり、かつ、その伸びが、次の表の上欄に掲げる引張強さの値に応じ、それぞれ同表の下欄に掲げる値以上となるものであること。

引張強さ（単位　ニュートン毎平方ミリメートル）	伸び（単位　パーセント）
400以上630未満	20
630以上1,000未満	17
1,000以上	15

二　前号に該当しないつりチェーン　5

2　前項の安全係数は、つりチェーンの切断荷重の値を、当該つりチェーンにかかる荷重の最大の値で除した値とする。

第214条

事業者は、クレーン、移動式クレーン又はデリックの玉掛用具であるフツク又はシヤツクルの安全係数については、5以上でなければ使用してはならない。

2　前項の安全係数は、フツク又はシヤツクルの切断荷重の値を、それぞれ当該フツク又はシヤツクルにかかる荷重の最大の値で除した値とする。

第215条

事業者は、次の各号のいずれかに該当するワイヤロープをクレーン、移動式クレーン又はデリツクの玉掛用具として使用してはならない。

一　ワイヤロープ1よりの間において素線（フイラ線を除く。以下本号において同じ。）の数の10パーセント以上の素線が切断しているもの
二　直径の減少が公称径の7パーセントをこえるもの
三　キンクしたもの
四　著しい形くずれ又は腐食があるもの

第216条

事業者は、次の各号のいずれかに該当するつりチエーンをクレーン、移動式クレーン又はデリツクの玉掛用具として使用してはならない。

一　伸びが、当該つりチエーンが製造されたときの長さの5パーセントをこえるもの
二　リンクの断面の直径の減少が、当該つりチエーンが製造されたときの当該リンクの断面の直径の10パーセントをこえるもの
三　き裂があるもの

第217条

事業者は、フツク、シヤツクル、リング等の金具で、変形しているもの又はき裂があるものを、クレーン、移動式クレーン又はデリツクの玉掛用具として使用してはならない。

第218条

事業者は、次の各号のいずれかに該当する繊維ロープ又は繊維ベルトをクレーン、移動式クレーン又はデリツクの玉掛用具として使用してはならない。

一　ストランドが切断しているもの
二　著しい損傷又は腐食があるもの

第219条

事業者は、エンドレスでないワイヤロープ又はつりチエーンについては、その両端にフツク、シヤツクル、リング又はアイを備えているものでなければクレーン、移動式クレーン又はデリツクの玉掛用具として使用してはならない。

2　前項のアイは、アイスプライス若しくは圧縮どめ又はこれらと同等以上の強さを保持する方法によるものでなければならない。この場合において、アイスプライスは、ワイヤロープのすべてのストランドを3回以上編み込んだ後、それぞれのストランドの素線の半数の素線を切り、残された素線をさらに2回以上（すべてのストランドを4回以上編み込んだ場合には1回以上）編み込むものとする。

第219条の2
　事業者は、磁力若しくは陰圧により吸着させる玉掛用具、チェーンブロック又はチェーンレバーホイスト（以下この項において「玉掛用具」という。）を用いて玉掛けの作業を行うときは、当該玉掛用具について定められた使用荷重等の範囲で使用しなければならない。
2　事業者は、つりクランプを用いて玉掛けの作業を行うときは、当該つりクランプの用途に応じて玉掛けの作業を行うとともに、当該つりクランプについて定められた使用荷重等の範囲で使用しなければならない。

第220条
　事業者は、クレーン、移動式クレーン又はデリックの玉掛用具であるワイヤロープ、つりチエーン、繊維ロープ、繊維ベルト又はフック、シヤツクル、リング等の金具（以下この条において「ワイヤロープ等」という。）を用いて玉掛けの作業を行なうときは、その日の作業を開始する前に当該ワイヤロープ等の異常の有無について点検を行なわなければならない。
2　事業者は、前項の点検を行なつた場合において、異常を認めたときは、直ちに補修しなければならない。

第221条
　事業者は、令第20条第16号に掲げる業務（制限荷重が1トン以上の揚貨装置の玉掛けの業務を除く。）については、次の各号のいずれかに該当する者でなければ、当該業務に就かせてはならない。
　一　玉掛け技能講習を修了した者
　二　職業能力開発促進法（昭和44年法律第64号。以下「能開法」という。）第27条第1項の準則訓練である普通職業訓練のうち、職業能力開発促進法施行規則（昭和44年労働省令第24号。以下「能開法規則」という。）別表第4の訓練科の欄に掲げる玉掛け科の訓練（通信の方法によつて行うものを除く。）を修了した者
　三　その他厚生労働大臣が定める者

第222条
　事業者は、つり上げ荷重が1トン未満のクレーン、移動式クレーン又はデリックの玉掛けの業務に労働者をつかせるときは、当該労働者に対し、当該業務に関する安全のための特別の教育を行なわなければならない。
2　前項の特別の教育は、次の科目について行なわなければならない。
　一　クレーン、移動式クレーン及びデリック（以下この条において「クレーン等」という。）に関する知識
　二　クレーン等の玉掛けに必要な力学に関する知識
　三　クレーン等の玉掛けの方法
　四　関係法令
　五　クレーン等の玉掛け
　六　クレーン等の運転のための合図
3　安衛則第37条及び第38条並びに前2項に定めるもののほか、第1項の特別の教育に関し必要な事項は、厚生労働大臣が定める。

玉掛け作業での災害防止の要点

【玉掛け十則】

①玉掛け用具は使用前に点検する。
②荷の質量と形にあった玉掛け用具を選定する。
③重心を確かめ、荷が回転・移動しないように玉掛けする。
④地切り時は荷から離れ、荷姿を確かめる。
⑤合図は指名されたものが行う。
⑥決められた合図で、声と動作は大きくはっきり合図する。
⑦巻上げは、周囲の安全を確認して合図する。
⑧荷の移動経路を確認しながら着地まで誘導する。
⑨荷降ろし場所の安全を確認して着地方向を合図する。
⑩着地後は荷の安全を確認して玉外しを行う。

4-2 積載型トラッククレーン作業での災害防止

災害事例 積載型トラッククレーンが転倒し、つり荷が落下

作業種別	型枠運搬作業	災害種別	激突され	天候	曇り
発生月	11月	職種	型枠工	年齢	45歳
経験年数	1年2カ月	入場後日数	3日目	請負次数	2次

災害発生概要図

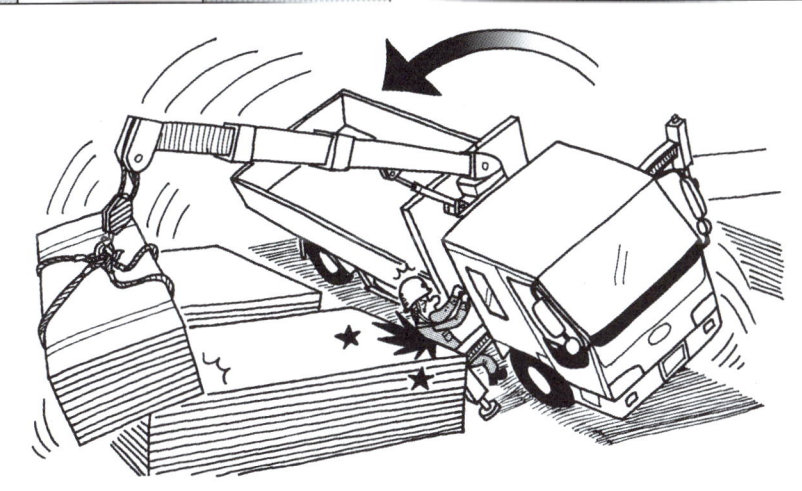

災害発生状況

建設資材置き場で積載型トラッククレーン（つり上げ荷重2.93 t）で運搬してきた型枠材の荷降ろしを行っていた。アウトリガーは、操作レバー側についてはその場張出し（最小張出し）とし、反対側は最大張出しにした。
アウトリガーの下に敷き鉄板をせず、積荷の型枠材（1山0.7 t）を順次降ろして最終の1山をつり上げ旋回したところ、積載型トラッククレーンが転倒して、積載型トラッククレーンと先に降ろした型枠材の間に挟まれ死亡した。
作業半径は約3.7m、空車時定格荷重は0.55 t（アウトリガー最小張出し）であった。
なお、運転者は小型移動式クレーン運転技能講習を修了していなかった。

	主な発生原因	防止対策
人的要因	・積載型トラッククレーンの運転者は資格が必要であることを知らなかった。 ・空車時定格荷重を超える荷をつって旋回した。	・移動式クレーンの運転の業務は資格を有する者が行う。 ・定格荷重を超える作業は行わない。
物的要因	・アウトリガーを最大張出しにしていなかった。	・アウトリガーは最大張出しにして作業を行う。 ・積載型トラッククレーンの停車位置の選定と、地盤の確認を実施し、養生鉄板は常に使用するよう習慣づける。
管理的要因	・作業開始前に、職長と作業方法、手順等の打合せがなされていなかった。 ・積載型トラッククレーンの資格証の作業前確認ができていなかった。 ・誰が運転するか決めていなかった。	・積載型トラッククレーンの設置から荷積み荷降ろし等の一連の作業手順に関し、適宜再教育を行う。 ・積載型トラッククレーンは必ず取扱い者を指名し、指名された者以外は運転や操作をさせないようにする。

安全上のポイント

1．積載型トラッククレーンによる災害発生状況

　建設業における平成15年から19年までの5年間累計の「移動式クレーン」での死亡災害の合計は163人であり、全産業の約65％を占めています。そのうち、積載型トラッククレーンによる死亡災害は49人（建設業の30.1％）であり、ホイールクレーンでの死亡災害52人（建設業の31.9％）に次いで多発しています。

　積載型トラッククレーンの現象別死亡災害発生状況（平成15年～19年累計）は下図に示すとおり、機体の転倒による災害の比率が45.4％と最も高くなっています。

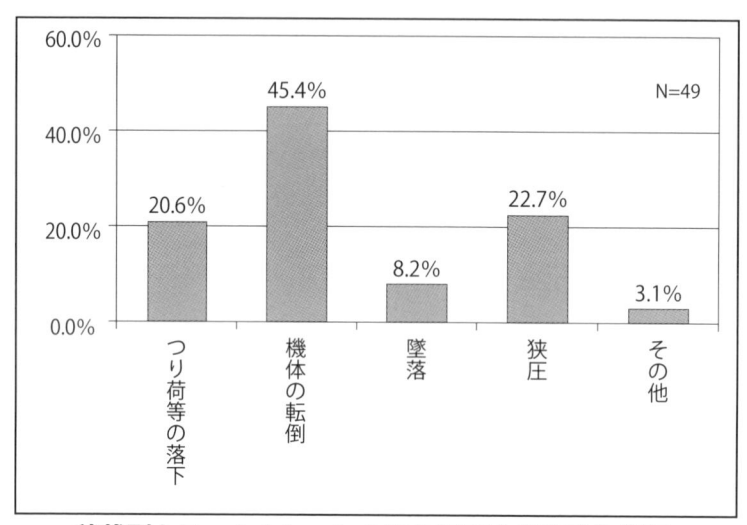

現象	比率
つり荷等の落下	20.6%
機体の転倒	45.4%
墜落	8.2%
狭圧	22.7%
その他	3.1%

N=49

積載型トラッククレーンの現象別死亡災害発生状況

　積載型トラッククレーンの転倒災害の防止対策としては、アウトリガーの完全張出し、設置地盤等の補強、有資格者による運転などがあげられます。

　積載型トラッククレーンの運転者に対しては、
①定格荷重と空車時定格荷重の関係について
　・積載型トラッククレーンの荷台に荷を積んでいる積載時と、荷が乗っていない空車時の定格荷重には差があり、積載時にはつることができたつり荷が、空車時にはつれないといったことが起こること。
②前方、側方、後方の作業領域での安定度の関係について
　・作業領域（前方、側方、後方）により、つり荷時に機体の安定度が異なる。特に、前方領域でのつり上げ性能が空車時定格総荷重の25％以下になること。
などに対する安全教育が必要となります。

　また、積載型トラッククレーンでは、つり荷の落下や機体に接触したことによる災害も多く発生しており、適切な玉掛けと地切り時の荷の安定状態の確認、周辺への立入禁止措置の徹底などへの対応も必要となってきます。

2．積載型トラッククレーンの安全上のポイント

（1）積載型トラッククレーンの性能と操作時の留意事項

　災害事例に示したとおり、荷台に積載物がある場合と無い場合では積載型トラッククレーンのつり上げ性能が異なるため、下記事項に留意する必要があります。

　つり上げ荷重3トン未満の積載型トラッククレーンは、過負荷防止装置（モーメントリミッタ）が無い機種が多いため、つり荷は空車時定格総荷重に対し十分余裕のある質量に抑えるとともに、作業領域（前方、後方、側方）やアウトリガーの張出しに十分注意をしなければなりません。

①空車時定格総荷重とは、積載型トラッククレーンのみに使用される用語で、トラックの荷台に積み荷が無い状態（空車時）で実際につり上げることのできる荷の質量とつり具の質量の和で示されています。

②クレーン作業を行う場合は、安定度に基づいた空車時定格総荷重の値によって行います。空車時定格総荷重は、後方、側方つりの状態の値であり、前方つりは空車時定格総荷重の25％以下となるので注意しなければなりません。

◆作業領域について

　積載型トラッククレーンの場合、クレーンの搭載位置およびアウトリガー（前方のみ装備）の関係から、後方領域が最も安定がよく、側方領域の斜線部分に近づくほど安定が悪くなります。前方つりでは前輪が転倒支点となり、また、エンジンも前輪の上にあるため、前輪への反力が大きくなり、つり上げ荷重を小さくしないと前方へ転倒します。

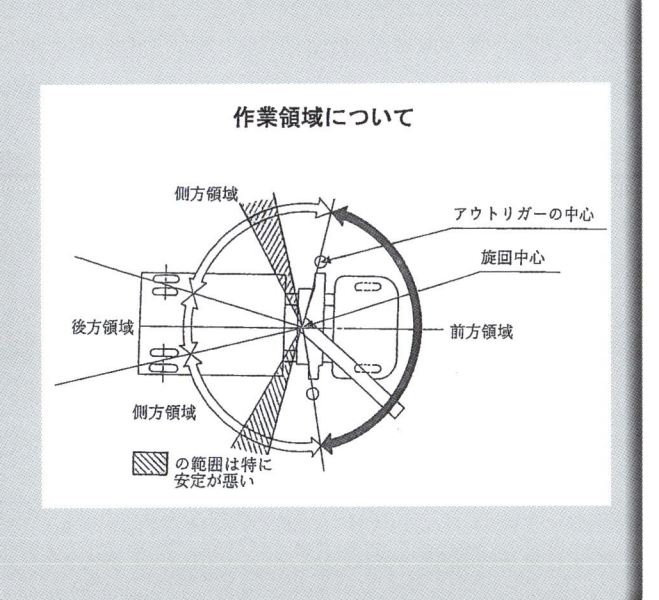

作業領域について

③積載型トラッククレーンの荷重指示計には、空車時定格総荷重が表示されていますが、アウトリガーが最も安定度の高い最大張出し時の性能なので、やむを得ず中間張出し、または最少張出しで作業する場合には、最少張出しの性能で作業することに留意する必要があります。

3.13m/5.07ジブ　　　　　空車時定格総荷重表　　　　（後方、側方領域）

作業半径	m	1.5以下	2.0	2.5	3.0	3.5	4.0	4.5	4.87
アウトリガー最大張出	t	2.93	2.13	1.73	1.43	1.13	0.95	0.80	0.73
アウトリガー最少張出	t	2.13	1.63	1.08	0.78	0.60	0.48	0.38	0.33

※事例として、使用ジブが3.13mまたは5.07mでアウトリガーが最大張出しの場合、作業半径3.5mでは、空車時定格総荷重は1.13tである。ただし、アウトリガーが中間または最少張出しの場合は、空車時定格総荷重は0.60tとなる。

（2）積載型トラッククレーンの作業開始時と設置時
1）作業開始前
①朝礼時、リスクアセスメントの実施や職長との作業内容、作業手順等についてよく打合せを行う。
②作業の指揮命令系統と役割分担、および合図者と合図方法を互いに確認する。
③作業開始前点検を確実に実施する（クレーン等安全規則78条：以下ク則と略す）。
④バリケード等で作業区域の明示を行い、関係者以外の立ち入りを禁止する。
⑤積載型トラッククレーンの運転者の資格（免許取得者、技能講習修了者）、および運転資格証の携帯を確認する（安衛法61条3項）。
⑥玉掛け作業者（技能講習修了者）を配置する。

2）アウトリガー設置時
①水平堅固な地盤に機体が水平になるように設置し、アウトリガーは左右均等で最大張り出しとする。
②アウトリガーフロートの底面積が小さいため、繰り返し旋回しているうちに、アウトリガーが沈下して機体が傾いてくるため、面積が広くかつ十分な強度を持った角材、敷板、鉄板等を設置する。
・アウトリガーのフロート1脚にかかる最大荷重は、機体質量と実際につっている荷の質量の合計の70～80％に相当する荷重がかかる。
③アウトリガーを所定の位置まで引き出し、アウトリガーが動かないようロックピンを挿入して固定する。

3）積載型トラッククレーン作業時

①道路脇での作業

　道路脇でガードレールの横に積載型トラッククレーンを設置し、荷降ろし作業などを行っている時、積載型トラッククレーンが転倒してガードレールと車体の間に挟まれる災害が多く発生している。

　万一のことを考え、積載型トラッククレーンが転倒あるいは荷振れがあっても危険が及ばないよう、積載型トラッククレーンの操作位置を十分検討したうえで設置する。

②荷の横引き等の禁止

　積載型トラッククレーンで鉄板を斜めにつり上げたため、鉄板が大きく横振れして近くの作業者に激突するなどのケースがみられることから、地切り前の横引きや旋回等での引き込みは危険であるため行ってはならない。

③見込み運転の禁止

　見込み運転は危険を伴うため、クレーンの操作は合図者の合図に従って行う（ク則71条）。

④立ち入りの禁止

　つり荷の下で敷角を並べているときに、玉掛け用ワイヤが切断して荷の下敷きになるなどの災害がみられることから、つり上げている荷の下に決して人を立ち入らせてはいけない（ク則74条の2）。

⑤運転位置からの離脱の禁止

　運転者は荷をつったまま運転位置を離れてはいけない。また、作業を中止するときは必ず荷を地上に降ろしておくことを徹底する（ク則75条）。

移動式クレーンのチェックポイント
作業開始前に、下記のチェックポイントを確認しよう!!

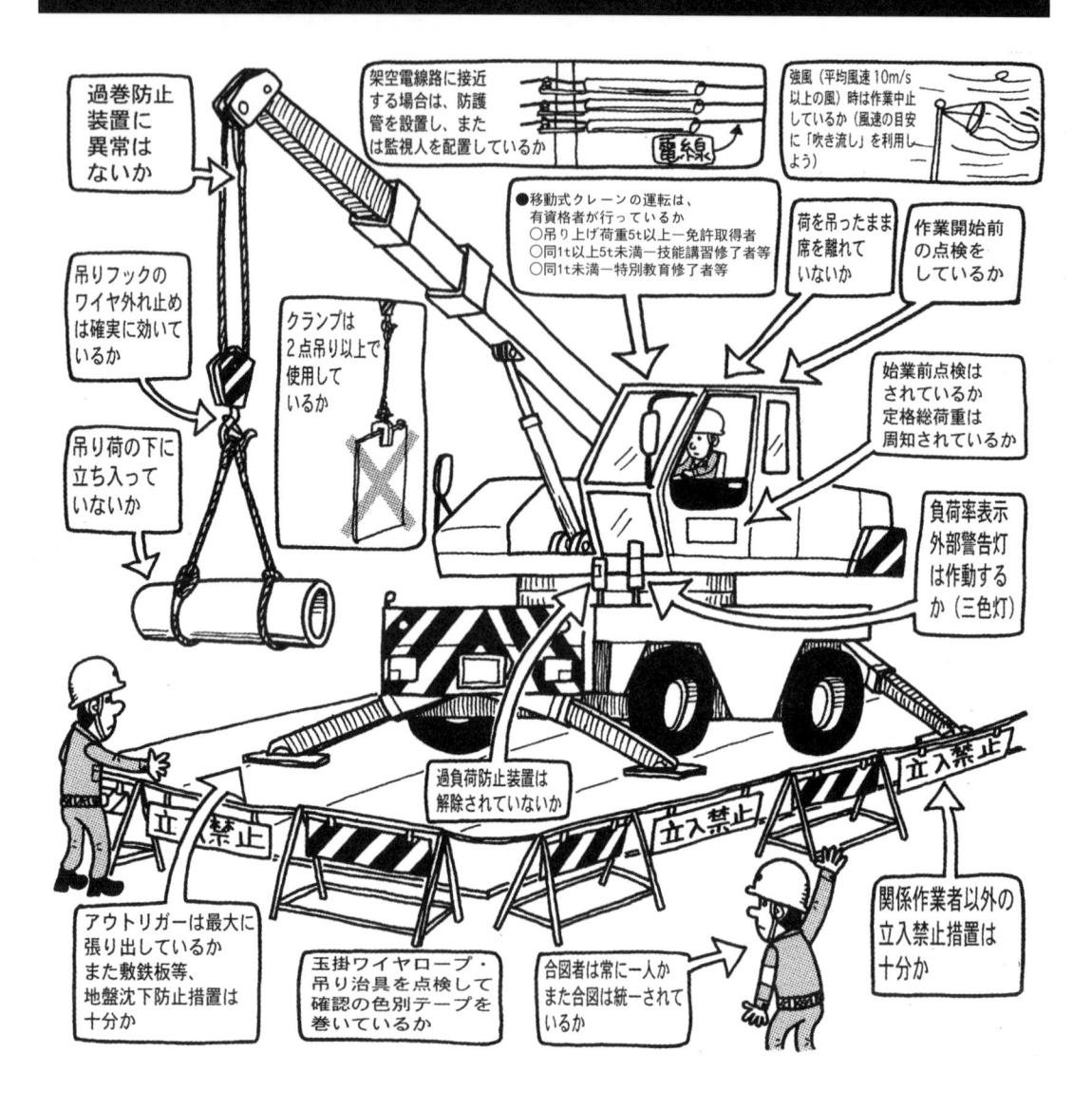

- 過巻防止装置に異常はないか
- 架空電線路に接近する場合は、防護管を設置し、または監視人を配置しているか
- 強風（平均風速10m/s以上の風）時は作業中止しているか（風速の目安に「吹き流し」を利用しよう）
- 吊りフックのワイヤ外れ止めは確実に効いているか
- クランプは2点吊り以上で使用しているか
- ●移動式クレーンの運転は、有資格者が行っているか
  ○吊り上げ荷重5t以上―免許取得者
  ○同1t以上5t未満―技能講習修了者等
  ○同1t未満―特別教育修了者等
- 荷を吊ったまま席を離れていないか
- 作業開始前の点検をしているか
- 吊り荷の下に立ち入っていないか
- 始業前点検はされているか 定格総荷重は周知されているか
- 負荷率表示 外部警告灯は作動するか（三色灯）
- 過負荷防止装置は解除されていないか
- アウトリガーは最大に張り出しているか また敷鉄板等、地盤沈下防止措置は十分か
- 玉掛ワイヤロープ・吊り治具を点検して確認の色別テープを巻いているか
- 合図者は常に一人かまた合図は統一されているか
- 関係作業者以外の立入禁止措置は十分か

---

1. 移動式クレーンの作業方法等を決定し、作業開始前に関係作業者に周知させているか
2. クレーン本体にクレーン検査証・車両検査証を備えつけているか
3. 運転者は免許証のほか、再教育の受講者証を携帯しているか

積載型トラッククレーンのチェックポイント

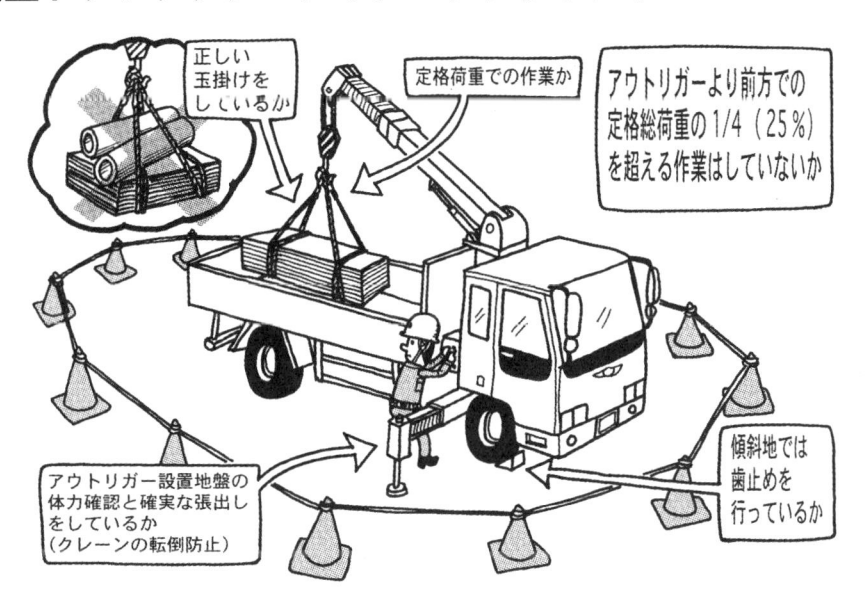

- 正しい玉掛けをしているか
- 定格荷重での作業か
- アウトリガーより前方での定格総荷重の1/4（25％）を超える作業はしていないか
- アウトリガー設置地盤の体力確認と確実な張出しをしているか（クレーンの転倒防止）
- 傾斜地では歯止めを行っているか

- 荷の横引き、斜めづり、引き込みは禁止
- 乱暴な運転はしない
- 瞬間最大風速が 10m/s を超えるような強い風が吹くときは、作業の中止

突風

走行姿勢

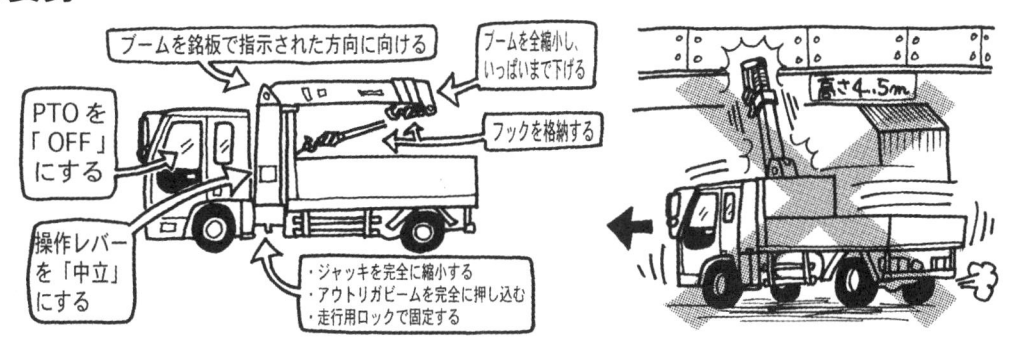

- ブームを銘板で指示された方向に向ける
- ブームを全縮小し、いっぱいまで下げる
- フックを格納する
- PTO を「OFF」にする
- 操作レバーを「中立」にする
- ジャッキを完全に縮小する
- アウトリガビームを完全に押し込む
- 走行用ロックで固定する

高さ4.5m

第4章 クレーン等災害の防止

災害防止の急所

積載型トラッククレーン作業での災害防止

　積載型トラッククレーン（通称：ユニック）は、その手軽さから多くの現場で資機材の小運搬作業等に使用されています。しかし、運転者が単独で作業する場合が多く、クレーンと玉掛けを1名で行い、地切り確認が十分にできず、つり荷が操作者に激突したり、アウトリガーの張出しや養生が不十分で転倒したり、ブームを格納するのを忘れ、電線を破損させたりする事故・災害が多く発生しています。

　メインに隠れた作業であることから、詳細な作業計画や手順の打合せ等がおろそかになり、ユニックの運転者任せになっている部分が多いのではないでしょうか。単独で作業するがゆえに不安全行動も起こしやすいと思います。

アウトリガーの養生不足による転倒

1. クレーンの停車位置の選定と、地盤の確認を実施し、養生鉄板は常に使用するよう習慣づけること。
2. 小型移動式クレーン（積載型トラッククレーン 2.9t クラス）は、必ず取扱い者を指名し、指名された者以外は、運転や操作をさせないようにする。
3. 積載型トラッククレーンの能力位置から荷積み荷降ろし等一連の作業手順に関し適宜再教育を行う。
4. 有資格者といえども、打合せに無い作業が起きたら必ず、その作業について作業開始前に職長と作業方法、手順等の打合せを行い、元請の許可のもとに作業を行う。

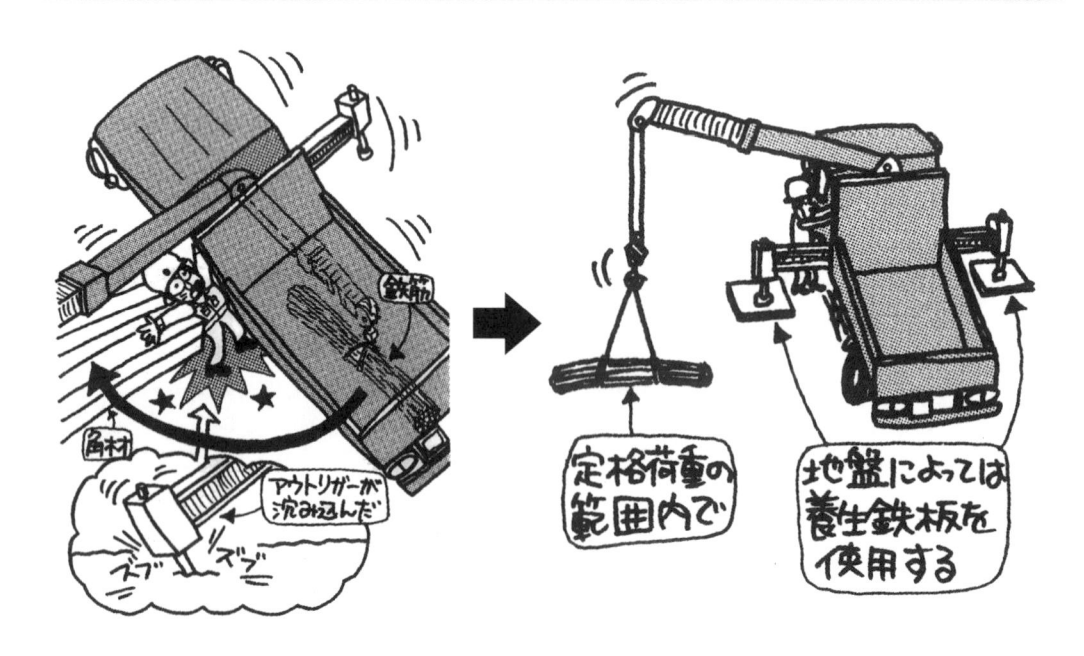

★　つり上げ荷重3t未満の移動式クレーンは、過負荷防止装置を設ける義務づけが無いため、過負荷防止装置を装着している機種が少ないので、確認してください。

　荷台から荷をつり上げると、作業半径の変化により、つれる荷の重量も変わるので、定格荷重の範囲中で作業するよう、操作者（有資格者）へ指導してください。

　打合せに無い作業が生じたら、必ず職長へ報告させ、作業方法、安全指示を行ってから作業を行うように指導してください。元請が知らない作業はダメです。必ず元請の許可をとり、安全指示を受けるようにしてください。

　運転者は次の3つの資格を持つ者から指名してください。

- ・小型移動式クレーン（1t以上5t未満）の技能講習修了者
- ・玉掛けの技能講習修了者
- ・自動車運転免許取得者（台車のトラック）

車積載型クレーン（ユニック）が過荷重で転倒

1. 作業場所に支障となる電線、交通標識等が無いか良く調査したうえで、作業計画をたてる必要がある。
2. 作業計画にあたり、つり荷の形状、荷降ろし場所の条件を良く考慮し重量と作業半径の関係からユニックで良いのかをよく検討しなければならない。
3. 積載型だけではなく、移動式クレーンは車体とつり荷の方向により、定格荷重が変わる。ユニックでは操作する位置からつり荷が見えるのかも重要な要素になる（機種にもよるが、前方つりでは、定格荷重が通常の25％以下になることがある）。
4. つり荷が重く、定格荷重に余裕が少ない場合は、荷台のクレーン装置の近くに積載し、作業半径を小さくする配慮が必要である。

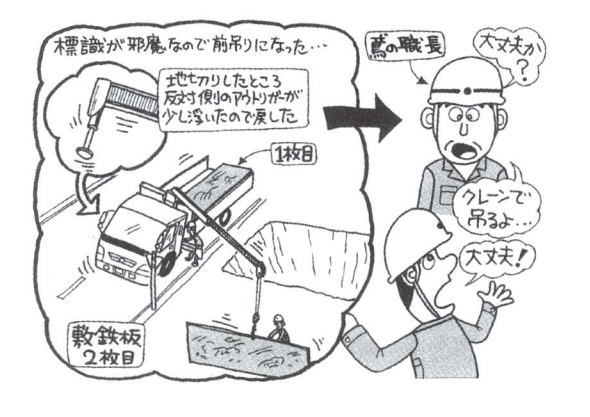

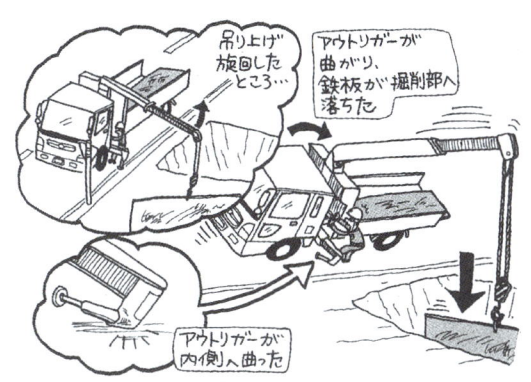

★　ユニックでの作業では、オーバーロードと操作ミスが重なり、転倒するなどの災害が多く発生しています。同じものを荷降ろししていても、車体に荷がなくなってくると、今まで安定していたからといっても、傾く場合があります。今まで大丈夫だったからとの思い込みは厳禁です。定格荷重の厳守が安全のポイントです。

車積載型クレーン（ユニック）がブームを上げて走行し電線を切断

1. ユニック車を移動する前に、指差呼称によりブームが収納されていることを確認する（声と動作で確認すると確実性が増すデータがある）。
（「ブーム収納　ヨシ！」と運転席の目立つ位置に表示する）
2. 事前に電線の高さを測り、現場の出入り口等に高さ制限を表示する。
3. ゲートから公道へ出る場合は、ガードマンが確認するようにする。

★　電線等の切損事故では、近隣に影響を与えることになり、発注者からの信頼も失墜させる危険性をはらんでいます。影響を受けた企業から多額の賠償請求を受ける場合があるので細心の注意が必要です。

原因とすれば、うっかりミスが多いようですが、急にユニックの移動を命ぜられた時等に、運転者は移動することだけで頭がいっぱいになりミスを犯すことがあります。焦らせないことも大切です。
電線が高いところにあると錯覚する場合等があるので、高さ制限の表示は現場の出入り口だけでなく、現場を横断する仮設電線がある箇所にも設置するよう検討してください。

> **傾斜地で荷を積み込み、アウトリガーを戻したところ逸走し、挟まれる**
>
> 1. ユニック車の積載荷重に対し能力以上の重量物を積載しない（サイドブレーキが効かなくなる）。
>   積荷の重量をよく把握し、過積載とならないよう十分な能力のあるトラックを手配する。
> 2. 下り坂に駐停車し、離席する場合はエンジンを切り、サイドブレーキを引き、ギアを低速に入れ、車止めを適正な位置にかける。
>   車止めは、運転席についてフットブレーキをかけた後、合図し別の者に、外してもらう。

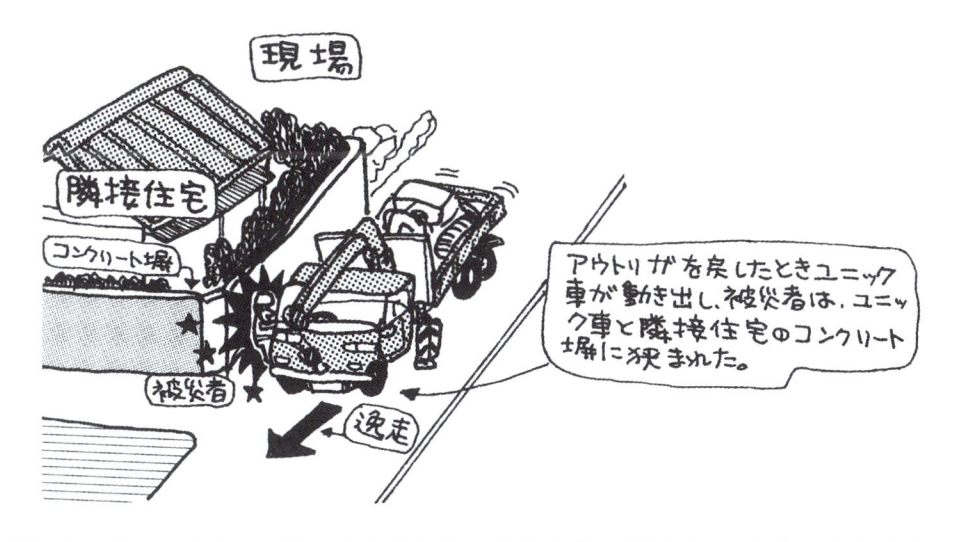

★　市街地公道での逸走は、第三者を巻き込んだ大事故に発展する可能性があります。安易に考えず、作業計画を立ててください。傾斜がきつい場所で、逸走し運転者や、周囲の作業者を巻き込む死亡災害の例をよく目にします。

　傾斜地での作業では、クレーンも横転しやすい等の危険が増大します。できるだけ平坦な場所での作業を計画すべきです。やむを得ない場合は、作業手順を良く検討し、補助する作業者の配置や作業全体を監視できる体制を採りましょう。

　近年、クレーン等での災害も増加しつつあります。クレーン作業には、常にヒューマンエラーがつきものです。ヒューマンエラーを防止するのは職長です。作業状況を常に監督し、作業者の不安全行動を監視し、これまで述べてきたことを参考にしてクレーン等の作業での類似災害の防止に努めてください。

第5章
トンネル掘削等による災害の防止

5-1 トンネル掘削作業での切羽の崩壊災害防止(肌落ち等)

[災害事例] トンネル切羽鏡面から岩塊が落下(肌落ち)

作業種別	支保工建込作業	災害種別	崩壊・倒壊	天候	晴れ
発生月	2月	職種	トンネル工	年齢	32歳
経験年数	5年2カ月	入場後日数	50日目	請負次数	1次

災害発生概要図

災害発生状況

発破後、ずり処理が完了し、ブレーカーにてコソクと切羽点検を行った後、鋼製支保工(H150)建込み作業中、一次吹付け(t=5cm)および鏡吹付け(t=5cm)終了後の切羽鏡面より粘土質の脆い岩塊(長さ50cm、幅40cm、厚さ20cm)が肌落ちし、切羽とマンゲージの間をすり抜け、切羽面に跳ね、前かがみで作業をしていた被災者の背中に落下し被災した。
・地質:流紋岩質凝灰岩で変質作用を受け、固結度が低く軟質。
・掘削方式はミニベンチカット工法(早期閉合)。
・右肩より湧水あり。

	主な発生原因	防止対策
人的要因	・一次吹付けおよび鏡吹付けを実施していることで安心し、地山点検、確認が不足していた。	・切羽付近の照度を確保し、鏡吹付け面のクラックの有無などの変状を見逃さないよう、点検を強化、徹底する。
物的要因	・変状を起こす地山であり、時間経過により地山の緩みが通常より大きく、コソクが不十分だった。 ・湧水が肌落ちを助長した。 ・岩塊が切羽面とマンゲージの間からすり抜け落下した。 ・鏡吹付けを施工していたが、巻厚不足だった。	・ブレーカーでのコソク作業時、掘削作業主任者が浮石箇所をレーザーポインター光線にて指示し、確実に取り除く。 ・湧水箇所はジャンボによる水抜きボーリングを実施する。 ・切羽側に張出し防護柵(後述)を追加し、切羽鏡面に密着させ、岩塊がすり抜けるようなすき間をなくす。 ・鏡吹付けを地山の状況に応じて厚く吹付ける。
管理的要因	・切羽監視体制が不足していた。 ・切羽情報の引継ぎが不十分だった。	・切羽監視員を配置し、切羽監視体制と切羽点検の強化を図る。 ・切羽の地質状況、湧水状況など、朝夕礼時に切羽情報の伝達を「切羽観察日報」などで確実に行う。

安全上のポイント

　トンネル工事においては、切羽近接作業時における落石・肌落ちによる災害の防止を図るべく、過去から多くの労力と注意力を注いできました。
　本来、落石・飛来落下災害防止は、
　①落ちそうな物を排除する。
　②落ちてきそうな箇所には立ち入らない。
の対策を確実に行えば、ほぼ防止することが可能となります。
　ところが、山岳トンネルの特殊性として、
　○掘削時間の経過とともに、地山が緩んでしまう。
　○掘削工事を行う過程で、地山に注水したり、振動を与えざるを得ない。
　○装薬等、切羽に接近する作業を行わなければ一連の作業サイクルが成り立たない。
等があり、「作業の過程や時間の経過とともに、潜在落下物が逐次発生する中で、施工上、切羽近接作業は不可避である」といっても過言ではありません。
　このような作業状況、地山状況の中で、落石・肌落ち災害を防止するためには、一連の作業サイクルに応じた防止対策を幾重にも巡らし、被災する確立を下げていく必要があります。

1．落石・肌落ちの現象

　落石または肌落ちする岩石は、通常、次のような状態のものをいいます。
　①節理により分割しているが、なお、相互に噛み合っている。
　②節理に粘土等の狭在物があり、その粘着力によって止まっている。
　③数個の岩塊が節理の間にあり、相互のアーチアクションで止まっている。
　④岩片が逆楔形であり、頭部が節理に挟まれている。
　⑤破砕された岩片が、地山に乗っている（浮き石）。
　⑥その他
　これらは、いずれにしても不安定な状態にあり、掘削による緩み・地圧・湧水・振動等によって、岩片が容易に剥離し落下することとなります。

2．落石・肌落ち災害の発生時期

　落石・肌落ち災害の発生時期は、作業上必要にかられて切羽近傍に立ち入る時であり、作業サイクルごとの落石・肌落ちの発生時期は下記に示すとおりです。

No.	サイクル	落石・肌落ち災害の発生時期
1	削孔時	ジャンボの普及により、削孔作業中の発生機会は減少傾向にあり、補助作業である削孔位置のマーキング（削孔前および削孔後）時が大半を占める。 切羽から剥離した肌落ち岩塊による被災が大半である。
2	**装薬時**[※]	地山状況として、最も経時劣化を受け、また削孔作業により水・振動を加えられ、最も地山が緩められた状況下の作業となる。 一方、削孔後のコソクは、孔口・孔内保持の観点から、大がかりな機械により行うことができず、目視での人力によるコソクとなることから、見落しが生じる可能性が高く、また、作業の性質上、大断面トンネルでは上下作業に近い状況となる可能性が高いことから、最も被災する可能性が高い作業といえる。
3	ずり出し時	比較的、作業者が切羽や素掘状態の切羽に近づくことは少なく、災害発生の機会は少ない。
4	コソク時	機械（バックホー・ブレーカー）によるコソクが主流を占めるようになってから、本作業中の被災は稀になってきている。
5	吹付け時	小断面のトンネルを除いて、吹付けロボットの普及により本作業中の被災は少ない。 しかし、コンクリートホースの接続時等、段取りおよび片付け時に切羽近傍に立ち入ることが多く、かつ、切羽に背を向ける作業となりがちであり、被災の可能性が十分にある。
6	**支保工建込時**[※]	エレクター・ジャンボのアームとマンゲージ等による作業となるが、素掘状態に近い状況での天端直下や、切羽近傍での作業となることから、天端・切羽双方からの落石・肌落ち災害で被災する例が多い。
7	ロックボルト設置時	削孔はジャンボで行うことから、被災することは少ないが、ボルト挿入作業は切羽直下での作業となり、また、掘削後時間が比較的経過した状況下にあることから、切羽からの肌落ち災害に遭遇する可能性が十分に考えられる。

（**※印：作業者の切羽立入り頻度が多い作業**）

3．具体的な対策方法

トンネル工事における落下等による飛来落下災害発生の特性は、以下のとおりです。
①地山の特性上、時間経過とともに、落下の可能性のある物（岩塊・土塊等：以下「起因物」と称す）が遂次発生する。
②作業の特性上、起因物を発生させてしまう。
③切羽への近接作業を経なければ、施工サイクルが回らない。
一方、切羽、天端から落石が生じた場合、1秒後には約5m落下することから、
・落下に気がついた時にはすでに被災している。
・「危ない」と声をかけ終えた時にはすでに被災している。
といったことが多く、見張人を配置し、確実に見張っていたのに被災したということが発生しています。
このような状況下で、被災を避けるためには、幾重にも防止対策を張り巡らし、被災する確率を下げることが重要です。

（1）時間経過によって生じる起因物の発生を抑制する。

①吹付けコンクリートで露出地山を被覆する。
・一次吹付けコンクリート施工時に、鏡吹付けコンクリートを実施する。
②地山状況により、一次吹付け厚さを調整する。
・所定の一次吹付け巻厚を確保するために、切羽に搬入する一次吹付け用のコンクリート量を規定・指示する。

例：一次吹付け指示量

周　　長	L = 17.7m
周面一次吹付け（t=5cm）	V1 = 17.7m × 1.2m（1スパン）× 0.05m = 1.06㎥
鏡面一次吹付け（t=3cm） ※リング状　1.5m幅の場合	V2 = 17.7m × 1.5m（1スパン）× 0.03m = 0.80㎥
吹付け量（リバウンド考慮）	V =（1.06+0.80）× 1.25=2.3㎥

（2）潜在落下物の発生を低減する施工方法を採用する。

①ロックボルトを切羽に接近させて打設する（1間遅れとしない）。
②地山への注水量の少ない削孔方法（泡削孔など）を採用する。
③吹付け前に、天端・切羽等地山露出面に圧縮空気や水による空吹付けを行う。

（3）切羽接近の機会を低減する施工方法を採用する。

①切羽より離れた位置で段取り・片付けを行い、吹付け作業時のみ吹付け機を切羽に近づける。
②削孔位置マーキングシステムを導入する。（レーザーにより位置表示するシステム）

（4）潜在落下物を早く発見し、こまめに除去する。

①コソク実施状況を掘削作業主任者が監視する。
　・切羽ごとの点検結果を点検簿に記載することにより、切羽点検・切羽監視の意識を高める。
②切羽の照度を上げる。
　・固定照明設備のみで70ルクス以上＋重機照明により、切羽を明るく照らす。
③作業開始前ごとにコソク作業を行う。
　・可能な限りブレーカー等の重機を使用し、潜在浮石を除去する。
　・掘削作業主任者は浮石箇所をレーザポインタを用いて指示を行う（右図）。
　・切羽立入り前に、立入り箇所上部を　その都度コソク棒（L＝3m）でコソクする。

コソク箇所の指示方法

（5）落下物があっても作業者が被災しない設備を整える。

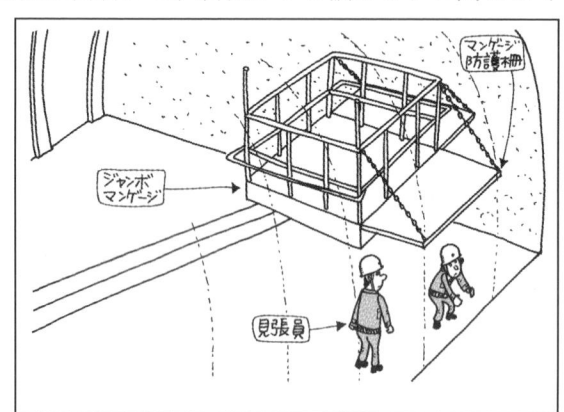

①肌落ち防護柵を設置する。
　ジャンボマンゲージに張出し防護柵を追加し、切羽鏡面に密着させ、岩塊がすり抜けるすき間をなくす。

②ジャンボのブーム等を利用して防護ネットを設置する。
③短時間の近接に関して、バックホウのバケット等で簡易の上部保護を行う。

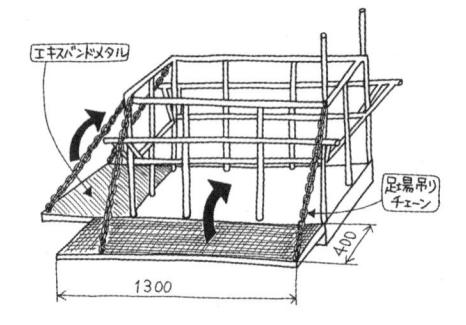

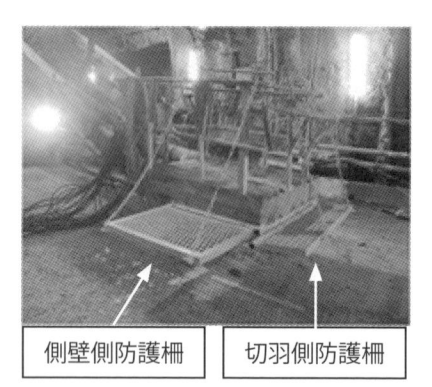

（6）その他

①ヘルメット、安全靴、背覆胴衣（通称：亀の甲型プロテクター）の完全使用
②粘り強い安全教育、指示・指導の継続実施

4. トンネル掘削
施工サイクルに対応した切羽立入りの有無と立入禁止について

(1) 鋼製支保工がある場合（発破工法）

No.	作業	稼働機械	切羽状態 アーチ部	切羽状態 鏡面	切羽立入有無	切羽立入ルール	肌落ち災害防止
1	発破・換気 発破後確認	―	吹付け無し	吹付け無し	無し	立入禁止	・固定照明の設置 ・点検者は2次吹付け完了場所から確認
2	ずり出し	ショベル、ダンプ他	吹付け無し	吹付け無し	無し	立入禁止	・ずり出し作業場所立入禁止看板の設置
3	コソク 当り取り	ブレーカー等	吹付け無し	吹付け無し	無し（接近）	立入禁止	・切羽照度：固定照明70ルクス＋重機照明 ・合図者は作業主任者、保護具の着用
4	鏡部吹付 アーチ1次吹付け	吹付け機	吹付け無し	吹付け無し	無し（接近）	立入禁止	・エアー吹きによる浮石の再確認 ・オペレータの立位置：2次吹付け完了場所 ・保護具の着用
5	支保工の建て込み	ジャンボ等	1次吹付け	吹付け	有り	―	・バックプロテクター着用 ・肌落ち防護柵の使用 ・切羽監視員の配置
6	アーチ部 2次吹付け	吹付け機	1次吹付け	吹付け	無し（接近）	立入禁止	・オペレータの立位置：2次吹付け完了場所 ・保護具の着用
7	ロックボルト	ジャンボ	2次吹付け	吹付け	無し	―	・鏡部吹付け面クラックの有無の確認 ・上下作業の禁止、バックプロテクター着用
8	削孔	ジャンボ	2次吹付け	吹付け	無し	立入禁止	・削孔と装薬は同時施工しない ・削孔長の確認（計画長＋10cm）
9	装薬	ジャンボ	2次吹付け	吹付け	有り	―	・バックプロテクター着用 ・肌落ち防護柵の使用 ・切羽監視員の配置

※無し（接近）：切羽に立ち入らないが、接近する必要がある作業

（2）鋼製支保工が無い場合（発破工法）

No.	作業	稼働機械	切羽状態 アーチ部	切羽状態 鏡面	切羽立入有無	切羽立入ルール	肌落ち災害防止
1	発破・換気 発破後確認	－	吹付け無し	吹付け無し	無し	立入禁止	・固定照明の設置 ・点検者は2次吹付け完了場所から確認
2	ずり出し	ショベル、ダンプ他	吹付け無し	吹付け無し	無し	立入禁止	・ずり出し作業場所立入禁止看板の設置
3	コソク当り取り	ブレーカー等	吹付け無し	吹付け無し	無し（接近）	立入禁止	・切羽照度：固定照明70ルクス＋重機照明 ・合図者は作業主任者、保護具の着用
4	アーチ吹付け 鏡部吹付け	吹付け機	吹付け無し	吹付け無し	無し（接近）	立入禁止	・切羽の状態により、鏡部吹付けの判断必要 ・オペレータの立位置は吹付け完了場所 ・保護具の着用
7	ロックボルト	ジャンボ	吹付け	吹付けまたは無し	無し	－	・鏡部吹付け面クラックの有無の確認 ・上下作業の禁止、バックプロテクター着用
8	削孔	ジャンボ	吹付け	吹付けまたは無し	無し	立入禁止	・削孔と装薬は同時施工しない ・削孔長の確認（計画長＋10cm）
9	装薬	ジャンボ	吹付け	吹付けまたは無し	有り	－	・バックプロテクター着用 ・肌落ち防護柵の使用 ・切羽監視員の配置

※無し（接近）：切羽に立ち入らないが、接近する必要がある作業

災害防止の急所

掘削作業における災害防止

　トンネル工事では、狭い空間の中に電気設備や換気設備、使用する資材置き場等もあり、その中で大型の機械が動きまわること、また、火薬に伴う危険性もあり非常に危険な状況の中での作業となります。

　また、掘削する岩盤は一定の状態のことはまれであり、めまぐるしく変化していきます。1サイクル前と同じような岩盤に見えても崩落しない保障にはなりません。念には念を入れた施工が要求されます。

切羽鏡面の崩落による災害

1. 鏡面、側壁からの崩落があっても、被災しない位置から地山状況を観察し、亀裂、緩み等があれば、十分なコソクを行う。
2. ずい道等の掘削作業主任者は、十分なコソクが完了するまで、掘削面に作業者を立ち入らせない。コソクが完了し、次の作業の開始を合図によって明確にする。
3. 切羽監視員を配置し、地山の監視をさせ崩落の兆候が見られた時は、躊躇なく作業者を退避させる。不用意に切羽に立ち入らせないようにする。
4. 掘削面の状況がよく見えるよう十分な照度を確保する。薄暗いと亀裂の発見が遅れるため、補助照明等の設置を検討する。

★　トンネル切羽において、掘削後の支保工建込みや、発破のための削孔・装薬作業時等に掘削面上部から薄くはがれ落ちた岩塊により作業者が被災する、いわゆる「肌落ち災害」が発生しやすくなります。

　コソクを十分に行ったとしても、掘削断面は時間が経つにつれ、変形していきます。湧水の影響や変形とともに、内部に亀裂が発生したり、特に節理の方向等によりはがれやすくなります。コソク終了後、早期にコンクリート吹付け等を行うことにより緩みを防ぎ、掘削断面の変形を極力抑えることが大切です。掘削断面を確保できたあとのコソクは、覆工コンクリートの食い込みになるからと、十分なコソクを怠れば重篤な災害につながるため、心して行わなければなりません。

　発破方法では、1工程の中で作業者が近接する最後の切羽作業は火薬の装薬作業となります。コソク完了から相当の時間が経過しているため、肌落ちしやすくなることから、緩みを防ぐために次に掘削する鏡面にコンクリート吹付けすることや、補助工法による補強が必要になることもあります。

　堅固でない地質では、支保工の設置があります。機械だけでは支保工を設置できないため、作業者が掘削面に近接することになります。近接する時間を極力減らす工夫も必要ですが、支保工を設置する前に鏡面だけでなく側壁にも1次吹付けコンクリート等を行うことを検討してください。

＜労働安全衛生規則＞

第379条
　　事業者は、ずい道等の掘削の作業を行うときは、落盤、出水、ガス爆発等による労働者の危険を防止するため、あらかじめ、当該掘削に係る地山の形状、地質及び地層の状態をボーリングその他適当な方法により調査し、その結果を記録しておかなければならない。

> 1　「当該掘削に係る地山」とは、ずい道等の掘削予定線附近及びその上方の地山をいうこと。
> 2　「ボーリングその他適当な方法により調査し」の「適当な方法」には、地質図若しくは地盤図によること、踏査によること、物理的探査によること等が含まれること。
> 　なお、発注者等が、「適当な方法」によって調査をしている場合には、使用者がその調査の結果について調べることも本条の「適当な方法」による調査に含まれること。（昭41.3.15　基発第231号）

第380条
　　事業者は、ずい道等の掘削の作業を行なうときは、あらかじめ、前条の調査により知り得たところに適応する施工計画を定め、かつ、当該施工計画により作業を行なわなければならない。
　2　前項の施工計画は、次の事項が示されているものでなければならない。
　　一　掘削の方法
　　二　ずい道支保工の施工、覆工の施工、湧水若しくは可燃性ガスの処理、換気又は照明を行う場合にあつては、これらの方法

> 1 「掘削の方法」とは、ずい道等の各部の掘削の順序、発破の方法、掘削機械の種類等をいうこと。
> 2 「覆工の施工の方法」とは、利用するずい道型枠支保工の種類、コンクリートの打設の方法等をいうこと。（昭41.3.15　基発第231号）

第381条

事業者は、ずい道等の掘削の作業を行うときは、落盤、出水、ガス爆発等による労働者の危険を防止するため、毎日、掘削箇所及びその周辺の地山について、次の事項を観察し、その結果を記録しておかなければならない。
一　地質及び地層の状態
二　含水及び湧水の有無及び状態
三　可燃性ガスの有無及び状態
四　高温のガス及び蒸気の有無及び状態
2　前項第3号の事項に係る観察は、掘削箇所及びその周辺の地山を機械で覆う方法による掘削の作業を行う場合においては、測定機器を使用して行わなければならない。

> 1 「掘削箇所及びその周辺の地山を機械で覆う方法」とは、掘削箇所及びその周辺の地山を直接観察することのできない工法をいい、泥水式シールド、泥土圧式シールド等の密閉型シールド工法、地山の掘削機であるトンネルボーリングマシーンを使用した全断面掘削工法等があること。
> 2 「測定機器を使用して」行う観察とは、掘削箇所及びその周辺の地山から発生した可燃性ガスがずい道内に漏れ出てくるおそれのある箇所について、可搬式又は定置式の可燃性ガス検知器等を使用して行う観察をいうこと。（平6.3.3　基発第114号）

第382条

事業者は、ずい道等の建設の作業（ずい道等の掘削の作業又はこれに伴うずり、資材等の運搬、覆工のコンクリートの打設等の作業（当該ずい道等の内部又は当該ずい道等に近接する場所において行なわれるものに限る。）をいう。以下同じ。）を行なうときは、落盤又は肌落ちによる労働者の危険を防止するため、次の措置を講じなければならない。
一　点検者を指名して、ずい道等の内部の地山について、毎日及び中震以上の地震の後、浮石及びき裂の有無及び状態並びに含水及び湧（ゆう）水の状態の変化を点検させること。
二　点検者を指名して、発破を行なつた後、当該発破を行なつた箇所及びその周辺の浮石及びき裂の有無及び状態を点検させること。

> 「覆工コンクリート打設等の作業」の「等」には、ずい道等支保工の組立て若しくは変更又は木はずし、軌道の点検、補修等が含まれること。（昭41.3.15　基発第231号）

第382条の2

事業者は、ずい道等の建設の作業を行う場合において、可燃性ガスが発生するおそれのあるときは、爆発又は火災を防止するため、可燃性ガスの濃度を測定する者を指名し、その者に、毎日作業を開始する前、中震以上の地震の後及び当該可燃性ガスに関し異常を認めたときに、当該可燃性ガスが発生し、又は停滞するおそれがある場所について、当該可燃性ガスの濃度を測定させ、その結果を記録させておかなければならない。

第382条の3

事業者は、前条の測定の結果、可燃性ガスが存在して爆発又は火災が生ずるおそれのあるときは、必要な場所に、当該可燃性ガスの濃度の異常な上昇を早期には握するために必要な自動警報装置を設けなければならない。この場合において、当該自動警報装置は、その検知部の周辺において作業を行つている労働者に当該可燃性ガスの濃度の異常な上昇を速やかに知らせることのできる構造としなければならない。
2　事業者は、前項の自動警報装置については、その日の作業を開始する前に、次の事項について点検し、異常を認めたときは、直ちに補修しなければならない。
一　計器の異常の有無
二　検知部の異常の有無
三　警報装置の作動の状態

第383条

事業者は、ずい道等の掘削の作業を行う場合において、第380条第1項の施工計画が第381条第1項の規定による観察、第382条の規定による点検、第382条の2の規定による測定等により知り得た地山の状態に適応しなくなつたときは、遅滞なく、当該施工計画を当該地山の状態に適応するよう変更し、かつ、変更した施工計画によつて作業を行わなければならない。

> 「前条（現行＝第382条）も規定による点検等により知り得た地山の状態」には、第163条の28（現行＝第381条）の規定による観察及び第163条の29（現行＝第382条）の規定による点検以外の方法、たとえば掘削作業中に知り得たもの等が含まれること。（昭41.3.15　基発第231号）

第383条の2
事業者は、令第6条第10号の2の作業については、ずい道等の掘削等作業主任者技能講習を修了した者のうちから、ずい道等の掘削等作業主任者を選任しなければならない。

> 【安衛施行令】
> 作業主任者を選任すべき作業（抄）
> 　第6条　法第14条の政令で定める作業は、次のとおりとする。
> 　　十の二　ずい道等（ずい道及びたて坑以外の坑（採石法（昭和25年法律第291号）第2条に規定する岩石の採取のためのものを除く。）をいう。以下同じ。）の掘削の作業（掘削用機械を用いて行なう掘削の作業のうち労働者が切羽に近接することなく行うものを除く。）又はこれに伴うずり積み、ずい道支保工（ずい道等における落盤、肌落ち等を防止するための支保工をいう。）の組立て、ロックボルトの取付け若しくはコンクリート等の吹付けの作業

第383条の3
事業者は、ずい道等の掘削等作業主任者に、次の事項を行わせなければならない。
一　作業の方法及び労働者の配置を決定し、作業を直接指揮すること。
二　器具、工具、安全帯等及び保護帽の機能を点検し、不良品を取り除くこと。
三　安全帯等及び保護帽の使用状況を監視すること。

第383条の4
事業者は、令第6条第10号の3の作業については、ずい道等の覆工作業主任者技能講習を修了した者のうちから、ずい道等の覆工作業主任者を選任しなければならない。

> 【安衛施行令】
> 作業主任者を選任すべき作業（抄）
> 　第6条　法第14条の政令で定める作業は、次のとおりとする。
> 　　十の三　ずい道等の覆工（ずい道型枠支保工（ずい道等におけるアーチコンクリート及び側壁コンクリートの打設に用いる型枠並びにこれを支持するための支柱、はり、つなぎ、筋かい等の部材により構成される仮設の設備をいう。）の組立て、移動若しくは解体又は当該組立て若しくは移動に伴うコンクリートの打設をいう。）の作業

第383条の5
事業者は、ずい道等の覆工作業主任者に、次の事項を行わせなければならない。
一　作業の方法及び労働者の配置を決定し、作業を直接指揮すること。
二　器具、工具、安全帯等及び保護帽の機能を点検し、不良品を取り除くこと。
三　安全帯等及び保護帽の使用状況を監視すること。

第384条
事業者は、ずい道等の建設の作業を行なう場合において、落盤又は肌落ちにより労働者に危険を及ぼすおそれのあるときは、ずい道支保工を設け、ロックボルトを施し、浮石を落す等当該危険を防止するための措置を講じなければならない。

> 1　「ロックボルト」とは、ずい道等のアーチ部分の岩盤をしめつけて一体化してアーチ作用を行わせること、浮石を固定すること等のために地山にせん孔して打ち込む特殊なボルトをいうこと。
> 2　本条及び次条の「浮石を落す等」の「等」には、自山にセメント、モルタルと吹き付ける等が含まれること。（昭41.3.15　基発第231号）

第385条
事業者は、ずい道等の建設の作業を行なう場合において、ずい道等の出入口附近の地山の崩壊又は土石の落下により労働者に危険を及ぼすおそれのあるときは、土止め支保工を設け、防護網を張り、浮石を落す等当該危険を防止するための措置を講じなければならない。

第386条
事業者は、次の箇所に関係労働者以外の労働者を立ち入らせてはならない。
一　浮石落しが行なわれている箇所又は当該箇所の下方で、浮石が落下することにより労働者に危険を及ぼすおそれのあるところ
二　ずい道支保工の補強作業又は補修作業が行なわれている箇所で、落盤又は肌落ちにより労働者に危険を及ぼすおそれのあるところ

第387条
事業者は、ずい道等の建設の作業を行なう場合において、ずい道等の内部における視界が排気ガス、粉じん等により著しく制限される状態にあるときは、換気を行ない、水をまく等当該作業を安全に行なうため必要な視界を保持するための措置を講じなければならない。

5-2 ずり処理作業での接触等災害の防止

[災害事例] ずり処理作業中、重機と接触

作業種別	ずり処理作業	災害種別	激突	天候	晴れ
発生月	9月	職種	職員	年齢	29歳
経験年数	4年6カ月	入場後日数	16日目	請負次数	元請

災害発生概要図

災害発生状況
発破後、掘削ずりをサイドダンプローダーから40tダンプトラックに積み込むため、オペレーターがサイドダンプローダーをダンプトラック方向にバックさせたところ、切羽の地質状況の観察が終わり、坑口側に戻ろうとしていた被災者に激突した。

	主な発生原因	防止対策
人的要因	・ずり出し作業中に、重機が稼働している危険箇所に職員が無断で立ち入った。	・ずり出し作業中（積込み機械が切羽付近にいる時間）は積込み作業範囲の後方に立入禁止区域を設置する。
物的要因	・ずり出し中、立入禁止区域が明確になっていない。	・十分な照度を確保した退避場所を設置する。 ・内照灯等を利用した看板、表示等を設置する。
管理的要因	・ずり出し作業中の監視体制が不足していた。	・立入禁止位置に「監視員」を配置し、立入り禁止区域への立入りの監視、および作業者、オペレーターの危険行為を監視する。

安全上のポイント

　トンネル工事において、ずり処理はトンネルの進行に大きく影響するため、地山条件、トンネル断面の大きさ、延長、勾配、掘削方法などを勘案して最も適したずり運搬機械、設備等を選定する必要があります。

　山岳トンネル工事でのずり運搬方式には、タイヤ方式とレール方式があり、一般的に、中・大断面トンネルではタイヤ方式が、延長が長い小断面トンネルやTBMトンネルではレール方式が採用されています。

　その他には、機械掘削や発破掘削の場合でも、延長の長いトンネルで切羽から坑外まで連続的にずり運搬ができる連続ベルトコンベアを採用している例もあります。

　ずり運搬方式が決まればこれに合わせて、ずり積み機械、ずり捨て設備が選定されます。

1. ずり処理機械・設備

　ずり処理に使用される機械・設備の主なものを下図に示します。

主なずり処理機械・設備

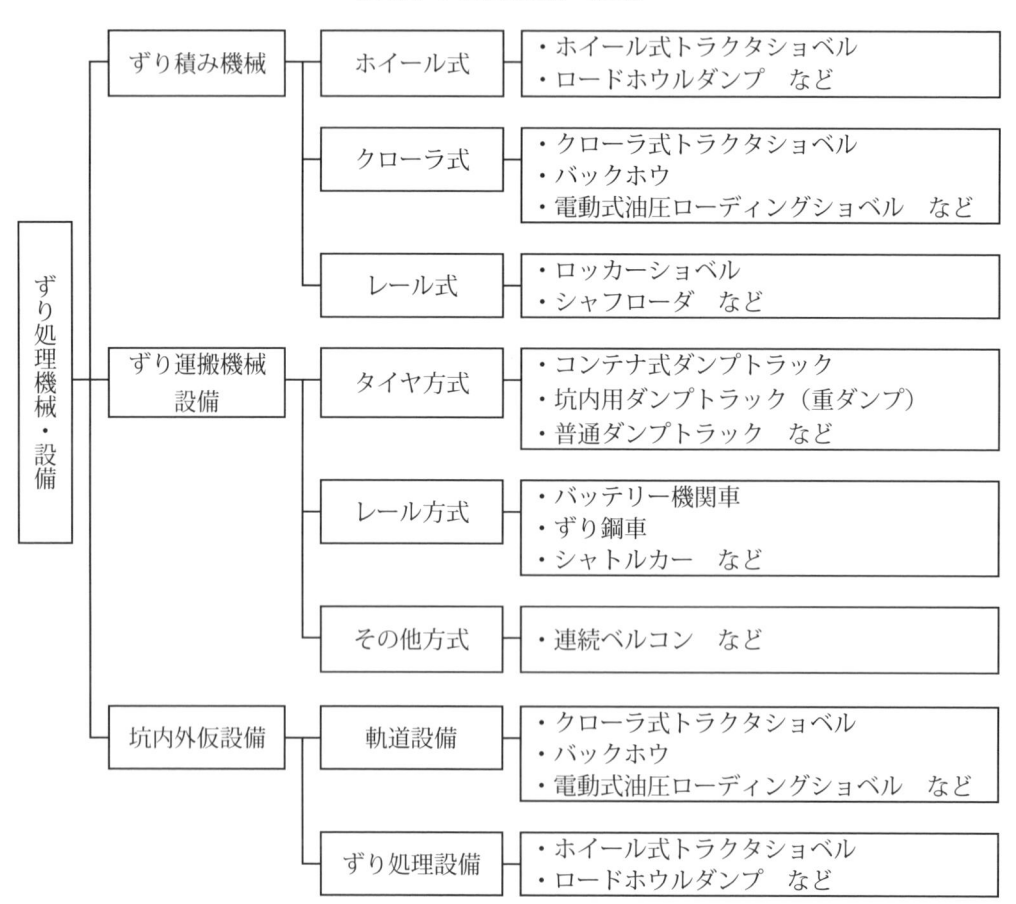

大分類	中分類	小分類	機械・設備
ずり処理機械・設備	ずり積み機械	ホイール式	・ホイール式トラクタショベル ・ロードホウルダンプ　など
		クローラ式	・クローラ式トラクタショベル ・バックホウ ・電動式油圧ローディングショベル　など
		レール式	・ロッカーショベル ・シャフローダ　など
	ずり運搬機械設備	タイヤ方式	・コンテナ式ダンプトラック ・坑内用ダンプトラック（重ダンプ） ・普通ダンプトラック　など
		レール方式	・バッテリー機関車 ・ずり鋼車 ・シャトルカー　など
		その他方式	・連続ベルコン　など
	坑内外仮設備	軌道設備	・クローラ式トラクタショベル ・バックホウ ・電動式油圧ローディングショベル　など
		ずり処理設備	・ホイール式トラクタショベル ・ロードホウルダンプ　など

2. ずり出し作業での接触等災害の防止

ずり処理作業に伴う労働災害で最も危険性が高いのが、切羽でのずり出し作業による災害です。冒頭の災害事例に示すとおり、ずり積み込み時には、狭い坑内で大型ずり積み機械とダンプトラックが輻輳し、かつ、エンジン系積込み機は運転席が高く死角が大きいため、特に後進時には他の作業者等との接触災害や側壁と機械に挟まれるなどの危険性が高まります。

（1）切羽周辺でのずり出し作業の安全確保

切羽周辺でのずり出し作業の安全を確保するためには、作業主任者がずり出し中に「監視員」を配置し、作業者、オペレーターの危険行為を監視強化しなければなりません（ただし、作業主任者の直接指揮が望ましい）。そのためには、以下に示す「ずり出し立入りのルール」を設定し、接触等災害を未然に防止する必要があります。

【ずり出し立入りのルール例】
①ずり出し作業中（積込み機械が切羽付近にいる時間）は、積込み作業範囲後方に立入禁止区域を設定し、内照灯等を利用した立入禁止看板を設置する。
②立入禁止位置には監視員（作業主任者が兼務可能）を配置して、立入禁止区域への徒歩での立入りを監視する。立ち入る必要がある場合は、作業主任者に連絡してずり出しを中断する。
③監視員の配置位置は、掘削断面、ずり出し方法等にもよるが、作業状況を監視、指示できる切羽より50～80mとする。
④監視員は昼夜とも1名配置し、作業中は専任とする。
⑤監視員は点滅式チョッキ等により、重機からの識別が容易にできるようにする。

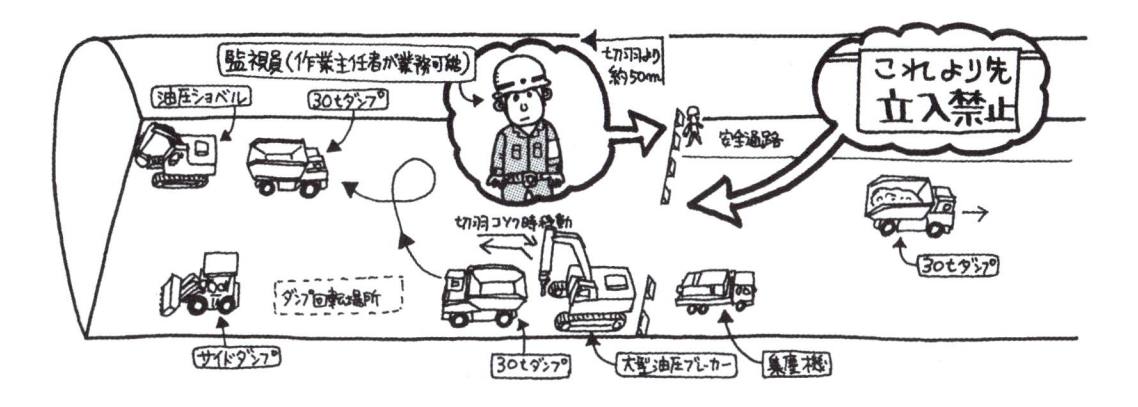

監視員配置例（2車線道路断面、タイヤによるずり出し方式）

（2）ずり運搬作業の安全確保

1）ずり運搬方式

ⅰ）タイヤ方式

　　タイヤ方式は、坑内外の仮設備が簡単であり、比較的大きい断面のトンネルに適しており、ダンプトラックを使用してずりを切羽から坑外へ直接運搬する方法が一般的です。

　　この方式は、ダンプトラック等の走行路の路盤管理や、排水設備・換気設備の充実により坑内専用の重ダンプトラック（20ｔ～40ｔ程度）の採用や、延長の長いトンネルでは、ずり処理時間の短縮とずり運搬車両の台数を制限するため、コンテナを用いた坑内仮置き方式も採用されています。

ⅱ）レール方式

　　レール方式では、坑内にレールを敷き、バッテリー機関車等で鋼車（ずりトロ）やシャトルカーをけん引して運搬しますが、トンネルの勾配２％以上では、逸走防止などの安全対策が必要となります。

2）ずり運搬機械での災害発生状況

①ダンプトラックの後進運転時、走行路の近くで作業をしている人と接触した。
②連絡、合図が不十分なため、誘導者と接触した。など

3）ずり運搬機械の災害防止

ⅰ）タイヤ方式

①ずり運搬経路にはインバート作業や２次覆工作業など輻輳する箇所があり、また、狭い坑内には重機、換気設備、支保工などの資機材が点在していることから、徐行運転、一旦停止等は標識類で表示するとともに、運行規則を定める必要がある。
②ダンプトラックなどの繰返し走行による路盤の悪化や排ガスによる見通しの悪さなどに注意する必要がある。そのため、仮側溝や砕石などによる路盤の維持管理、坑口周辺や坑外の仮舗装など路盤整備、および適正な換気設備を設置して視界不良を防止しなければならない。
③ダンプトラックはトンネル仕様の排気ガス浄化装置を装備したものを使用し、定期的に点検・整備を行う。特にブレーキとクラッチの作動状態は十分に点検すること。
④坑内での歩行者安全通路と車道を区分し、反射鏡付きポール等で明示すること。
⑤一般道路の運行にあたっては、第三者に対する災害を生じさせないために、交通ルールを順守し、状況に応じて運行時間帯の規制を行うなど周辺環境に留意する。

ⅱ）レール方式

①バッテリー機関車等の運転は特別教育を受けた者が行うこと。
②坑内を通行する作業者に運行する車両が接触する危険を防止するため、その片側において、車両と側壁との間隔を60cm以上確保する。
　　ただし、トンネル断面が狭小である場合は、明確に識別できる回避所を適当な間隔で設置する。また、信号装置の設置、運行区間の立入禁止措置や監視人を配置すること。

③バッテリー機関車を使用する区間の軌道の勾配は 50 ／ 1,000 以下としなければならない。
④軌条の曲線部については、曲線半径を 10m 以上、脱線防止施設の点検、分岐の標識の掲示、転てつ機等の作動状態の点検を行うこと。
⑤車両が逸走するおそれがあるときは、逸走防止装置を設けること。
⑥バッテリー機関車の制限速度は、事前に軌条重量、軌間、勾配、曲線半径に応じた速度を設定し、運転者に順守させること。
⑦バッテリー機関車などで鋼車（ずりトロ）などを後押し運転するときは、先頭の鋼車などに前照灯をつけ、誘導者を配置して誘導すること。また、運転者と誘導者は連絡を十分にとり、誘導者が緊急時に停止等を運転者に連絡するための警報設備を備えること。
⑧軌道の保守、道床の整備を十分に行うこと。

災害防止の急所

ずり処理作業における災害防止

ずりを集積する作業で機械後方に立ち入り、後退した機械に轢かれる

1. 切羽での機械稼働中は、作業者の立入禁止を徹底する。立入禁止区域を表示して、必要に応じ見張り員の配置により立入り者がいないようにする。
2. 切羽ではずり運搬の車両等の出入りがあるため、作業者の立入禁止柵を設けることができない場合は、絶対に立入禁止区域に入らないよう作業手順教育等で周知し、作業状況を点検する。

★ 狭い空間で、トンネルの側壁に囲まれ、重機が迫ってきたら逃げ場はありません。重機の死角が大きいだけでなく、照明が機械の影になったり、粉じんがあったりと非常にまわりが見えにくい状況になります。そんな中に作業者が入り込んだのでは……。

安全のポイントは、とにかく重機の作業半径内に人を入れないようにすることに尽きます。次工程の支保工の部品などを切羽に準備するための作業者が立ち入り、被災する事例があります。

作業者は指示やルールを必ず守ってくれるとは限りません。作業主任者には作業者の行動を監視する役割がありますが、作業主任者が作業者全体を見渡すことができない位置にいる時などでは、監視員を配置し、立入禁止の徹底管理を補強することも必要でしょう。

<労働安全衛生規則>

第158条
　事業者は、車両系建設機械を用いて作業を行なうときは、運転中の車両系建設機械に接触することにより労働者に危険が生ずるおそれのある箇所に、労働者を立ち入らせてはならない。ただし、誘導者を配置し、その者に当該車両系建設機械を誘導させるときは、この限りではない。
2　前項の車両系建設機械の運転者は、同項ただし書の誘導者が行なう誘導に従わなければならない。

第159条
　事業者は、車両系建設機械の運転について誘導者を置くときは、一定の合図を定め、誘導者に当該合図を行なわせなければならない。
2　前項の車両系建設機械の運転者は、同項の合図に従わなければならない。

《 刑　法 》

（業務上過失致死傷等）

第211条
　業務上必要な注意を怠り、よって人を死傷させた者は、5年以下の懲役若しくは禁錮又は100万円以下の罰金に処する。重大な過失により人を死傷させた者も、同様とする。

★　車両系建設機械の災害は、重機の作業半径近くで作業者と重機とで共同作業を行うようなときに多く発生しています。重機の運転中は、重機に接触するおそれのある箇所に、作業者を立ち入らせないことを徹底してください。
　また、重機のオペレーターは、作業者が当該箇所に立ち入っている場合、運転を停止することを徹底してください。

5-3 トンネル粉じん障害の防止

[災害事例] トンネル粉じん障害

作業種別	トンネル掘削	災害種別	粉じん障害	天候	晴れ
発生月	6月	職種	坑夫	年齢	25歳
経験年数	3年0カ月	入場後日数	15日目	請負次数	1次

災害発生概要図

災害発生状況

トンネル内の切羽において、せん孔、発破、機械掘削、ずり処理およびコンクリート吹付けなど、粉じんを発生する作業に長時間従事することでトンネル粉じん障害は発症する。
ただし、坑内の作業箇所により暴露する濃度の違いや、作業内容によっても暴露する濃度や時間に差が出てくる。

	主な発生原因	防止対策
人的要因	・坑内で休憩を取る際マスクを外していた。	・休憩は坑外へ出るか、坑内に設けた場合は空気清浄機等を設置する。
物的要因	・マスクが目詰まりし、苦しくなり、時々外して作業を行った。 ・ジャンボドリルのせん孔時に、水を供給しないで作業したため、粉じんが多量に発生した。 ・電動ファン付マスクを使用していたが、聞き取れないときは、マスクを外して会話することもあった。	・毎日マスクのフィルタを点検し、汚れが目立つようであれば交換する。 ・せん孔時は十分な水量を確保し、空繰りを行わない。 ・伝声器などの通信手段が付いたマスクを使用する。
管理的要因	・トンネルの進捗に合わせた送風機等の移設が間に合わず、切羽の換気が不充分であった。 ・工期に間に合わせるため、発破後あまり時間をおかずに坑内に入って作業を行った。	・工程の進捗に合わせ、風管は余裕を持って準備し、付帯設備の更新についても作業手順書に記載する。 ・発破後は粉じん濃度の測定を行い、3mg/m³以下になるまで切羽に近づかない。

安全上のポイント

1. 粉じん障害について

(1) じん肺

　鉱物、金属、研磨剤、アーク溶接のヒュームのなかで、比較的粒子の大きなものは鼻腔や気管支などに付着して痰として排出されますが、微細な粉じんは肺の中の肺胞にまで入って沈着し、肺組織が線維性変化を起こして心肺機能が低下します。このような症状を「じん肺」といいます。

　多くの「じん肺」では、軽いうちはあまり自覚症状が出ません。しかし、風邪を引きやすいとか、風邪が治りにくいということがしばしば起こります。

　「じん肺」が進行すると、「咳やタンが出る」「息切れがする」「胸の中でゼーゼーといった音がする」などの症状が出ます。じん肺は、現代医学でも治せない恐ろしい病気で、肺結核、気管支炎などいろいろな病気にかかりやすく、有効な治療方法が確立されていないといわれています。

　したがって、防じんマスクでの予防の徹底と、健康診断による早期発見が最も重要であることはいうまでもありません。

(2) 粉じん障害のメカニズム

　肉眼で見える粉じんの粒子の大きさは10マイクロメートル以上といわれていますが、体内に吸い込んだ粉じんのうち、比較的大きな粒子（5マイクロメートル以上）は、鼻腔の鼻毛や気管支粘壁などの繊毛運動などにより体外に排出されます。

　問題なのは、粒子が1～5マイクロメートルの微細な粉じん（肉眼で見ることができない粉じん）であり、気管支や一番奥の組織である肺胞などに沈着したまま取り除かれることが難しく、長期にわたって吸引すると、細胞が線維状に変化し、「じん肺」の原因となりますから油断は禁物です。

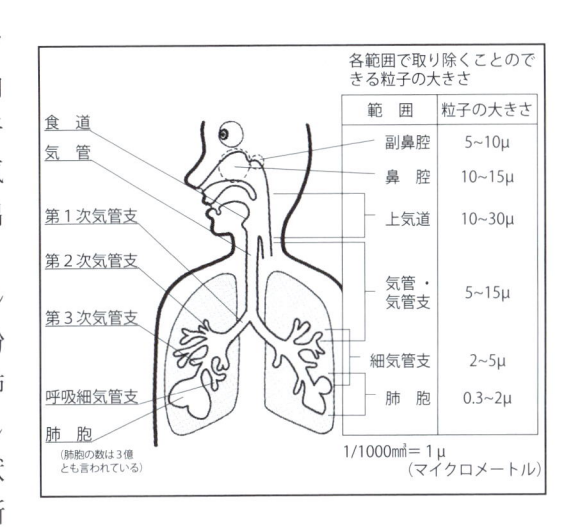

範囲	粒子の大きさ
副鼻腔	5～10μ
鼻腔	10～15μ
上気道	10～30μ
気管・気管支	5～15μ
細気管支	2～5μ
肺胞	0.3～2μ

各範囲で取り除くことのできる粒子の大きさ

1/1000㎜ = 1μ（マイクロメートル）
(肺胞の数は3億とも言われている)

2. 粉じん対策

(1) 発生源対策

　トンネル工事の掘削、ずり処理、コンクリート吹付け等の各作業における粉じん発生源に対し、効果的な粉じん防止の措置を講ずる必要があります。

1) 発破による掘削作業

①せん孔作業

　くり粉を圧力水により孔から排出する湿式型の削岩機（泡せん孔により、くり粉の発散を防止するものを含む）を使用します。

②発破作業

　発破後は安全が確認されたのち、粉じん濃度が低減するまで立ち入ってはいけません。発破後の退避時間の設定としては、トンネル現場における岩質、工法、換気装置や集じん機等の使用機械等を踏まえ、粉じんが適当に薄まるために必要な時間をあらかじめ試算し、その設定時間の適否を検証するため、初期の発破作業後に、粉じん濃度を測定し確認します。

　確認によって適切と判断された後は、岩質等に大きな変化が生じない限り、発破ごとに粉じん濃度を測定する必要はありません。「粉じんが適当に薄められた」の判断基準は、粉じん濃度目標レベル 3mg/㎥以下を指標とします。

2）ずり積み・運搬作業

①ずり積み作業

　散水により、土石を湿潤な状態に保ちます。

②ずり運搬作業

- 散水車による坑内路盤の湿潤化、仮舗装することや、建設機械やダンプトラックの走行速度の抑制、過積載の防止等の対策により、二次発じんの防止を行います。
- ダンプトラックによるずり運搬作業に変え、連続ベルトコンベアの採用により、粉じん飛散防止を行うこともあります。
- 坑内で常時使用する建設機械については、黒煙の排出防止のため、エンジンの排気ガス浄化装置を装着することにより、ばい煙（カーボン）と称される浮遊粒子状物質の低減を図ります。

散水車による路盤の湿潤化

③コンクリート吹付け作業

- 湿式型吹付け機の使用により粉じん低減対策を行います。
- 吹付け作業での粉じん発生源に対して、いろいろな工夫・改善を施し、効果的な粉じん防止措置を行うことが必要です。

　以下に、吹付け作業における粉じん抑制対策の一例を示します。

> ○スラリーショット工法
> - 専用の粉体急結剤を水と混合して連続スラリー化し、スラリー急結剤としてコンクリートに添加する工法。コンクリートとの混合性が良好で、エアー消費量が少なく粉じんが少ない。
>
> ○石炭灰（フライアッシュなど）を用いた吹付けコンクリート
> - 火力発電所から産出される石炭灰（フライアッシュなど）を吹付けコンクリートのセメント、細骨材の一部と置換することにより、吹付け材料の流動性が改善し、単位水量の減少により初期強度が向上する。
> また、細骨材との置換による粉体量の増加により、吹付け材の粘性が増加することで、リバウンド率の低下により、廃材の削減・環境負荷の低減が図れ、粉じん発生量の抑制による作業環境の改善が図れる。

④たい積粉じん対策

- たい積粉じんの発散を防止するため、坑内の機械設備、電気設備、給排水の配管等にたい積した粉じんを定期的に清掃しなければなりません。
- このため、たい積粉じん清掃責任者を選任し、毎日の清掃および月1回以上のたい積粉じん除去のための清掃を行うことが必要です。

（2）換気設備等

1）換気方式および換気装置の選定

トンネル工事においては、粉じん発生源に係る措置の実施に加え、換気装置および集じん装置により坑内の換気あるいは集じんを行うことが重要です。

換気装置（換気ファンおよび風管）による換気方式の選定にあたっては、切羽等で発生した粉じんの効果的な排出、希釈に加えて、坑内全域における粉じん、排気ガス、発破の後ガス等を考慮した上で、トンネルの規模、施工方法、施工条件等に応じ、坑内の空気を強制的に換気するのに最も適した換気方法を選定することが必要です。

以下に、換気方式のうち、拡散希釈方式の基本配置の事例を、下図に示します。

拡散希釈方式基本配置図

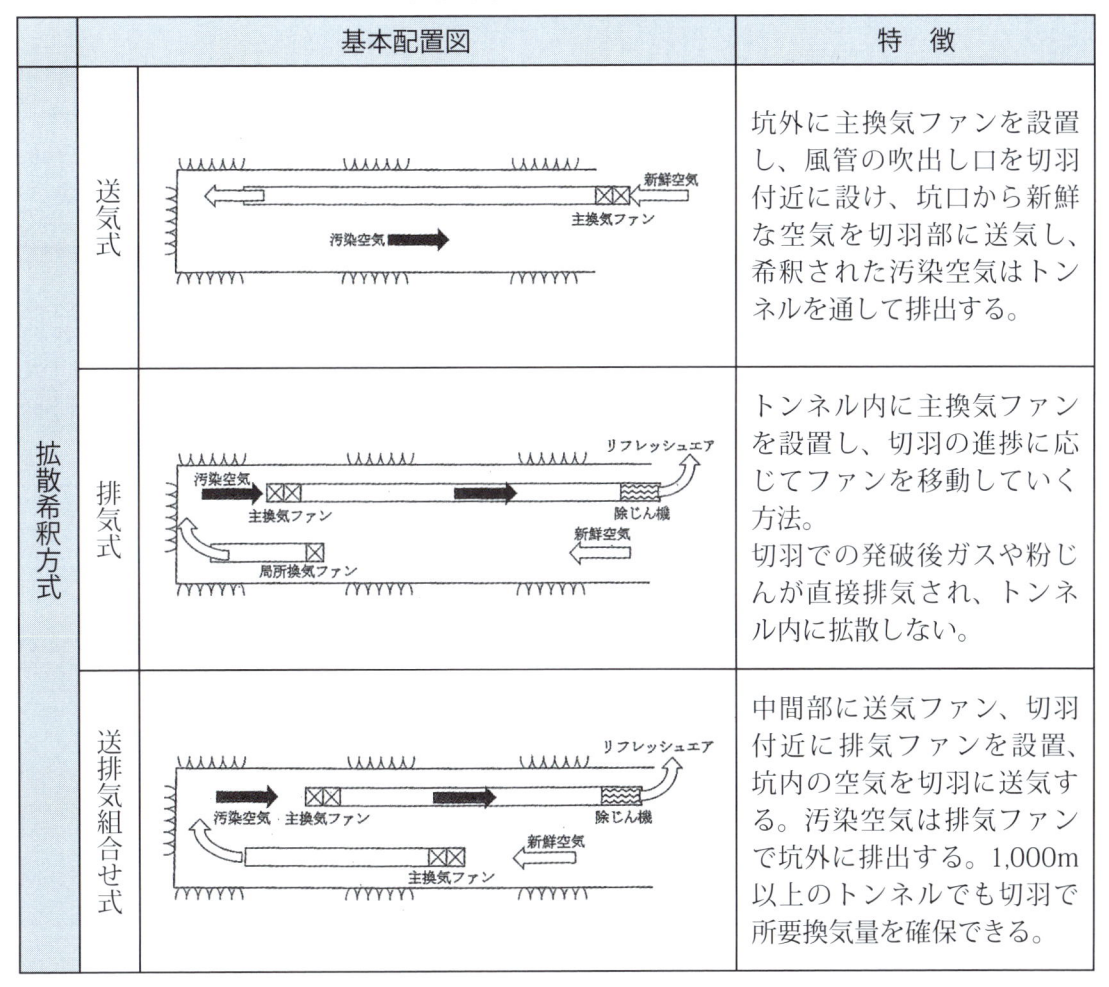

基本配置図		特　徴
拡散希釈方式	送気式	坑外に主換気ファンを設置し、風管の吹出し口を切羽付近に設け、坑口から新鮮な空気を切羽部に送気し、希釈された汚染空気はトンネルを通して排出する。
	排気式	トンネル内に主換気ファンを設置し、切羽の進捗に応じてファンを移動していく方法。切羽での発破後ガスや粉じんが直接排気され、トンネル内に拡散しない。
	送排気組合せ式	中間部に送気ファン、切羽付近に排気ファンを設置、坑内の空気を切羽に送気する。汚染空気は排気ファンで坑外に排出する。1,000m以上のトンネルでも切羽で所要換気量を確保できる。

2）集じん装置

　集じん装置は、切羽等の粉じんが発散する場所以外への粉じんの拡散を防止するとき等に有効であり、必要に応じ設置する必要があります。

　集じん装置は、粉じんの発生源、換気装置の送気口及び吸気口の位置等を考慮し、発散した粉じんを速やかに集じんすることができる位置に設けます。

　以下に、送気・排気式に集じん機を設置する希釈封じ込め方式の事例を、下図に示します。

乾式バグフィルタ式集じん機

希釈封じ込め方式基本配置図

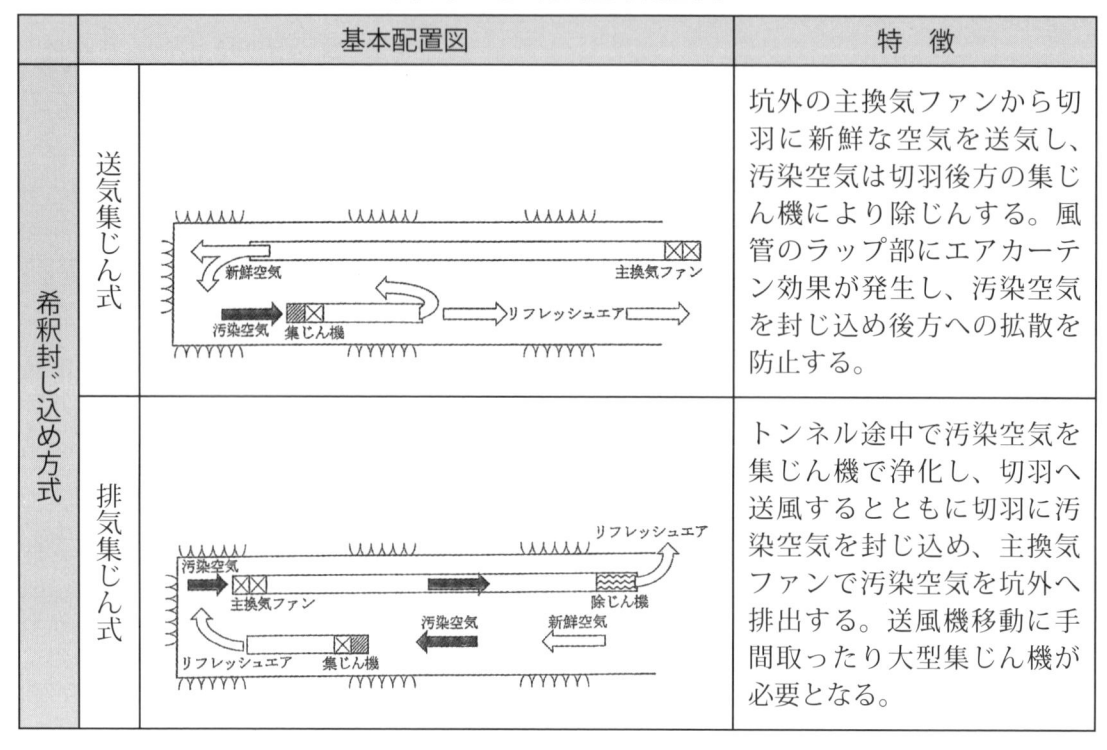

		基本配置図	特　徴
希釈封じ込め方式	送気集じん式	（配置図）	坑外の主換気ファンから切羽に新鮮な空気を送気し、汚染空気は切羽後方の集じん機により除じんする。風管のラップ部にエアカーテン効果が発生し、汚染空気を封じ込め後方への拡散を防止する。
	排気集じん式	（配置図）	トンネル途中で汚染空気を集じん機で浄化し、切羽へ送風するとともに切羽に汚染空気を封じ込め、主換気ファンで汚染空気を坑外へ排出する。送風機移動に手間取ったり大型集じん機が必要となる。

(3) 呼吸用保護具

トンネル工事では坑内の作業に従事する作業者に、常時、有効な呼吸用保護具を着用させなければなりません。

1) 呼吸用保護具の種類

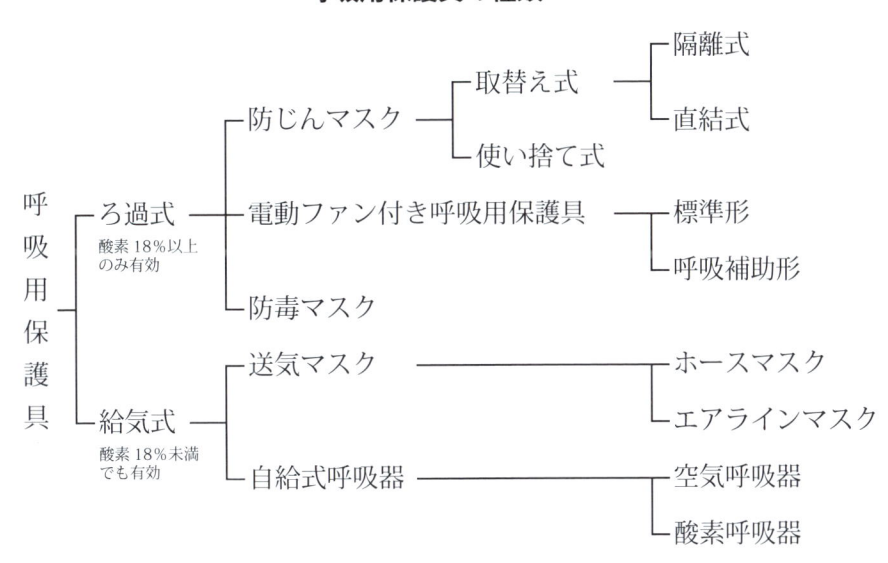

呼吸用保護具の種類としては、下図に示すような防じんマスク、送気マスク、電動ファン付き呼吸用保護具などがあります。

呼吸用保護具の種類

- 呼吸用保護具
  - ろ過式（酸素18%以上のみ有効）
    - 防じんマスク
      - 取替え式
        - 隔離式
        - 直結式
      - 使い捨て式
    - 電動ファン付き呼吸用保護具
      - 標準形
      - 呼吸補助形
    - 防毒マスク
  - 給気式（酸素18%未満でも有効）
    - 送気マスク
      - ホースマスク
      - エアラインマスク
    - 自給式呼吸器
      - 空気呼吸器
      - 酸素呼吸器

2) 電動ファン付き呼吸用保護具

呼吸用保護具に関して、粉じん障害防止規則の一部改正省令（H20.3.1）により、次に示す作業に従事する労働者には、電動ファン付き呼吸用保護具を使用させることとなっています。

> ①動力を用いて鉱物等を掘削する場所における作業
> ②動力を用いて鉱物等を積み込み、または積み卸す場所における作業
> ③コンクリート等を吹き付ける場所における作業

電動ファン付き呼吸用保護具は、マスク内に送風するシステムのため、呼吸が楽であり、マスクの中を常に陽圧に保っているため、マスクと顔面との接触部からの粉じんの漏れを防ぐなど、従来の防じんマスクに比べて暴露の危険性や、作業者の負荷が軽減される等、効果がより一層期待できます。

電動ファン付き呼吸用保護具は、規格（ＪＩＳ Ｔ8157）に適合したものを使用しなければなりません。

3）保護具着用管理責任者の選任

保護具着用管理責任者を次の者から選任し、呼吸用保護具の適正な選択、使用、顔面への密着性の確認などに関する指導、呼吸用保護具の保守管理、廃棄を行わせます。

> ・衛生管理者の資格を有する者
> ・その他労働衛生に関する知識、経験等を有する者

（4）換気の実施等の効果を確認するための粉じん濃度等の測定

空気中の粉じん濃度等の測定を行ったときは、その都度、速やかに測定結果の評価を行わなければなりません。

1）粉じん濃度等の測定

換気の実施等の効果を確認するため、半月以内ごとに1回、定期に次の事項について測定を行います。
・空気中の粉じん濃度
・風速
・換気装置等の風量
・気流の方向

粉じん濃度測定状況

2）測定位置

①空気中の粉じん濃度および風速の測定点

切羽から坑口に向かって50m程度離れた位置における断面において、床上50cm以上150cm以下の同じ高さで、両側壁から1m以上離れた2点および中央の3点とすること。

なお、気流の方向は、上記の測定点あるいはその近傍において行うこと。

②換気装置等の風量の測定における風速の測定点

風管等の送気口または吸気口の中心の位置とする。

3）粉じん濃度の測定結果の評価

①粉じん濃度目標レベル

粉じん濃度目標値である3mg/m³以下は、トンネル工事の計画時点での粉じん発生源の対策や、換気設備等が施工途中で計画通りの効果を発揮しているかどうかの目安とする管理のために定められた基準です。

ただし、「3mg/m³以下」は人体に対する許容濃度ではありません。

許容濃度とは、労働者が有害物質に暴露される場合、当該物質の空気中濃度がこの数値以下であれば、ほとんどすべての労働者に健康障害がみられないという濃度をいいます。

日本産業衛生学会が勧告している粉じんの許容濃度は0.5mg/m³と厳しい数値です。3mg/m³以下が確保されたからといって安心してはいけません。

したがって、ガイドライン等によって、坑内の全ての作業について、常時防じんマスクおよび電動ファン付き呼吸用保護具等の有効な呼吸用保護具の使用が定められているわけです。

②測定結果の評価と結果に基づく措置

　　空気中の粉じん濃度の測定結果の評価は、評価値と粉じん濃度目標レベルとを比較して、評価値が粉じん濃度目標レベルを超えるか否かにより行います。

　　測定結果の評価値が粉じん濃度目標レベルを超える場合には、設備、作業工程または作業方法の点検を行い、その結果に基づき、換気装置の風量の増加、作業方法の改善、風管の設置方法の改善、粉じん抑制剤の使用など、作業環境を改善するために必要な措置を講じる必要があります。

　　なお、粉じん濃度等の測定および空気中の粉じん濃度の測定結果の評価を行ったときは、その都度、測定日時、測定方法、測定箇所、測定条件、測定結果とその評価、改善措置の概要を記録して、これを7年間保存しなければなりません。

（5）労働衛生教育

　トンネル工事において、特定粉じん作業に従事する労働者に対して、「粉じん作業特別教育」を実施しなければなりません。受講者の記録は3年間保存します。

　また、特定粉じん作業以外の粉じん作業に従事する労働者についても、特別教育に準じた教育を実施しなければなりません。

　　　　科目（学科）
　　　　・粉じんの発散防止および作業場の換気の方法　　1時間
　　　　・作業場の管理　　　　　　　　　　　　　　　　1時間
　　　　・呼吸用保護具の使用方法　　　　　　　　　　　30分
　　　　・粉じんに係る疾病および健康管理　　　　　　　1時間
　　　　・関係法令　　　　　　　　　　　　　　　　　　1時間
　　　　　　　　　合　　計　　　　　　　　　　　　4時間30分

（参考）「粉じん作業特別教育規程」（昭和54年7月23日労働省告示第68号）

3．じん肺健康診断

（1）じん肺健康診断の実施

　じん肺法では、粉じん作業者に対して、じん肺健康診断を義務づけています。

　定期のじん肺健康診断では、正常者（管理1：じん肺所見なし）は3年に1回、管理2または3の有所見者は、1年に1回行います。ただし、じん肺健康診断以外の健康診断でじん肺が疑われたときには、臨時にすぐ実施しなければなりません。また、現在は粉じん作業をしていないが、以前に従事したことがある者は、最近のじん肺診断で、管理1のときは免除、管理2のときは3年に1回、管理3のときは1年に1回、じん肺健康診断を行わなければなりません。

　健康診断の内容としては、
①粉じん作業歴調査‥‥過去の職歴をできるだけ詳しく記載する。
②胸部X線直接撮影‥‥粉じん作業歴のある者は、全員胸部X線撮影をとり、じん肺の有無を調べる。
③肺機能検査‥‥‥‥じん肺有所見者は、肺機能検査で「著しい肺機能障害」があるか調べる。

④胸部臨床検査・・・・・・・自覚症状や肺合併症の診断を行う。
からなっています。
　じん肺健康診断の必要性や重要性は知っていても、つい毎日の仕事に追われたり、横着をして受診しない人を多く見かけます。そうしたことが将来思いもかけない重大な結果を招くことを忘れてはいけません。

（2）じん肺管理区分と措置について

　じん肺の進展防止のため、じん肺管理区分がじん肺法で定められています。
　じん肺所見がない粉じん作業者を「管理1」とし、以下、じん肺の病症によって、「管理2」から「管理4」まで分け、この管理区分に対応する予防措置が決められています。
　「管理3イ」は非粉じん作業への職場転換の勧奨が、「管理3ロ」は積極的に職場転換を行うよう指示を行わなければなりません。

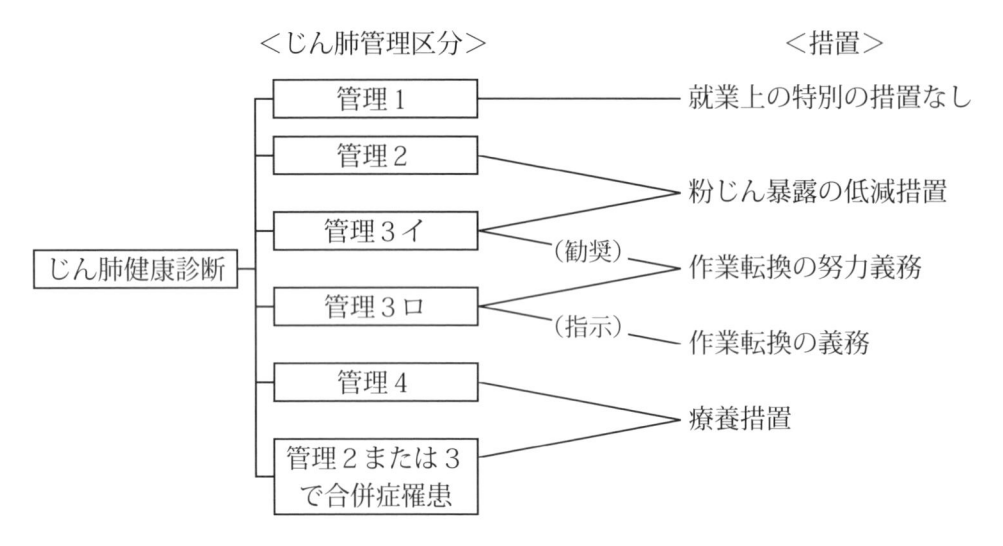

```
                    <じん肺管理区分>              <措置>
                ┌── 管理1 ──────────── 就業上の特別の措置なし
                ├── 管理2 ──┐
                │           ├──── 粉じん暴露の低減措置
                ├── 管理3イ ─┤
                │           (勧奨)── 作業転換の努力義務
   じん肺健康診断 ┤
                ├── 管理3ロ ─
                │           (指示)── 作業転換の義務
                ├── 管理4 ──┐
                │           ├──── 療養措置
                └── 管理2または3
                    で合併症罹患
```

（3）健康管理の実施状況（じん肺法施行規則37条）

　事業者は、毎年、12月31日現在におけるじん肺に関する健康管理の実施状況を、翌年2月末日までに、労働基準監督署長を経由して所轄都道府県労働局長に報告しなければなりません。

（4）記録の作成および保存

　じん肺健康診断に関する記録を整備し、これを7年間保存しなければなりません。

基礎知識

粉じん障害防止規則の一部改正について

　トンネル建設工事の粉じん対策については、厚生労働省から示された「ずい道等建設工事における粉じん対策に関するガイドライン」の内容等が法制化され、「粉じん障害防止規則等の一部を改正する省令」が施行（H20．3．1）されました。
　粉じん障害防止規則の一部改正については以下に示すとおりです。

　改正のポイントは次の6項目です。
1．「粉じん作業」として、次の作業等を規定したこと。
　　①坑内でのコンクリート等を吹き付ける場所における作業
　　②屋内において、自動溶断し、または自動溶接する作業
2．事業者は、粉じん作業に係る粉じんを減少させるため、換気装置による換気の実施、またはこれと同等以上の措置を講じること。
3．事業者は、半月以内ごとに1回、定期に、空気中の粉じん濃度を測定すること。
4．事業者は、粉じん濃度の測定の結果に応じて、換気装置の風量の増加その他必要な措置を講じること。
5．事業者は、発破による粉じんが適当に薄められた後でなければ、発破箇所に労働者を近寄らせてはならないこと。
6．次の作業に従事する労働者には、電動ファン付き呼吸用保護具を使用させること。
　　①動力を用いて鉱物等を掘削する場所における作業
　　②動力を用いて鉱物等を積み込み、または積み卸す場所における作業
　　③コンクリート等を吹き付ける場所における作業

ずい道等建設工事における粉じん対策に関するガイドライン

第1　趣旨
　　本ガイドラインは、ずい道等建設工事における粉じん対策に関し、粉じん障害防止規則（昭和54年労働省令第18号）に規定された事項及び粉じん障害防止総合対策において推進することとしている事項等について、その具体的実施事項を一体的に示すことにより、ずい道等建設工事における粉じん対策のより一層の充実を図ることを目的とする。

第2　適用
　　本ガイドラインは、ずい道等（ずい道及びたて坑以外の坑（採石法（昭和25年法律第291号）第2条に規定する岩石の採取のためのものを除く。）をいう。以下同じ。）を建設する工事（以下「ずい道等建設工事」という。）であって、掘削、ずり積み、ロックボルトの取付け、コンクリート等の吹付け等、その実施に伴い粉じんが発生する作業を有するずい道等建設工事に適用する。
　　ただし、作業の自動化等により、労働者がずい道等の坑内に入らないずい道等建設工事には、適用しない。

第3　事業者の実施すべき事項
1　粉じん対策に係る計画の策定
　　事業者は、ずい道等建設工事を実施しようとするときは、事前に、粉じんの発散を抑制するための粉じん発生源に係る措置、換気装置等による換気の実施等、換気の実施等の効果を確認するための粉じん濃度等の測定、防じんマスク等有効な呼吸用保護具の使用、労働衛生教育の実施、その他必要な事項を内容とする粉じん対策に係る計画を策定すること。

2 粉じん発生源に係る措置
　事業者は、坑内の次の作業において、それぞれの定めるところにより、粉じんの発散を防止するための措置を講じること。ただし、湿潤な土石又は岩石を掘削する作業、湿潤な土石の積込み又は運搬を行う作業及び水の中で土石又は岩石の破砕、粉砕等を行う作業にあっては、この限りでないこと。
（1）掘削作業
　イ　発破による掘削作業
　（イ）せん孔作業
　　くり粉を圧力水により孔から排出する湿式型の削岩機（発泡によりくり粉の発散を防止するものを含む。）を使用すること又はこれと同等以上の措置を講じること。
　（ロ）発破作業
　　発破後は、安全が確認されたのち、粉じんが適当に薄められた後でなければ、発破をした箇所に労働者を近寄らせないこと。
　ロ　機械による掘削作業（シールド工法及び推進工法による掘削作業を除く。）
　　次に掲げるいずれかの措置又はこれと同等以上の措置を講じること。
　（イ）湿式型の機械装置を設置すること。
　（ロ）土石又は岩石を湿潤な状態に保つための設備を設置すること。
　ハ　シールド工法及び推進工法による掘削作業
　　次に掲げるいずれかの措置又はこれと同等以上の措置を講じること。
　（イ）湿式型の機械装置を設置すること。
　（ロ）密閉型のシールド掘削機等切羽の部分が密閉されている機械装置を設置すること。
　（ハ）土石又は岩石を湿潤な状態に保つための設備を設置すること。
（2）ずり積み等作業
　イ　破砕・粉砕・ふるいわけ作業
　　次に掲げるいずれかの措置又はこれと同等以上の措置を講じること。
　（イ）密閉する設備を設置すること。
　（ロ）土石又は岩石を湿潤な状態に保つための設備を設置すること。
　ロ　ずり積み及びずり運搬作業
　　土石を湿潤な状態に保つための設備を設置すること又はこれと同等以上の措置を講じること。
（3）ロックボルトの取付け等のせん孔作業及びコンクリート等の吹付け作業
　イ　せん孔作業
　　くり粉を圧力水により孔から排出する湿式型の削岩機（発泡によりくり粉の発散を防止するものを含む。）を使用すること又はこれと同等以上の措置を講じること。
　ロ　コンクリート等の吹付け作業
　　次に掲げる措置を講じること。
　（イ）湿式型の吹付け機械装置を使用すること又はこれと同等以上の措置を講じること。
　（ロ）必要に応じ、コンクリートの原材料に粉じん抑制剤を入れること。
　（ハ）吹付けノズルと吹付け面との距離、吹付け角度、吹付け圧等に関する作業標準を定め、労働者に当該作業標準に従って作業させること。
（4）その他
　イ　たい積粉じんの発散を防止するため、坑内に設置した機械設備、電気設備等にたい積した粉じんを定期的に清掃すること。
　ロ　建設機械等の走行によるたい積粉じんの発散を少なくするため、次の事項の実施に努めること。
　（イ）走行路に散水すること、走行路を仮舗装すること等粉じんの発散を防止すること。
　（ロ）走行速度を抑制すること。
　（ハ）過積載をしないこと。
　ハ　必要に応じ、エアカーテン等、切羽等の粉じん発生源において発散した粉じんが坑内に拡散しないようにするための方法の採用に努めること。
　ニ　坑内で常時使用する建設機械については、排出ガスの黒煙を浄化する装置を装着した機械を使用することに努めること。
　　なお、レディミキストコンクリート車等外部から坑内に入ってくる車両については、排気ガスの排出を抑制する運転方法に努めること。
3　換気装置等（換気装置及び集じん装置をいう。以下同じ。）による換気の実施等
（1）換気装置による換気の実施
　事業者は、坑内の粉じん濃度を減少させるため、次に掲げる事項に留意し、換気装置による換気を行うこと。
　イ　換気装置（風管及び換気ファンをいう。以下同じ。）は、ずい道等の規模、施工方法、施工条件等を考慮した上で、坑内の空気を強制的に換気するのに最も適した換気方式のものを選定すること。
　　なお、換気方式の選定に当たっては、発生した粉じんの効果的な排出・希釈及び坑内全域における粉じん濃度の低減に配慮することが必要であり、送気式換気装置、局所換気ファンを有する排気式換気装置、送・排気併用式換気装置、送・排気組合せ式換気装置等の換気装置が望ましいこと。
　ロ　送気口（換気装置の送気管又は局所換気ファンによって清浄な空気を坑内に送り込む口のことをいう。以下同じ。）及び吸気口（換気装置の排気管によって坑内の汚染された空気を吸い込む口のことをいう。以下同じ。）は、有効な換気を行うのに適正な位置に設けること。
　　また、ずい道等建設工事の進捗に応じて速やかに風管を延長すること。

ハ　換気ファンは、風管の長さ、風管の断面積等を考慮した上で、十分な換気能力を有しているものであること。
　　　　なお、風量の調整が可能なものが望ましいこと。
　　ニ　送気量及び排気量のバランスが適正であること。
　　ホ　粉じんを含む空気が坑内で循環又は滞留しないこと。
　　ヘ　坑外に排気された粉じんを含む空気が再び坑内に逆流しないこと。
　　ト　風管の曲線部は、圧力損失を小さくするため、できるだけ緩やかな曲がりとすること。
（2）集じん装置による集じんの実施
　　事業者は、必要に応じ、次に掲げる事項に留意し、集じん装置による集じんを行うこと。
　　イ　集じん装置は、ずい道等の規模等を考慮した上、十分な処理容量を有しているもので、粉じんを効率よく捕集し、かつ、吸入性粉じんを含めた粉じんを清浄化する処理能力を有しているものであること。
　　ロ　集じん装置は、粉じんの発生源、換気装置の送気口及び吸気口の位置等を考慮し、発散した粉じんを速やかに集じんすることができる位置に設けること。
　　　　なお、集じん装置への有効な吸込み気流を作るため、局所換気ファン、隔壁、エアカーテン等を設置することが望ましいこと。
　　ハ　集じん装置にたい積した粉じんを廃棄する場合には、粉じんを発散させないようにすること。
（3）換気装置等の管理
　　イ　換気装置等の点検及び補修等
　　　　事業者は、換気装置等については、半月以内ごとに1回、定期に、次に掲げる事項について点検を行い、異常を認めたときは、直ちに補修その他の措置を講じること。
　　（イ）換気装置
　　　　a　風管及び換気ファンの摩耗、腐食、破損その他損傷の有無及びその程度
　　　　b　風管及び換気ファンにおける粉じんのたい積状態
　　　　c　送気及び排気の能力
　　　　d　その他、換気装置の性能を保持するために必要な事項
　　（ロ）集じん装置
　　　　a　構造部分の摩耗、腐食、破損その他損傷の有無及びその程度
　　　　b　内部における粉じんのたい積状態
　　　　c　ろ過装置にあっては、ろ材の破損又はろ材取付け部分等のゆるみの有無
　　　　d　処理能力
　　　　e　その他、集じん装置の性能を保持するために必要な事項
　　ロ　換気装置等の点検及び補修等の記録
　　　　事業者は、換気装置等の点検を行ったときは、次に掲げる事項を記録し、これを3年間保存すること。
　　（イ）点検年月日
　　（ロ）点検方法
　　（ハ）点検箇所
　　（ニ）点検の結果
　　（ホ）点検を実施した者の氏名
　　（ヘ）点検の結果に基づいて補修等の措置を講じたときは、その内容
4　換気の実施等の効果を確認するための粉じん濃度等の測定
（1）粉じん濃度等の測定
　　事業者は、換気の実施等の効果を確認するため、半月以内ごとに1回、定期に次の事項について測定を行うこと。
　　なお、測定は、別紙「換気の実施等の効果を確認するための空気中の粉じん濃度、風速等の測定方法」に従って実施すること。
　　また、事業者は、換気装置を初めて使用する場合、又は施設、設備、作業工程若しくは作業方法について大幅な変更を行った場合にも、測定を行う必要があること。
　　イ　空気中の粉じん濃度
　　ロ　風速
　　ハ　換気装置等の風量
　　ニ　気流の方向
（2）空気中の粉じん濃度の測定結果の評価
　　事業者は、空気中の粉じん濃度の測定を行ったときは、その都度、速やかに、次により当該測定の結果の評価を行うこと。
　　イ　粉じん濃度目標レベル
　　　　粉じん濃度目標レベルは3mg/㎥以下とすること。
　　　　ただし、掘削断面積が小さいため、3mg/㎥を達成するのに必要な大きさ（口径）の風管又は必要な本数の風管の設置、必要な容量の集じん装置の設置等が施工上極めて困難であるものについては、可能な限り、3mg/㎥に近い値を粉じん濃度目標レベルとして設定し、当該値を記録しておくこと。
　　ロ　評価値の計算
　　　　空気中の粉じん濃度の測定結果の評価値は、各測定点における測定値を算術平均して求めること。
　　ハ　測定結果の評価
　　　　空気中の粉じん濃度の測定結果の評価は、評価値と粉じん濃度目標レベルとを比較して、評価値が粉じん濃度目標レベルを超えるか否かにより行うこと。

（3）空気中の粉じん濃度の測定結果に基づく措置
　　　事業者は、評価値が粉じん濃度目標レベルを超える場合には、設備、作業工程又は作業方法の点検を行い、その結果に基づき換気装置の風量の増加、作業工程又は作業方法の改善等作業環境を改善するための必要な措置を講じること。
　　　また、事業者は、当該措置を講じたときは、その効果を確認するため、（1）の粉じん濃度等の測定を行うこと。
（4）粉じん濃度等の測定等の記録
　　　事業者は、粉じん濃度等の測定及び空気中の粉じん濃度の測定結果の評価を行ったときは、その都度、次の事項を記録して、これを7年間保存すること。
　　　なお、粉じん濃度等の測定結果については、関係労働者が閲覧できるようにしておくことが望ましいこと。
　　イ　測定日時
　　ロ　測定方法
　　ハ　測定箇所
　　ニ　測定条件
　　ホ　測定結果
　　ヘ　測定結果の評価
　　ト　測定及び評価を実施した者の氏名
　　チ　評価に基づいて改善措置を実施したときは、当該措置の概要
5　防じんマスク等有効な呼吸用保護具の使用
　　事業者は、坑内の作業に労働者を従事させる場合には、坑内において、常時、防じんマスク、電動ファン付き呼吸用保護具等有効な呼吸用保護具（動力を用いて掘削する場所における作業、動力を用いてずりを積み込み若しくは積み卸す場所における作業又はコンクリート等を吹き付ける場所における作業にあっては、電動ファン付き呼吸用保護具に限る。）を使用させるとともに、次に掲げる措置を講じること。
　　なお、作業の内容及び強度を考慮し、呼吸用保護具の重量、吸排気抵抗等が当該作業に適したものを選択すること。
（1）保護具着用管理責任者の選任
　　　保護具着用管理責任者を次の者から選任し、呼吸用保護具の適正な選択、使用、顔面への密着性の確認等に関する指導、呼吸用保護具の保守管理及び廃棄を行わせること。
　　イ　衛生管理者の資格を有する者
　　ロ　その他労働衛生に関する知識、経験等を有する者
（2）呼吸用保護具の適正な選択、使用及び保守管理の徹底
　　　呼吸用保護具の選択、使用及び保守管理に関する方法並びに呼吸用保護具のフィルタの交換の基準を定めること。
　　　また、フィルタの交換日等を記録する台帳を整備すること。
　　　なお、当該台帳については、3年間保存することが望ましいこと。
（3）呼吸用保護具の顔面への密着性の確認
　　　呼吸用保護具を使用する際には、労働者に顔面への密着性について確認させること。
（4）呼吸用保護具の備え付け等
　　　呼吸用保護具については、同時に就業する労働者の人数と同数以上を備え、常時　有効かつ清潔に保持すること。
6　労働衛生教育の実施
　　事業者は、坑内の作業に労働者を従事させる場合には、次に掲げる労働衛生教育を実施すること。
　　また、これら労働衛生教育を行ったときは、受講者の記録を作成し、3年間保存すること。
（1）粉じん作業特別教育
　　　坑内の特定粉じん作業（粉じん障害防止規則第2条第1項第3号に規定する特定粉じん作業をいう。以下同じ。）に従事する労働者に対し、粉じん障害防止規則第22条に基づく特別教育を行うこと。
　　　また、特定粉じん作業以外の粉じん作業に従事する労働者についても、特別教育に準じた教育を実施すること。
（2）防じんマスクの適正な使用に関する教育
　　　事業者は、坑内の作業に従事する労働者に対し、次に掲げる事項について教育を行うこと。
　　イ　粉じんによる疾病と健康管理
　　ロ　粉じんによる疾病の防止
　　ハ　防じんマスクの選択及び使用方法
7　その他の粉じん対策
　　事業者は、労働者が、休憩の際、容易に坑外に出ることが困難な場合において、次に掲げる措置を講じた休憩室を設置することが望ましいこと。
　　イ　清浄な空気が室内に送気され、粉じんから労働者が隔離されていること。
　　ロ　労働者が作業衣等に付着した粉じんを除去することのできる用具が備えられていること。

第4　元方事業者が配慮する事項

1　粉じん対策に係る計画の調整
　　元方事業者は、上記第3の1の粉じん対策に係る計画の策定について、上記第3により事業者の実施すべき事項に関し、関係請負人と調整を行うこと。

2 教育に対する指導及び援助
　元方事業者は、関係請負人が上記第3の6により実施する労働衛生教育について、当該教育を行う場所の提供、当該教育に使用する資料の提供等の措置を講じること。
3 清掃作業日の統一
　元方事業者は、関係請負人が上記第3の2の（4）のイにより実施する清掃について、清掃日を統一的に定め、これを当該関係請負人に周知すること。
4 関係請負人に対する技術上の指導等
　元方事業者は、関係請負人が講ずべき措置が適切に実施されるように、技術上の指導その他必要な措置を講じること。

別紙　換気の実施等の効果を確認するための空気中の粉じん濃度、風速等の測定方法

1 測定位置
　空気中の粉じん濃度及び風速の測定点は、切羽から坑口に向かって50メートル程度離れた位置における断面において、床上50センチメートル以上150センチメートル以下の同じ高さで、それぞれの側壁から1メートル以上離れた点及び中央の点の3点とすること。
　ただし、設備等があって測定が著しく困難な場合又はずい道等の掘削の断面積が小さい場合にあっては、測定点を3点とすることを除き、この限りでないこと。
　なお、換気装置等の風量の測定における風速の測定点は、風管等の送気口又は吸気口の中心の位置とすること。

2 測定時間帯
　粉じん濃度等の測定は、空気中の粉じん濃度が最も高くなる粉じん作業について、当該作業が行われている時間に行うこと。

3 測定時間
　空気中の粉じん濃度の一の測定点における測定時間は、10分以上の継続した時間とすること。ただし、測定対象作業の作業時間が短いことにより、一の測定点について10分以上測定できない場合にあっては、この限りでないが、測定時間は同じ長さとする必要があること。

4 測定方法
（1）空気中の粉じん濃度の測定
　　空気中の粉じん濃度の測定は、相対濃度指示方法によることとし、次に定めるところにより行うこと。
　イ　測定機器は、光散乱方式によるものとし、作業環境測定基準（昭和51年労働省告示第46号）第2条第3項第1号の労働省労働基準局長が指定する者によって1年以内ごとに1回、定期に較正されたものを使用すること。
　ロ　光散乱方式による測定機器による質量濃度変換係数は、当該測定機器の種類に応じ、次の表にそれぞれ掲げる数値とすること。
　　なお、次の表に掲げる測定機器以外の機器については、併行測定の実施あるいは過去に得られたデータの活用等により当該粉じんに対する質量濃度変換係数をあらかじめ定め、その数値を使用すること。

測定機器	質量濃度変換係数 （mg/m^3/cpm）
3451	0.6
P-5L、P-5L2、P-5L3	0.04
LD-1L、3411	0.02
P-5H、P-5H2、P-5H3	0.004
3423	0.003
LD-1H、LD-1H2、LD-3K、LD-3K2	0.002

　ハ　粉じん濃度は、次式により計算すること。
　　粉じん濃度（mg/m^3）＝質量濃度変換係数（mg/m^3/cpm）×相対濃度（cpm）
（2）風速の測定
　　風速の測定は、熱線風速計を用いて行うこと。
（3）換気装置等の風量の測定
　　換気装置等の風量は、次式により計算すること。
　　換気装置等の風量（m^3/min）＝風速（m/sec）×0.8×60×送気口又は吸気口の断面積（m^2）
（4）気流の方向の測定
　　スモークテスター等により気流の方向の確認を行うこと。

災害防止の急所

トンネル粉じん障害の防止

　粉じんを伴う現場に長期間にわたって就労することにより、呼吸が困難になるという障害を発生させます。細かい粉じんを吸い続けると、肺の中で線維増殖が起こり、肺が硬くなって呼吸が困難になります。このような症状をじん肺といいます。人間の体には粉じんを除去する機能が備わっており、普通の生活ではじん肺を発症することはないといわれています。粉じん障害は通常の体内における除去作用では対処しきれないほどの多量の粉じんに暴露した結果によるものです。

長期間トンネル工事に従事し、じん肺に罹患

1. 湿式掘削を計画し、十分な水量を確保してせん孔し、空繰りを行わない。
2. 工程の進捗に合わせ、風管は余裕を持って準備し、付帯設備の更新についても作業手順書に記載し明確にする。
3. 発破後は粉じん濃度の測定を行い、3mg/㎥以下になるまで切羽に近づかない。
4. 毎日マスクのフィルタを点検し、汚れが基準に達すれば交換する。
5. 切羽でマスクを外さないよう、伝声器、マイクロフォン、笛などの通信手段が付いたマスクを使用する。
6. 休憩は、坑外に出るか、空気清浄機等を設置した休憩所を坑内に設け、その中で行う。

＜粉じん障害防止規則＞（抄）

第4条
　事業者は、特定粉じん発生源における粉じんの発散を防止するため、次の表の上欄（左欄）に掲げる特定粉じん発生源について、それぞれ同表の下欄（右欄）に掲げるいずれかの措置又はこれと同等以上の措置を講じなければならない。

特定粉じん発生源	措置
一　別表第2第1号に掲げる箇所（衝撃式削岩機を用いて掘削する箇所に限る。）	当該箇所に用いる衝撃式削岩機を湿式型とすること。
二　別表第2第1号、第3号及び第4号に掲げる箇所（別表第2第1号に掲げる箇所にあつては、衝撃式削岩機を用いて掘削する箇所を除く。）	湿潤な状態に保つための設備を設置すること。
三　別表第2第2号に掲げる箇所	一　密閉する設備を設置すること。 二　湿潤な状態に保つための設備を設置すること。

第5条
　事業者は、特定粉じん作業以外の粉じん作業を行う屋内作業場については、当該粉じん作業に係る粉じんを減少させるため、全体換気装置による換気の実施又はこれと同等以上の措置を講じなければならない。

第6条
　事業者は、特定粉じん作業以外の粉じん作業を行う坑内作業場（ずい道等（ずい道及びたて坑以外の坑（採石法（昭和25年法律第291号）第2条に規定する岩石の採取のためのものを除く。）をいう。以下同じ。）の内部において、ずい道等の建設の作業を行うものを除く。）については、当該粉じん作業に係る粉じんを減少させるため、換気装置による換気の実施又はこれと同等以上の措置を講じなければならない。

第6条の2
　事業者は、粉じん作業を行う坑内作業場（ずい道等の内部において、ずい道等の建設の作業を行うものに限る。次条において同じ。）については、当該粉じん作業に係る粉じんを減少させるため、換気装置による換気の実施又はこれと同等以上の措置を講じなければならない。

第6条の3
　事業者は、粉じん作業を行う坑内作業場について、半月以内ごとに1回、定期に、空気中の粉じんの濃度を測定しなければならない。ただし、ずい道等の長さが短いこと等により、空気中の粉じんの濃度の測定が著しく困難である場合は、この限りでない。

第6条の4
　事業者は、前条の規定による空気中の粉じんの濃度の測定の結果に応じて、換気装置の風量の増加その他必要な措置を講じなければならない。

第7条
　第4条及び前3条の規定は、次の各号のいずれかに該当する場合であつて、当該特定粉じん作業に従事する労働者に有効な呼吸用保護具（別表第3第1号の2又は第2号の2に掲げる作業に労働者を従事させる場合にあつては、電動ファン付き呼吸用保護具に限る。）を使用させたときは、適用しない。
　一　臨時の特定粉じん作業を行う場合
　二　同一の特定粉じん発生源に係る特定粉じん作業を行う期間が短い場合
　三　同一の特定粉じん発生源に係る特定粉じん作業を行う時間が短い場合
２　第5条から前条までの規定は、次の各号のいずれかに該当する場合であつて、当該粉じん作業に従事する労働者に有効な呼吸用保護具（別表第3第3号の2に掲げる作業に労働者を従事させる場合にあつては、電動ファン付き呼吸用保護具に限る。）を使用させたときは、適用しない。
　一　臨時の粉じん作業であつて、特定粉じん作業以外のものを行う場合
　二　同一の作業場において特定粉じん作業以外の粉じん作業を行う期間が短い場合
　三　同一の作業場において特定粉じん作業以外の粉じん作業を行う時間が短い場合

第15条
　事業者は、第4条の規定により設ける湿式型の衝撃式削岩機については、当該衝撃式削岩機に係る特定粉じん作業が行われている間、有効に給水を行わなければならない。

第16条
　事業者は、第4条又は第27条第1項ただし書の規定により設ける粉じんの発生源を湿潤な状態に保つための設備により、当該設備に係る粉じん作業が行われている間、当該粉じんの発生源を湿潤な状態に保たなければならない。

第22条
　事業者は、常時特定粉じん作業に係る業務に労働者を就かせるときは、当該労働者に対し、次の科目について特別の教育を行わなければならない。
　一　粉じんの発散防止及び作業場の換気の方法
　二　作業場の管理
　三　呼吸用保護具の使用の方法
　四　粉じんに係る疾病及び健康管理
　五　関係法令
２　労働安全衛生規則（昭和47年労働省令第32号。以下「安衛則」という。）第37条及び第38条並びに前項に定めるもののほか、同項の特別の教育の実施について必要な事項は、厚生労働大臣が定める。

第23条
　事業者は、粉じん作業に労働者を従事させるときは、粉じん作業を行う作業場以外の場所に休憩設備を設けなければならない。ただし、坑内等特殊な作業場で、これによることができないやむを得ない事由があるときは、この限りでない。
２　事業者は、前項の休憩設備には、労働者が作業衣等に付着した粉じんを除去することのできる用具を備え付けなければならない。
３　労働者は、粉じん作業に従事したときは、第1項の休憩設備を利用する前に作業衣等に付着した粉じんを除去しなければならない。

第24条
　事業者は、粉じん作業を行う屋内の作業場所については、毎日1回以上、清掃を行わなければならない。
２　事業者は、粉じん作業を行う屋内作業場の床、設備等及び前条第1項の休憩設備が設けられている場所の床等（屋内のものに限る。）については、たい積した粉じんを除去するため、1月以内ごとに1回、定期に、真空掃除機を用いて、又は水洗する等粉じんの飛散しない方法によつて清掃を行わなければならない。ただし、粉じんの飛散しない方法により清掃を行うことが困難な場合で当該清掃に従事する労働者に有効な呼吸用保護具を使用させたときは、その他の方法により清掃を行うことができる。

第24条の2
　事業者は、ずい道等の内部において、ずい道等の建設の作業のうち、発破の作業を行つたときは、発破による粉じんが適当に薄められた後でなければ、発破をした箇所に労働者を近寄らせてはならない。

第26条
　事業者は、前条の屋内作業場について、6月以内ごとに1回、定期に、当該作業場における空気中の粉じんの濃度を測定しなければならない。
２　事業者は、前条の屋内作業場のうち、土石、岩石又は鉱物に係る特定粉じん作業を行う屋内作業場において、前項の測定を行うときは、当該粉じん中の遊離けい酸の含有率を測定しなければならない。ただし、当該土石、岩石又は鉱物中の遊離けい酸の含有率が明らかな場合にあつては、この限りでない。
３　次条第1項の規定による測定結果の評価が2年以上行われ、その間、当該評価の結果、第一管理区分に区分されることが継続した単位作業場所（令第21条第1号の屋内作業場の区域のうち労働者の作業中の行動範囲、有害物の分布等の状況等に基づき定められる作業環境測定のために必要な区域をいう。以下同じ。）については、当該単位作業場所に係る事業場の所在地を管轄する労働基準監督署長（以下この条において「所轄労働基準監督署長」という。）の許可を受けた場合には、当該粉じんの濃度の測定は、別に厚生労働大臣の定めるところによることができる。この場合において、事業者は、厚生労働大臣の登録を受けた者により、1年以内ごとに1回、

定期に較正された測定機器を使用しなければならない。
4 前項の許可を受けようとする事業者は、粉じん測定特例許可申請書（様式第3号）に粉じん測定結果摘要書（様式第4号）及び次の図面を添えて、所轄労働基準監督署長に提出しなければならない。
　一　作業場の見取図
　二　単位作業場所における測定対象物の発散源の位置、主要な設備の配置及び測定点の位置を示す図面
5 所轄労働基準監督署長は、前項の申請書の提出を受けた場合において、第3項の許可をし、又はしないことを決定したときは、遅滞なく、文書で、その旨を当該事業者に通知しなければならない。
6 第3項の許可を受けた事業者は、当該単位作業場所に係るその後の測定の結果の評価により当該単位作業場所が第一管理区分でなくなつたときは、遅滞なく、文書で、その旨を所轄労働基準監督署長に報告しなければならない。
7 所轄労働基準監督署長は、前項の規定による報告を受けた場合及び事業場を臨検した場合において、第3項の許可に係る単位作業場所について第一管理区分を維持していないと認めたとき又は維持することが困難であると認めたときは、遅滞なく、当該許可を取り消すものとする。
8 事業者は、第1項から第3項までの規定による測定を行つたときは、その都度、次の事項を記録して、これを7年間保存しなければならない。
　一　測定日時
　二　測定方法
　三　測定箇所
　四　測定条件
　五　測定結果
　六　測定を実施した者の氏名
　七　測定結果に基づいて改善措置を講じたときは、当該措置の概要の評価

第26条の2

事業者は、第25条の屋内作業場について、前条第1項、第2項若しくは第3項又は法第65条第5項の規定による測定を行つたときは、その都度、速やかに、厚生労働大臣の定める作業環境評価基準に従つて、作業環境の管理の状態に応じ、第一管理区分、第二管理区分又は第三管理区分に区分することにより当該測定の結果の評価を行わなければならない。
2 事業者は、前項の規定による評価を行つたときは、その都度次の事項を記録して、これを7年間保存しなければならない。
　一　評価日時
　二　評価箇所
　三　評価結果
　四　評価を実施した者の氏名

第27条

事業者は、別表第3に掲げる作業（次項に規定する作業を除く。）に労働者を従事させる場合（第7条第1項各号又は第2項各号に該当する場合を除く。）にあつては、当該作業に従事する労働者に有効な呼吸用保護具（別表第3第5号に掲げる作業に労働者を従事させる場合にあつては、送気マスク又は空気呼吸器に限る。）を使用させなければならない。ただし、粉じんの発生源を密閉する設備、局所排気装置又はプッシュプル型換気装置の設置、粉じんの発生源を湿潤な状態に保つための設備の設置等の措置であつて、当該作業に係る粉じんの発散を防止するために有効なものを講じたときは、この限りでない。
2 事業者は、別表第3第1号の2、第2号の2又は第3号の2に掲げる作業に労働者を従事させる場合（第7条第1項各号又は第2項各号に該当する場合を除く。）にあつては、当該作業に従事する労働者に電動ファン付き呼吸用保護具を使用させなければならない。
3 労働者は、第7条、第8条、第9条第1項、第24条第2項ただし書及び前2項の規定により呼吸用保護具の使用を命じられたときは、当該呼吸用保護具を使用しなければならない。

別表第1（第2条、第3条関係）

一　鉱物等（湿潤な土石を除く。）を掘削する場所における作業（次号に掲げる作業を除く。）。ただし、次に掲げる作業を除く。
　イ　坑外の、鉱物等を湿式により試錐する場所における作業
　ロ　屋外の、鉱物等を動力又は発破によらないで掘削する場所における作業
一の二　ずい道等の内部の、ずい道等の建設の作業のうち、鉱物等を掘削する場所における作業
二　鉱物等（湿潤なものを除く。）を積載した車の荷台を覆し、又は傾けることにより鉱物等（湿潤なものを除く。）を積み卸す場所における作業（次号、第3号の2、第9号又は第18号に掲げる作業を除く。）
三　坑内の、鉱物等を破砕し、粉砕し、ふるい分け、積み込み、又は積み卸す場所における作業（次号に掲げる作業を除く。）。ただし、次に掲げる作業を除く。
　イ　湿潤な鉱物等を積み込み、又は積み卸す場所における作業
　ロ　水の中で破砕し、粉砕し、又はふるい分ける場所における作業
三の二　ずい道等の内部の、ずい道等の建設の作業のうち、鉱物等を積み込み、又は積み卸す場所における作業
四　坑内において鉱物等（湿潤なものを除く。）を運搬する作業。ただし、鉱物等を積載した車を牽引する機関車を運転する作業を除く。

五　坑内の、鉱物等（湿潤なものを除く。）を充てんし、又は岩粉を散布する場所における作業（次号に掲げる作業を除く。）
五の二　ずい道等の内部の、ずい道等の建設の作業のうち、コンクリート等を吹き付ける場所における作業
五の三　坑内であつて、第1号から第3号の2まで又は前2号に規定する場所に近接する場所において、粉じんが付着し、又は堆積した機械設備又は電気設備を移設し、撤去し、点検し、又は補修する作業
六　岩石又は鉱物を裁断し、彫り、又は仕上げする場所における作業（第13号に掲げる作業を除く。）。ただし、火炎を用いて裁断し、又は仕上げする場所における作業を除く。
二十　屋内、坑内又はタンク、船舶、管、車両等の内部において、金属を溶断し、又はアークを用いてガウジングする作業
二十三　長大ずい道（じん肺法施行規則（昭和35年労働省令第6号）別表第23号の長大ずい道をいう。別表第3第17号において同じ。）の内部の、ホッパー車からバラストを取り卸し、又はマルチプルタイタンパーにより道床を突き固める場所における作業

別表第2　（第2条、第4条、第10条、第11条関係）
一　別表第1第1号又は第1号の2に掲げる作業に係る粉じん発生源のうち、坑内の、鉱物等を動力により掘削する箇所
二　別表第1第3号に掲げる作業に係る粉じん発生源のうち、鉱物等を動力（手持式動力工具によるものを除く。）により破砕し、粉砕し、又はふるい分ける箇所
三　別表第1第3号又は第3号の2に掲げる作業に係る粉じん発生源のうち、鉱物等をずり積機等車両系建設機械により積み込み、又は積み卸す箇所
四　別表第1第3号又は第3号の2に掲げる作業に係る粉じん発生源のうち、鉱物等をコンベヤー（ポータブルコンベヤーを除く。以下この号において同じ。）へ積み込み、又はコンベヤーから積み卸す箇所（前号に掲げる箇所を除く。）
五　別表第1第6号に掲げる作業に係る粉じん発生源のうち、屋内の、岩石又は鉱物を動力（手持式又は可搬式動力工具によるものを除く。）により裁断し、彫り、又は仕上げする箇所
六　別表第1第6号又は第7号に掲げる作業に係る粉じん発生源のうち、屋内の、研磨材の吹き付けにより、研磨し、又は岩石若しくは鉱物を彫る箇所
七　別表第1第7号に掲げる作業に係る粉じん発生源のうち、屋内の、研磨材を用いて動力（手持式又は可搬式動力工具によるものを除く。）により、岩石、鉱物若しくは金属を研磨し、若しくはばり取りし、又は金属を裁断する箇所
八　別表第1第8号に掲げる作業に係る粉じん発生源のうち、屋内の、鉱物等、炭素原料又はアルミニウムはくを動力（手持式動力工具によるものを除く。）により破砕し、粉砕し、又はふるい分ける箇所

別表第3　（第7条、第27条関係）
一　別表第1第1号に掲げる作業のうち、坑外において、衝撃式削岩機を用いて掘削する作業
一の二　別表第1第1号の2に掲げる作業のうち、動力を用いて掘削する場所における作業
二　別表第1第2号から第3号の2までに掲げる作業のうち、屋内又は坑内の、鉱物等を積載した車の荷台を覆し、又は傾けることにより鉱物等を積み卸す場所における作業（次号に掲げる作業を除く。）
二の二　別表第1第3号の2に掲げる作業のうち、動力を用いて鉱物等を積み込み、又は積み卸す場所における作業
三　別表第1第5号に掲げる作業
三の二　別表第1第5号の2に掲げる作業
三の三　別表第1第5号の3に掲げる作業
四　別表第1第6号に掲げる作業のうち、手持式又は可搬式動力工具を用いて岩石又は鉱物を裁断し、彫り、又は仕上げする作業
五　別表第1第6号又は第7号に掲げる作業のうち、屋外の、研磨材の吹き付けにより、研磨し、又は岩石若しくは鉱物を彫る場所における作業
六　別表第1第7号に掲げる作業のうち、屋内、坑内又はタンク、船舶、管、車両等の内部において、手持式又は可搬式動力工具（研磨材を用いたものに限る。）を用いて、岩石、鉱物若しくは金属を研磨し、若しくはばり取りし、又は金属を裁断する作業
七　別表第1第3号又は第8号に掲げる作業のうち、屋内又は坑内において、手持式動力工具を用いて、鉱物等、炭素原料又はアルミニウムはくを破砕し、又は粉砕する作業

粉じん障害予防対策の要点

① 発破後は、粉じん濃度が 3mg/m³ 以下まで沈静したことを確認してから作業を開始すること。
② 防じんマスクの顔面への密着性を確保するため、面体の計状が顔面によく密着する形式のマスクを選定させること。
③ 作業開始前は防じんマスクのフィルタ点検だけでなく、フィットチェッカなどを使用してマスクの密着性を確認する。また、電動ファン付きマスクの場合はバッテリーの残量を確認するほか、予備のバッテリーを用意しておくこと。
④ 保護具着用管理責任者を選任し、管理責任者には呼吸用保護具の適正な選択、使用、顔面への密着性の確認などに関する指導、呼吸用保護具の保守管理や廃棄について行わせる。
⑤ 呼吸用保護具の選択に当たっては、作業者の粉じん作業時の環境に適したものを選択する。そのためには、呼吸用保護具の選択、使用、保守管理に関する方法やフィルタの交換基準を定めておくこと。
⑥ ファイルタの交換日などを記録し、3 年間保存する。
⑦ トンネルの断面の大きさや工法により、換気装置・集じん機等の必要な能力が違うので、十分に検討を行うこと。
⑧ 坑内作業で、次の作業に従事する場合は、電動ファン付き呼吸用保護具に限る。
・動力を用いて鉱物等を掘削する場所における作業
・動力を用いて鉱物等を積み込み、または積み卸す場所における作業
・コンクリート等を吹き付ける場所における作業

第6章
墜落災害の防止

6-1 足場の組立て・解体作業での墜落災害防止

[災害事例] 外部足場解体作業で解体材に接触し、バランスを崩して墜落

作業種別	足場解体作業	災害種別	墜落	天候	晴れ
発生月	5月	職種	鳶工	年齢	25歳
経験年数	2年2カ月	入場後日数	3日目	請負次数	2次

災害発生概要図

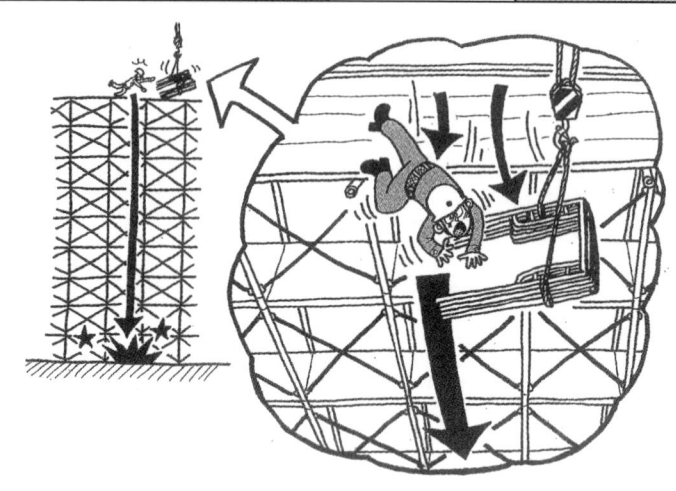

災害発生状況

外部足場解体作業において、ビティ足場（10段目）上に解体・集積してあった建わく（10わく）と交差筋交いを地上に降ろすため、被災者は玉掛けし、クレーン運転者に右旋回を指示した。荷が少し巻きあがったところで旋回を開始したところ、荷が横ぶれしたため、被災者の体に接触し、地上に墜落した。

	主な発生原因	防止対策
人的要因	・親綱が張られておらず安全帯も使用していなかった。 ・クレーン運転者から作業場所が見えなかった。 ・荷の振れる方向にいた。	・墜落危険箇所での安全帯の使用を徹底させる。 ・現場の状況に応じて、合図者を別に配置する。 ・旋回方向に体を置かない。
物的要因	・安全帯取付け設備が未設置だった。	・作業前に、安全帯取付け設備（親綱）を設置する。 ・介錯ロープを使用させる。
管理的要因	・足場解体作業手順書が作業者に周知されていなかった。 ・作業主任者が配置されていなかった（事業者と元請の責任）。	・適正な作業手順を作成し、関係者全員に周知させるとともに、作業者を適正に配置する。 ・作業主任者に作業の進め方、安全帯の使用状況を監視させる。

安全上のポイント

1．足場からの墜落・転落による労働災害発生状況
（足場からの墜落防止措置の検証・評価検討会報告書より）

（1）労働災害発生件数の推移

建設業での労働災害のうち、墜落・転落災害が約4割を占め、特に、「足場からの墜落・転落災害」が多く発生していることから、防止対策強化策として、平成21年に足場等からの墜落防止措置および物体の飛来落下防止措置等の労働安全規則（足場等関係）の抜本的な改正を行いました。

その結果、下図に示すとおり、平成22年度における全産業での墜落・転落による休業4日以上の労働災害は、平成18年度に比べ約26％の減少となっており、また、足場からの墜落・転落による死傷災害については、平成18年度に比べ約54％の減少となっています。

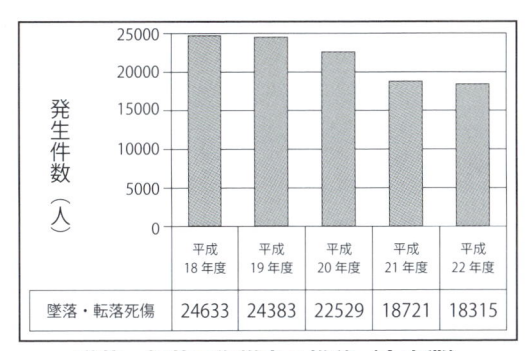

	平成18年度	平成19年度	平成20年度	平成21年度	平成22年度
墜落・転落死傷	24633	24383	22529	18721	18315

墜落・転落死傷災害の推移（全産業）

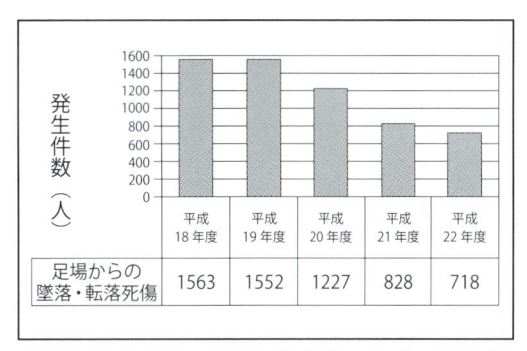

	平成18年度	平成19年度	平成20年度	平成21年度	平成22年度
足場からの墜落・転落死傷	1563	1552	1227	828	718

足場からの墜落・転落死傷災害の推移（全産業）

（2）平成22年度における業種別発生状況

1）業種別発生状況

平成22年度における足場からの墜落・転落災害の発生件数は、全産業で718人であり、うち建設業が647人（90％）と最も多く発生しています。建設業の中では、下表のとおり、建築工事が538人（83％）と最も多く、次いで、その他の建設業66人（10％）、土木工事業が43人（7％）の順に墜落・転落災害が発生しています。

業種分類		災害発生状況
建設業	土木工事	43
	建築工事	538
	その他建設業	66
	計	647
造船業		14
その他の業種		57
合計		718

業種別発生状況　（単位：人）

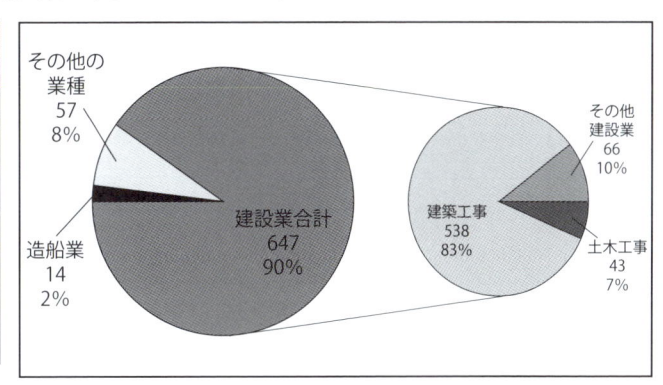

業種別発生状況
- その他の業種 57　8％
- 建設業合計 647　90％
- 造船業 14　2％
- 建築工事 538　83％
- その他建設業 66　10％
- 土木工事 43　7％

第6章　墜落災害の防止　173

2）作業の種類別発生状況

　足場からの墜落時に被災者が行っていた作業内容としては、通常作業時212人（47％）が最も多く、次いで、組立て・解体時の139人（31％）の順に多く発生しています。
　組立て・解体時の中では、最上層からの墜落が139人中100人（72％）と最も多く、その主な原因として、安全帯使用等の措置（安衛則564条1項4号）を実施していなかったものや不十分であったものがあげられます。

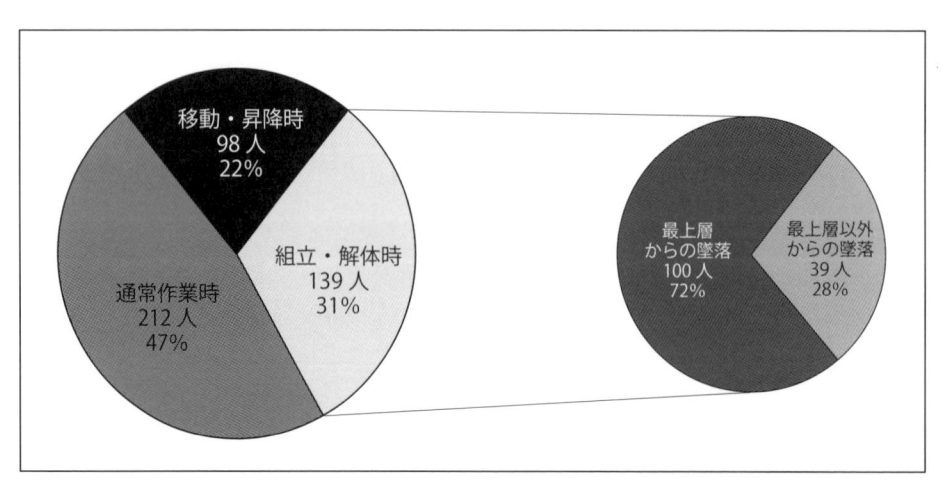

作業の種類別発生状況

3）組立て・解体時における足場の最上層からの墜落・転落災害について

　組立て・解体時における足場の最上層からの墜落・転落災害については、下図に示すとおり、100件のうち、「（B）手すり等は設置していたが安全帯不使用」と「（C）墜落防止措置を全く実施していない」ものが92件（92％）と大部分を占めています。
　また、「（A）安全帯の使用」にも関わらず100件中8件の災害は、構造上の問題（床材の緊結不備6件）等であったことから、安全帯の使用等労働安全衛生規則564条に基づく措置の徹底が墜落災害の防止に大きく寄与すると考えられます。

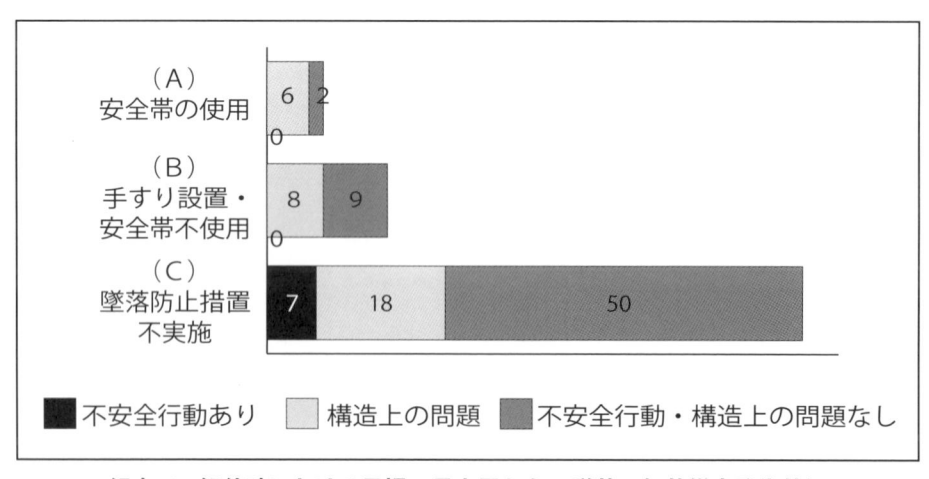

組立て・解体時における足場の最上層からの墜落・転落災害発生状況

2．足場からの主な墜落防止措置等の充実 （改正労働安全衛生規則）

　足場からの墜落防止措置等を充実させるために、労働安全衛生規則が改正され、平成21年3月に公布、平成21年6月から施行されました。その改正された安衛則では、墜落防止措置として、わく組足場とそれ以外の足場に分けて規定されました。

（1）わく組足場

1）墜落防止措置について
　①手すりの高さは85cm以上とする（旧規則は75cm以上）。
　②交差筋かいと作業床の間からの墜落防止として、交差筋かいに加えて、
　　ⅰ）高さ15cm以上40cm以下の位置に「さん（下さん）」
　　ⅱ）高さ15cm以上の「幅木」
　　ⅲ）幅木と同等以上の機能を有する設備（防音パネル、ネットフレーム、金網）
　　ⅳ）手すりわく
　のいずれかの設備を設置する。

2）物体の落下防止措置
　作業床における物体の落下防止設備として、
　　ⅰ）高さ10cm以上の幅木
　　ⅱ）メッシュシートもしくは防網
　　ⅲ）高さ10cm以上の幅木と同等以上の設備（防音パネル、ネットフレーム、金網）
　のいずれかの設備を設置する。
　　そのほか、作業の性質上、幅木を設けることが著しく困難な場合や、臨時に幅木等を取り外す場合において、足場からの物体の落下の危険が無いと予測される範囲を柵またはロープなどで「立入区域」として設定すれば、上記ⅰ）～ⅲ）の設備を設置する必要はありません。

3）事業者が行う点検
　①強風・大雨・大雪等の悪天候や中震以上の地震の後、あるいは足場の組立て・一部解体・変更を行った後に、足場の使用開始前に必要事項の点検、補修を行い、その結果を記録・保存します。
　②上記に限らず、足場を使用する場合は、常にその日の作業開始前に足場の点検、補修を行うことが新たに義務づけられました。ただし、点検結果やその補修内容の記録・保存は法的義務の対象とはなっていませんが、適切な足場の維持・管理を行うためにも一定の記録を残すことは、安全対策上有効と思われます。

（2）わく組足場以外の足場

1）墜落防止措置
①手すりの高さは85cm以上とする（旧規則は75cm以上）。
②作業床からの墜落防止として、
　ⅰ）高さ35cm以上50cm以下の位置に「さん（中さん）」
　ⅱ）高さ85cm以上の手すりと同等以上の設備（防音パネル、ネットフレーム、金網）
　ⅲ）さんと同等以上の設備（高さ35cm以上の幅木）
　ⅳ）さんと同等以上の設備（高さ35cm以上の防音パネル、ネットフレーム、金網）
のいずれかの設備を設置する。

2）物体の落下防止措置
作業床における物体の落下防止設備として、
　ⅰ）高さ10cm以上の幅木
　ⅱ）メッシュシートもしくは防網
　ⅲ）高さ10cm以上の幅木と同等以上の設備（防音パネル、ネットフレーム、金網）
のいずれかの設備を設置する。

そのほか、作業の性質上、幅木を設けることが著しく困難な場合や、臨時に幅木等を取り外す場合において、足場からの物体の落下の危険が無いと予測される範囲を柵またはロープなどで「立入区域」として設定すれば、上記ⅰ）～ⅲ）の設備を設置する必要はありません。

3）事業者が行う点検
悪天候や中震以上の地震の後、あるいは足場の組立て・一部解体・変更等の後に限らず、足場を使用する場合は、常にその日の作業開始前に足場の点検・補修を行うことが新たに規定されました。

ただし、新たに義務づけられた作業開始前の点検については、点検結果やその補修内容の記録・保存は法的義務の対象とはなっていませんが、適切な足場の維持・管理を行うためにも一定の記録を残すことは、安全対策上有効と思われます。

【参考資料】
厚生労働省：「労働安全衛生規則（足場等関係）の改正」より
足場等からの墜落防止措置等の充実

（ア）事業者が行う「架設通路」についての墜落防止措置（安衛則552条関係）

改正前には、高さ75cm以上の手すりを設けることとされていましたが、今回の改正により、「高さ85cm以上の手すり」に加え「中さん等」[※1]を設けることとされました。

（イ）事業者が行う「足場」の作業床からの墜落防止措置等（安衛則563条関係）

★墜落防止措置

改正前には、高さ75cm以上の手すり等を設けなければならないとされ、わく組足場の交さ筋かいは手すり等としてみなされていましたが、今回の改正により、足場の種類に応じて、次の設備を設けることとされました。

・わく組足場の場合
「交さ筋かい」に加え、「高さ15cm以上40cm以下の位置への下さん」か「高さ15cm以上の幅木の設置」（下さん等）[※2]、あるいは「手すりわく」[※3]

・わく組足場以外の足場の場合（一側足場を除く）
「高さ85cm以上の手すり等」に加え、「中さん等」[※1]

★物体の落下防止措置

高さ10cm以上の幅木、メッシュシートまたは防網（同等の措置を含む）を新たに設けることとされました。

（ウ）事業者が行う「作業構台」についての墜落防止措置（安衛則575条の6関係）

改正前には、高さ75cm以上の手すり等を設けることとされていましたが、今回の改正により、「高さ85cm以上の手すり等」に加え「中さん等」[※1]を設けることとされました。

※1 「中さん等」とは、「高さ35cm以上50cm以下のさん」または「これと同等以上の機能を有する設備」のことであり、後者には高さ35cm以上の防音パネル、ネットフレームおよび金網があります。

※2 「下さん等」とは、「高さ15cm以上40cm以下のさん」「高さ15cm以上の幅木」「これらと同等以上の機能を有する設備」のことであり、同等以上の機能を有する設備には、高さ15cm以上の防音パネル、ネットフレームおよび金網があります。

※3 「手すりわく」とは、高さ85cm以上の手すり、および高さ35cm以上50cm以下のさん、またはこれと同等の機能を一体化させたものであって、わく状の丈夫な側面防護部材のことです。

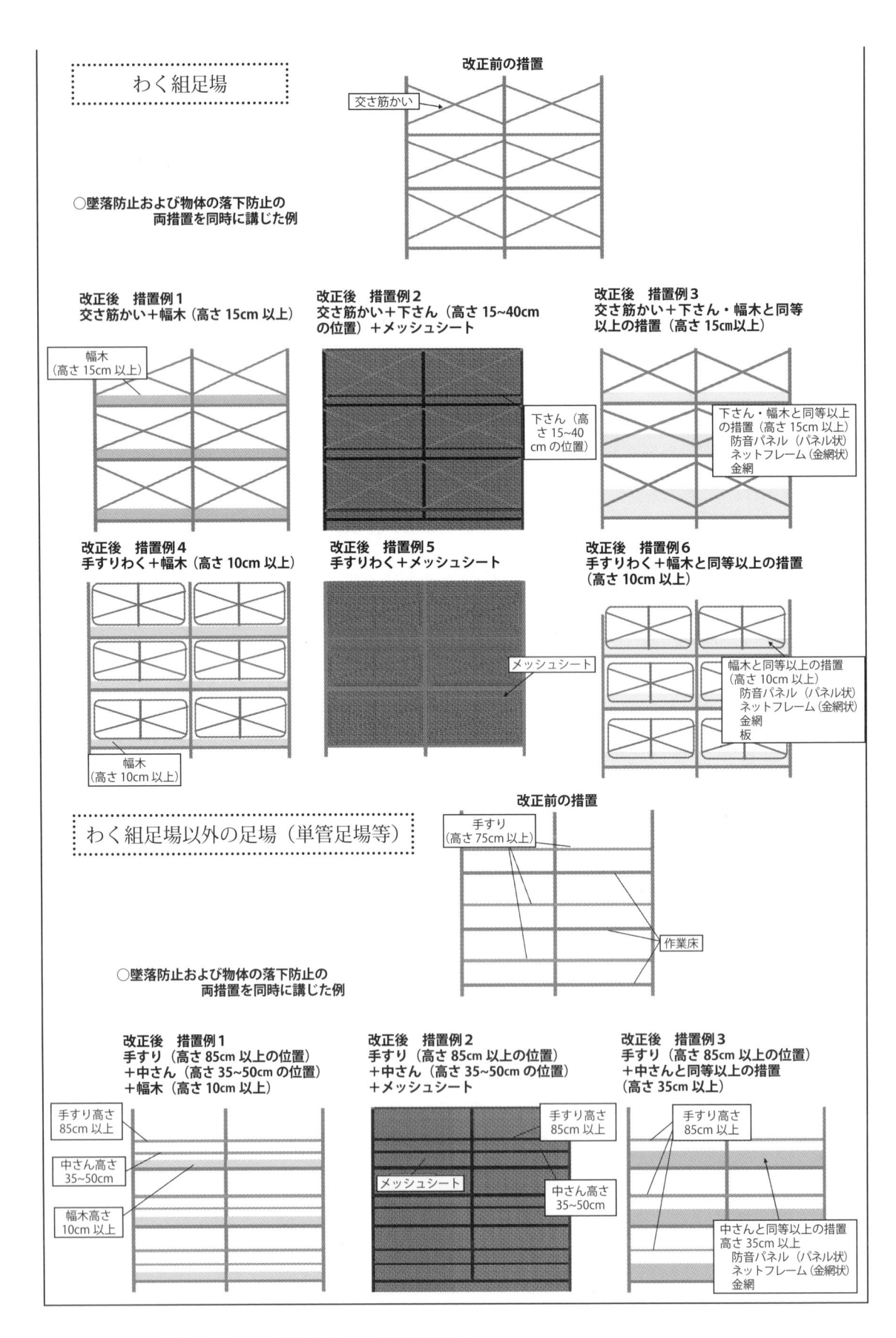

わく組足場

改正前の措置
- 交さ筋かい

○墜落防止および物体の落下防止の両措置を同時に講じた例

改正後 措置例1
交さ筋かい＋幅木（高さ15cm以上）
- 幅木（高さ15cm以上）

改正後 措置例2
交さ筋かい＋下さん（高さ15~40cmの位置）＋メッシュシート
- 下さん（高さ15~40cmの位置）

改正後 措置例3
交さ筋かい＋下さん・幅木と同等以上の措置（高さ15cm以上）
- 下さん・幅木と同等以上の措置（高さ15cm以上）
- 防音パネル（パネル状）
- ネットフレーム（金網状）
- 金網

改正後 措置例4
手すりわく＋幅木（高さ10cm以上）
- 幅木（高さ10cm以上）

改正後 措置例5
手すりわく＋メッシュシート
- メッシュシート

改正後 措置例6
手すりわく＋幅木と同等以上の措置（高さ10cm以上）
- 幅木と同等以上の措置（高さ10cm以上）
- 防音パネル（パネル状）
- ネットフレーム（金網状）
- 金網
- 板

わく組足場以外の足場（単管足場等）

改正前の措置
- 手すり（高さ75cm以上）
- 作業床

○墜落防止および物体の落下防止の両措置を同時に講じた例

改正後 措置例1
手すり（高さ85cm以上の位置）
＋中さん（高さ35~50cmの位置）
＋幅木（高さ10cm以上）
- 手すり高さ85cm以上
- 中さん高さ35~50cm
- 幅木高さ10cm以上

改正後 措置例2
手すり（高さ85cm以上の位置）
＋中さん（高さ35~50cmの位置）
＋メッシュシート
- 手すり高さ85cm以上
- メッシュシート
- 中さん高さ35~50cm

改正後 措置例3
手すり（高さ85cm以上の位置）
＋中さんと同等以上の措置（高さ35cm以上）
- 手すり高さ85cm以上
- 中さんと同等以上の措置 高さ35cm以上
- 防音パネル（パネル状）
- ネットフレーム（金網状）
- 金網

3．足場の組立て・解体作業における安全上の留意事項

（1）足場の組立て等作業主任者の選任と職務

事業者は、高さ5m以上の足場の組立て・解体等の作業では、「足場の組立て等作業主任者」を選任し、次の職務（安衛則566条）を行わせることが義務づけられています。
①材料の点検、不良品の排除
②器具、工具、安全帯等および保護帽の点検
③作業方法および作業者の配置の決定
④作業の進行状況の監視
⑤安全帯等および保護帽の使用状況の監視

（2）手すり先行工法の実施

足場からの墜落災害を防止するための具体的対策として、足場の組立て・解体を行う作業床の最上層に常に手すりがある「手すり先行工法」が有効として、平成15年4月に厚生労働省より「手すり先行工法に関するガイドライン」が策定されました。さらに、平成21年3月に公布された改正労働安全衛生規則の内容等を踏まえ、「手すり先行工法等に関するガイドライン」（平成21年4月）が改正されました。

1）手すり先行工法の概要

「手すり先行工法」とは、足場の組立て・解体作業等の実施にあたり、作業者が足場の作業床に乗る前に、作業床の端となる箇所に適切な手すりを先行して設置し、かつ、最上層の作業床を取り外すときは、作業床の端の手すりを残置して行う工法のことをいいます。

2）手すり先行工法の種類

手すり先行工法の方式として、次の3種類があります。

①手すり先送り方式

足場の組立て等の作業において、足場の最上階に床付き布わく等の作業床を取り付ける前に、最上層より一層下の作業床上から、建わくの脚柱等に沿って上下スライド等が可能な手すりまたは手すりわくを先行して設置する方式です。逆に、最上層の作業床を取り外すときは、手すりまたは手すりわくを残置して行う方式です。

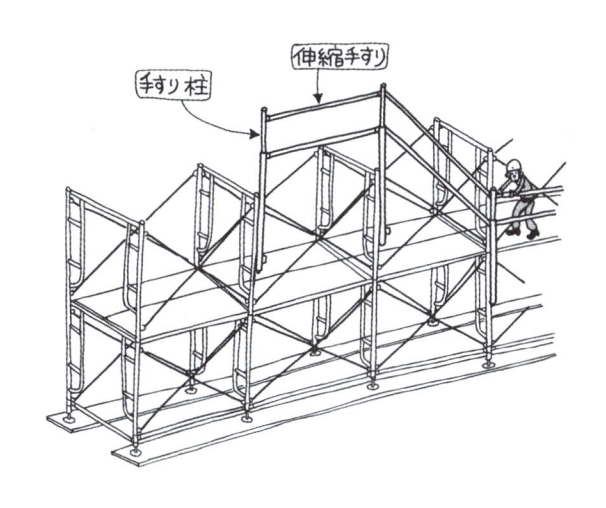

②手すり据置き方式

　足場の組立て等の作業において、足場の最上層に作業床を取り付ける前に、最上層より一層下の作業床上から、据置型の手すりまたは手すりわくを先行して設置する方式です。逆に、最上層の作業床を取り外すときは、手すりまたは手すりわくを残置して行う方式です。

　この方式で使用される据置型の手すりまたは手すりわくは、据置手すり機材と呼ばれており、最上層より一層下の作業床から最上層に取付けまたは取外しができる機能を有しております。一般に足場の全層の片側構面に設置されています。

③手すり先行専用足場方式

　鋼管足場用の部材および付属金具の規格の適用除外が認められたわく組足場等であって、足場の最上層に作業床を取り付ける前に、最上層より一層下の作業床上からの手すりの機能を有する部材を設置することができ、逆に、最上層の作業床を取り外すときは、手すりの機能を有する部材を残置して行うことができる構造の手すり先行専用のシステム足場による方式です。

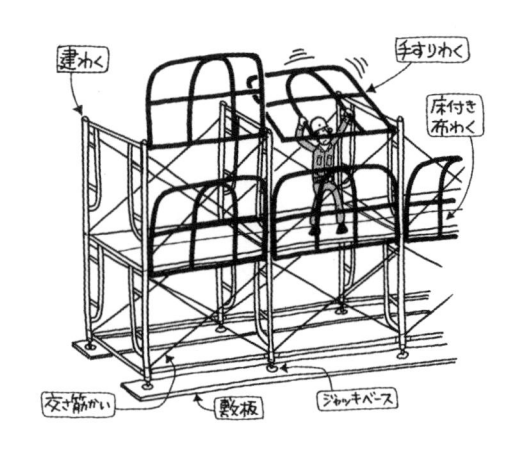

3）土木工事における「手すり先行工法」の実施状況について

　平成22年10月に足場を設置している全国1,737現場のうち、土木工事500現場の調査結果によると、下表に示すとおり、手すり先行工法を実施している現場は394件（78.8％）であり、土木工事においては約80％弱が手すり先行工法による足場を採用しています。

　発注者別実施状況では、国発注の土木工事で94.8％が手すり先行工法の足場を採用しており、次いで、地方自治体（実施率87.4％）の順で採用されています。

発注者	実施 件数	実施 %	未実施 件数	未実施 %
国	127	94.8	7	5.2
地方自治体	90	87.4	13	12.6
特殊法人	145	78.4	40	21.6
民間	32	41.0	46	59.0
全体	394	78.8	106	21.2

「手すり先行工法」の実施状況（土木工事）
（足場からの墜落防止措置の検証・評価検討会報告書より）

（3）墜落の危険性が高い足場解体作業時の留意事項

　足場の解体作業は、組立て作業以上に墜落の危険が大きいため、安全帯の使用等、墜落防止対策の徹底が必要となります。

①足場の解体作業においては、手当たり次第に部材を取り外すことが多い。このため、足場全体が不安定になり、墜落の危険性が生ずる場合が少なくないため、足場解体の作業手順を作成して、作業者に周知徹底することが重要である。

②解体時には、壁つなぎ、交さ筋かいが外れたり、また床付き布わく上にモルタルくず、はつりくず等による飛来落下物の災害を招くことがあるため、これらについて点検し、危険な状態をなくしてから作業を行う。

③建わくおよび床付き布わくをまとめてクレーン等で降ろすときは、建わくの交さ筋かいピン、床付き布わくのつかみ金具の部分が作業服や手袋等に引っ掛かりやすいため、作業時に注意するとともに、親綱等に安全帯を取付けて作業する。

④解体した足場部材が落ちないようにする。特に、脚柱ジョイント、アームロック等は、取り外しと同時につり袋に入れて落下しないようにする。

⑤壁つなぎは、できるだけ後に取り出す。必要によっては、控え等を取るなどして解体を行う。

⑥降雨時や冬期の雪、霜等の場合は、足場部材が滑りやすいので注意して作業をする。

災害防止の急所

足場組立て・解体作業での墜落防止

　組みあがった足場上での作業中に墜落することもありますが、作業床を作るための足場組立て途中で手すりや作業床など安全施設がまだ整備される前や、足場を解体する作業で安全だった設備がその機能を失っていく段階において、作業をしている人が墜落してしまう災害が後を絶ちません。

枠組み足場組立て作業中に墜落

1. 親綱、下部の防網（水平ネット）養生などの墜落防止の設備を設置する手順を事前によく検討し、手順書に明確にする。
2. 上層での作業に進む前に、養生ネットを取り付けて、万が一上層での作業で墜落しても、下まで墜落しないようにする。
3. 足場の組立て等作業主任者は、自ら足場の設置作業に従事させず、配下の作業者の安全帯の使用状況の監視等の職務の履行に専念させる。

★安全設備を先行して取り付ける手順を明確にしてください。
　また、作業性を優先し、決められた作業手順を勝手に変更ないことが大切です。
　作業手順変更の際は、リスクアセスメントを行い安全な手順か検証のうえ、作業前には変更した作業手順の周知をして作業に取り掛かるようにしてください。作業を直接指揮する立場の作業主任者は、自ら、作業性を優先し安全設備を改悪することのないようにしてください。

足場解体作業中に足もとの資材につまずき墜落

1. 安全帯を使用しても支障なく足場上を移動できるよう、建枠の内側に親綱を張る。
2. 安全帯を使用して作業する。
3. 解体した資材はすぐに下に降ろす、移動の支障にならない場所に一旦集積する。

★ 解体作業では、安全帯を使用するタイミングに遅れが無いようにしなければなりません。安全帯が使用できるように親綱は、外部ネットを取り外す前に設置しておく手順を明確にしてください。安全帯を使用していない者がいても、あるいは、安全帯を外したばかりの者がいてもつまずく危険の無いように、解体材を降ろす手順を明確にする必要があります。

足場の架け替え中（足場材転用）の墜落

1. 盛り替えの際には、１スパン分の足場材を多く準備し、下部の足場を残したまま、上部を組み立てるようにする。
2. ２m以上の高所作業で、墜落のおそれのある場所では安全帯を必ず使用する。
3. 安全帯を使用できるように親綱等をあらかじめ設置する。

★　解体した資材をそのまま転用するにしても、作業する足元を確保するために足場を確保したうえで盛り替えることが必要です。

　安全帯を使用しなくても墜落しないような設備や作業手順にすることが、親綱を張り安全帯を使うことよりも優先しなければならない対策です。資材を最少に済ませたい気持ちも分かりますが、安全と引換えに必要なものを減らさないようにしましょう。

つり足場の解体作業での墜落

1. 水平ネットなどの安全設備をいつ外すのかをよく検討し、作業手順書に反映させ周知する。
2. 高所で墜落のおそれのある場所では必ず安全帯を使用する。安全帯を使用するための親綱等を設置する。
3. 作業主任者は、手順の逸脱が無いように監視する。

★　解体では、設置された親綱や水平ネットなどの安全設備を外す時期を明確にし、その手順をしっかり守ることが必要です。

　併せて作業主任者は、その手順が守られているか確認しながら作業の指揮をとってください。

<労働安全衛生規則>

第 518 条
　事業者は、高さが２メートル以上の箇所（作業床の端、開口部等を除く。）で作業を行なう場合において墜落により労働者に危険を及ぼすおそれのあるときは、足場を組み立てる等の方法により作業床を設けなければならない。
２　事業者は、前項の規定により作業床を設けることが困難なときは、防網を張り、労働者に安全帯を使用させる等墜落による労働者の危険を防止するための措置を講じなければならない。

第 520 条
　労働者は、第 518 条第２項及び前条第２項の場合において、安全帯等の使用を命じられたときは、これを使用しなければならない。

第 521 条
　事業者は、高さが２メートル以上の箇所で作業を行なう場合において、労働者に安全帯等を使用させるときは、安全帯等を安全に取り付けるための設備等を設けなければならない。
２　事業者は、労働者に安全帯等を使用させるときは、安全帯等及びその取付け設備等の異常の有無について、随時点検しなければならない。

第 522 条
　事業者は、高さが２メートル以上の箇所で作業を行なう場合において、強風、大雨、大雪等の悪天候のため、当該作業の実施について危険が予想されるときは、当該作業に労働者を従事させてはならない。

> ［悪天候］
> ・「強風」：10 分間の平均風速が毎秒 10m 以上の風
> ・「大雨」：１回の降雨量が 50mm 以上の降雨
> ・「大雪」：１回の降雪量が 25cm 以上の降雪　　（昭 46.4.15　基発第 309 号）

第 523 条
　事業者は、高さが２メートル以上の箇所で作業を行なうときは、当該作業を安全に行なうため必要な照度を保持しなければならない。

参考（安衛則　第 604 条）

作業の区分	基　準
精密な作業	300 ルクス以上
普通の作業	150 ルクス以上
粗な作業	70 ルクス以上

第 564 条
　事業者は、令第６条第 15 号の作業を行なうときは、次の措置を講じなければならない。
一　組立て、解体又は変更の時期、範囲及び順序を当該作業に従事する労働者に周知させること。
二　組立て、解体又は変更の作業を行なう区域内には、関係労働者以外の労働者の立入りを禁止すること。
三　強風、大雨、大雪等の悪天候のため、作業の実施について危険が予想されるときは、作業を中止すること。
四　足場材の緊結、取りはずし、受渡し等の作業にあつては、幅 20 センチメートル以上の足場板を設け、労働者に安全帯を使用させる等労働者の墜落による危険を防止するための措置を講ずること。
五　材料、器具、工具等を上げ、又はおろすときは、つり綱、つり袋等を労働者に使用させること。
２　労働者は、前項第４号の作業において安全帯等の使用を命ぜられたときは、これを使用しなければならない。

> 【安衛施行令】
> 第六条
> 十五　つり足場（ゴンドラのつり足場を除く。以下同じ。）、張出し足場又は高さが５メートル以上の
> 　　　構造の足場の組立て、解体又は変更の作業

第 565 条
　事業者は、令第６条第 15 号の作業については、足場の組立て等作業主任者技能講習を修了した者のうちから、足場の組立て等作業主任者を選任しなければならない。

第 566 条
　事業者は、足場の組立て等作業主任者に、次の事項を行なわせなければならない。ただし、解体の作業のときは、第１号の規定は、適用しない。
一　材料の欠点の有無を点検し、不良品を取り除くこと。
二　器具、工具、安全帯等及び保護帽の機能を点検し、不良品を取り除くこと。
三　作業の方法及び労働者の配置を決定し、作業の進行状況を監視すること。
四　安全帯等及び保護帽の使用状況を監視すること。

足場の組立てにおける危険の防止

足場の組立て解体作業の危険防止

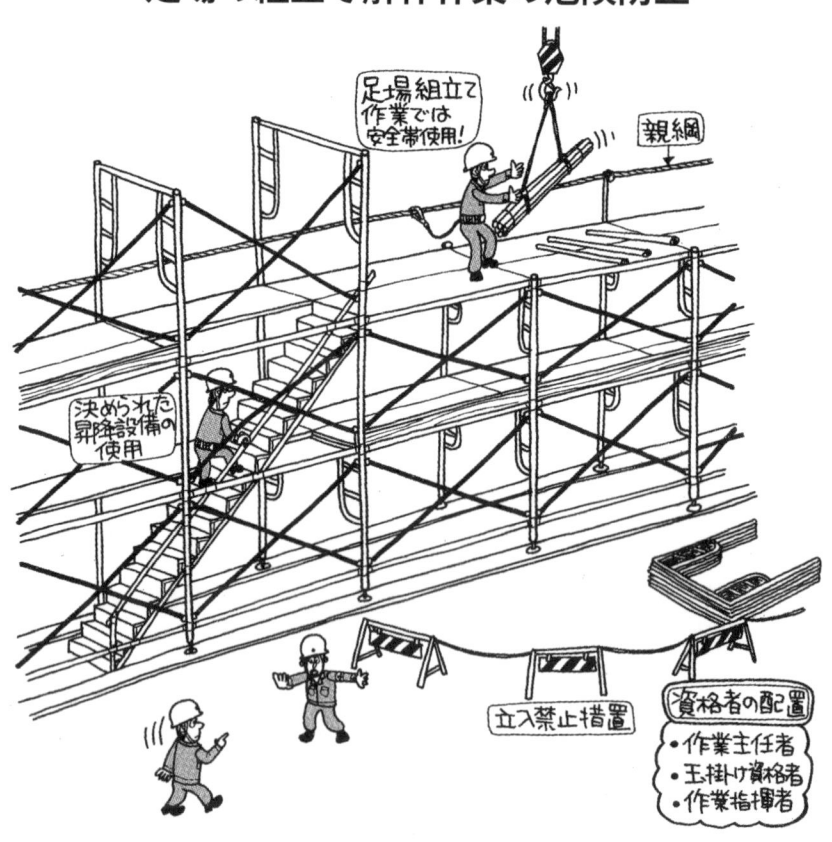

足場組立て・解体作業での墜落災害防止の要点

　足場の組立て作業は、足場の種類に関わらず作業床の無いところに作業床を設置するわけですから、作業においては常にその足元は不安定な状態です。また解体作業においては、安定していた作業床を解体するわけですから、これもまた足元は不安定な状態に変わっていきます。

　組立てにおいては、固定する前の作業床に乗ってしまう、解体においては、緩めたことに気が付かず体をあずけてバランスを崩し墜落してしまう。

　まず、落ちない手順を考えること。次に親綱などの安全設備の設置など、万一落ちても、下まで落ちない設備を設置することが大切です。しかし、多くの災害の原因は、「手順を守らない」「安全設備を使用しない」などにより発生しています。最初は怖いと思っていた高さや守っていた手順が、慣れてくると"自分だけは大丈夫"と変な自信に変わってきます。

　全員で作業手順の検討を行い、作業主任者（指揮者）は、手順が守られているか、安全設備に不備は無いか、作業行動に不安全なところは無いか、常に目を光らせる必要があります。作業主任者（指揮者）自らが中心となって作業をしていたのでは、求められている重要な役目が果たせないことを強く認識してください。

　また、足場解体手順は安易に組立ての逆手順とせずに、しっかりと手順を検討する必要があります。

6-2 開口部からの墜落災害防止

災害事例 型枠組立て用の材料上げ作業時に開口部から墜落

作業種別	型枠組立て作業	災害種別	墜落	天候	晴れ
発生月	7月	職種	型枠工	年齢	38歳
経験年数	5年0カ月	入場後日数	2日目	請負次数	2次

災害発生概要図

災害発生状況

躯体工事での外壁型枠の組立て作業において、被災者は型枠材を下階から開口部を利用して型枠仮置き場に上げる作業で、型枠材の整理をして振り返ったところ、開口部に足を踏み込み、そのまま約4m下の1階コンクリート床スラブ上に墜落した。被災者は安全帯を着装していたが、当作業においては使用していなかった。
なお、当日の作業は、職長の指揮のもとに行うこととしていたが、災害発生当時、職長は同現場内にいたものの別の場所で作業に従事しており、直接指揮をとる体制ではなかった。
また、作業場所はうす暗く、照度が不足していた。

	主な発生原因	防止対策
人的要因	・開口部を背にして作業を行っていた。 ・足の踏み場が狭く、事前に足元の安全を確認していなかった。	・次の作業に移る前に、作業場所の安全対策、周囲の安全確認をしてから作業を行うこと。
物的要因	・墜落のおそれのある箇所の作業で、安全帯取付設備がなく安全帯を使用していなかった。 ・墜落のおそれのある開口部に、囲いを設ける等の墜落防止措置がなされていなかった。 ・作業場所が少し暗く開口部が見えにくかった。	・開口部を利用して材料を上げる場合は、安全帯取付け設備を設置し、安全帯を使用すること。 ・開口部等墜落のおそれのある箇所には、囲い、手すり等を設けること。 ・照明を増設して開口部中心を照らすこと。
管理的要因	・災害発生時、作業指揮者が不在であり、作業指揮をしていない。 ・墜落防止に関する安全教育が不足していた。	・事前打合せ、作業方法、手順等、作業指揮者の指示のもとに作業を行うこと。 ・墜落のおそれのある箇所で作業を行う場合に、安全帯を使用する等適正な対応ができるよう、安全教育等を徹底し、周知すること。

安全上のポイント

1. 開口部からの墜落災害発生状況

　平成23年の建設業における墜落・転落による死亡災害の作業場所別発生状況は、下図に示すとおり、死亡者数153人（全体）のうち、足場からの墜落が27人（17.6％）と最も多く、次いで、屋根・屋上が21人（13.7％）、「窓・階段・開口部・床の端」が20人（13.1％）の順となっています。

　この死亡災害発生状況からわかるとおり、上位に位置する「開口部等からの墜落」による災害が多発している現状から、危険を防止するための措置を講じることが重要となります。

　開口部等には、床の開口部（荷上げ用、マンホール、床点検口等）、窓の開口部、階段、床の端部（工事中の作業床端部、完成後の建物端部等）その他が含まれています。

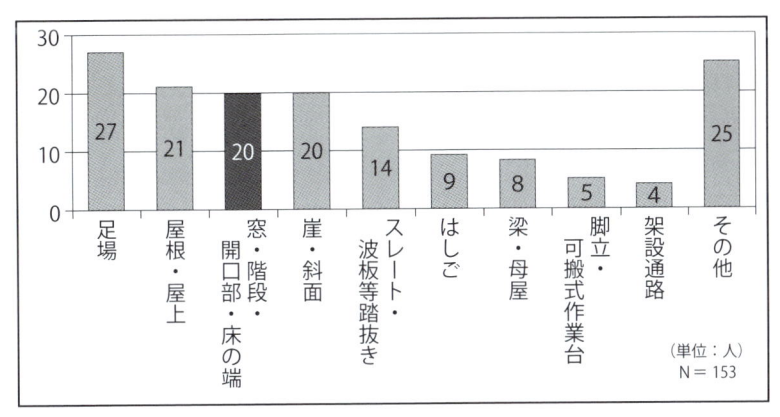

作業場所	人数
足場	27
屋根・屋上	21
窓・階段・開口部・床の端	20
崖・斜面	20
スレート・波板等踏抜き	14
はしご	9
梁・母屋	8
脚立・可搬式作業台	5
架設通路	4
その他	25

（単位：人）N＝153

墜落・転落による死亡災害の作業場所別発生状況（平成23年）

2. 開口部等での墜落災害

　囲い、手すり、覆い等の無い開口部やピット等から人が落下すると、その高さによっては致命的な墜落災害になります。また、開口部等から物が落ちて下にいる人に当たった場合は、飛来・落下災害になります。

　このような囲い等の無い場所での作業は、開口部、ピットを確認していない、または開口部があることは認識しているのに「大丈夫だろう」という安易な気持ちで誤って墜落したり、手すり・覆い等の不備・不良が原因で墜落災害が発生します。

手すりが無いため墜落する　　開口部のふたを踏み外して墜落する

3．開口部等での墜落防止措置

（1）安全な設備等の主な留意点

災害防止の基本は、「開口部をふさぐ」ことです。これができないときは、囲い、手すり、覆い、柵等の墜落を防止するための措置を講じる必要があります。

①作業床の設置等
- 高さ2m以上の作業床の端、開口部等で墜落の危険がある場合は、囲い、手すり（高さ85cm以上）、覆い等を設置する（安衛則519条）。
- また、資材、工具の落下を防止するため、幅木（高さ10cm以上）を設ける。

②安全設備の取外しおよび復旧
- 開口部からの荷の取込み等で手すりを外す場合は、元方事業者の許可を受けた上で行い、安全帯取付け設備を設置し、安全帯を使用する。作業中断時や作業終了時には、必ず手すり等の安全設備を復旧し、安全性を確認する。

③開口部ふた
- スラブ点検口等の比較的小さな開口部は、踏み抜くことのない堅固な材料のふたで開口箇所を塞ぐ。ふたには動くことのないよう滑止めの取付けや、ふたの上部に「開口部注意」、「積載荷重」の表示を行う。開口部ふたを外す場合は、周囲に立入禁止の柵と「開口部注意」の表示を行う。

④階段周りの開口部
- 踊り場は物の落下防止も考慮して、手すりの間隔が広い場合は、アクリル板等、また下端に幅木を設置する。
- 開口状態となっている階段間は、墜落防止措置だけではなく、飛来・落下防止措置として階層ごとにネットなどで養生を行う。

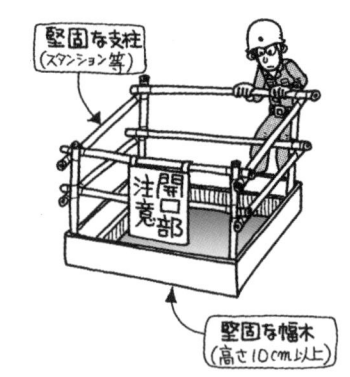

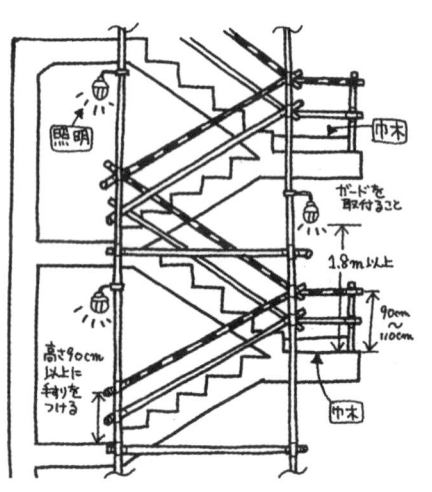

開口部周りの作業開始にあたっての点検・確認事項

工事名「　　　　　　　　　　」
（　　年　　月　　日）
担当者名（　　　　　　　　）

作業開始前

- 開口部の等の覆い、柵、手すり等が安全基準に合って設けられているか。　□はい　□いいえ
- 安全通路が確保されているか。　□はい　□いいえ
- 開口部に開口部注意の表示があるか。　□はい　□いいえ
- 関係者以外の立入禁止措置（ロープ等で囲む、標識）をしているか。　□はい　□いいえ
- 開口部周りの資材などを片付けてあるか。　□はい　□いいえ
- 安全帯は、堅固な取付け箇所に確実に取り付けられるか。　□はい　□いいえ
- 水平親綱は、腰高以上の高さに緊張して張られているか。　□はい　□いいえ
- 安全ネットはきちんと張られているか。　□はい　□いいえ
- 階段、開口部等周辺の照度は適切か。　□はい　□いいえ
- 資格者を含む必要な人員がいるか。　□はい　□いいえ
- その他の現場必要事項（　　　　　　　　　　）□はい　□いいえ

ミーティング時

- 作業者への当日の作業手順は周知されているか。　□はい　□いいえ
- 予定外作業を禁止しているか。　□はい　□いいえ
- 新規入場者に対する安全教育の実施など安全上の配慮をしたか。　□はい　□いいえ
- 高齢作業者の配置に配慮したか。　□はい　□いいえ
- 保護帽、安全靴および安全帯の正しい着装を指導したか。　□はい　□いいえ
- 開口部からの資材の取込み作業では安全帯を使用することを指導したか。　□はい　□いいえ
- 安全工程打合せ会を踏まえた指導に漏れがないか。　□はい　□いいえ
- 作業者の健康状態を確認したか。　□はい　□いいえ
- ＫＹ活動等を行ってから作業を始めたか。　□はい　□いいえ
- その他の現場必要事項（　　　　　　　　　　）□はい　□いいえ

（出典：建設業労働災害防止協会）

災害防止の急所

開口部からの墜落防止

　開口部からの墜落を防ぐ決め手は、一にも二にも「開口部をなくすこと」。
　開口部は、「養生さえキッチリすれば・・・」ということですが、何のための開口部かを考えると、そうもいっていられません。
　荷を取り込む際などは、手すり（柵）など開口部から墜落しない設備を先行設置する必要があります。

> **床端部、ステージ、屋上、棚足場、天井・ピットなどからの墜落防止**
> 1. 作業手順を定めて、作業者に周知した上で作業につかせる。作業の段取りや、進め方がまずかったための墜落が多く見られる。
>   また、予定外の作業中の災害も多い。
> 2. 屋上や床端部などは、作業の都合で、手すりなどの開口養生が外されていることが多い。作業の直前に、開口養生が、完全か確認しなければならない。
> 3. 天井・ピット、屋上、床端部などは、作業者が勝手に立ち入らないように、立入禁止の表示をしておく。

◆心得ておきたい開口部からの墜落防止対策

現場を明るくし、暗がりでの作業をなくす。

作業場所が暗かったための墜落が多く見られる。照明設備の段取りは、作業に先行して行なわなければならない。

＜労働安全衛生規則＞
第604条
　事業者は、労働者を常時就業させる場所の作業面の照度を、次の表の上欄（左欄）に掲げる作業の区分に応じて、同表の下欄（右欄）に掲げる基準に適合させなければならない。ただし、感光材料を取り扱う作業場、坑内の作業場その他特殊な作業を行なう作業場については、この限りでない。

作業の区分	基準
精密な作業	300ルクス以上
普通の作業	150ルクス以上
粗な作業	70ルクス以上

整理整頓をする。

開口部周りの整理整頓が悪いため
①開口部に気づかず、墜落した
②開口部ふたを残材として、片付けた
③残材につまずいて、開口部から墜落した
という災害が発生している。

　開口部は「危険な落とし穴」の入り口です。作業者がこの入り口に入らぬよう、万全の対策をしましょう。

＜労働安全衛生規則＞
第519条
　　事業者は、高さが2メートル以上の作業床の端、開口部等で墜落により労働者に危険を及ぼすおそれのある箇所には、囲い、手すり、覆い等（以下この条において「囲い等」という。）を設けなければならない。
　2　事業者は、前項の規定により、囲い等を設けることが著しく困難なとき又は作業の必要上臨時に囲い等を取りはずすときは、防網を張り、労働者に安全帯を使用させる等墜落による労働者の危険を防止するための措置を講じなければならない。

第653条
　　注文者は、法第31条第1項の場合において、請負人の労働者に、作業床、物品揚卸口、ピット、坑又は船舶のハッチを使用させるときは、これらの建設物等の高さが2メートル以上の箇所で墜落により労働者に危険を及ぼすおそれのあるところに囲い、手すり、覆い等を設けなければならない。ただし、囲い、手すり、覆い等を設けることが作業の性質上困難なときは、この限りでない。
　2　注文者は、前項の場合において、作業床で高さ又は深さが1.5メートルをこえる箇所にあるものについては、労働者が安全に昇降するための設備等を設けなければならない。

開口部の囲い等および周辺作業

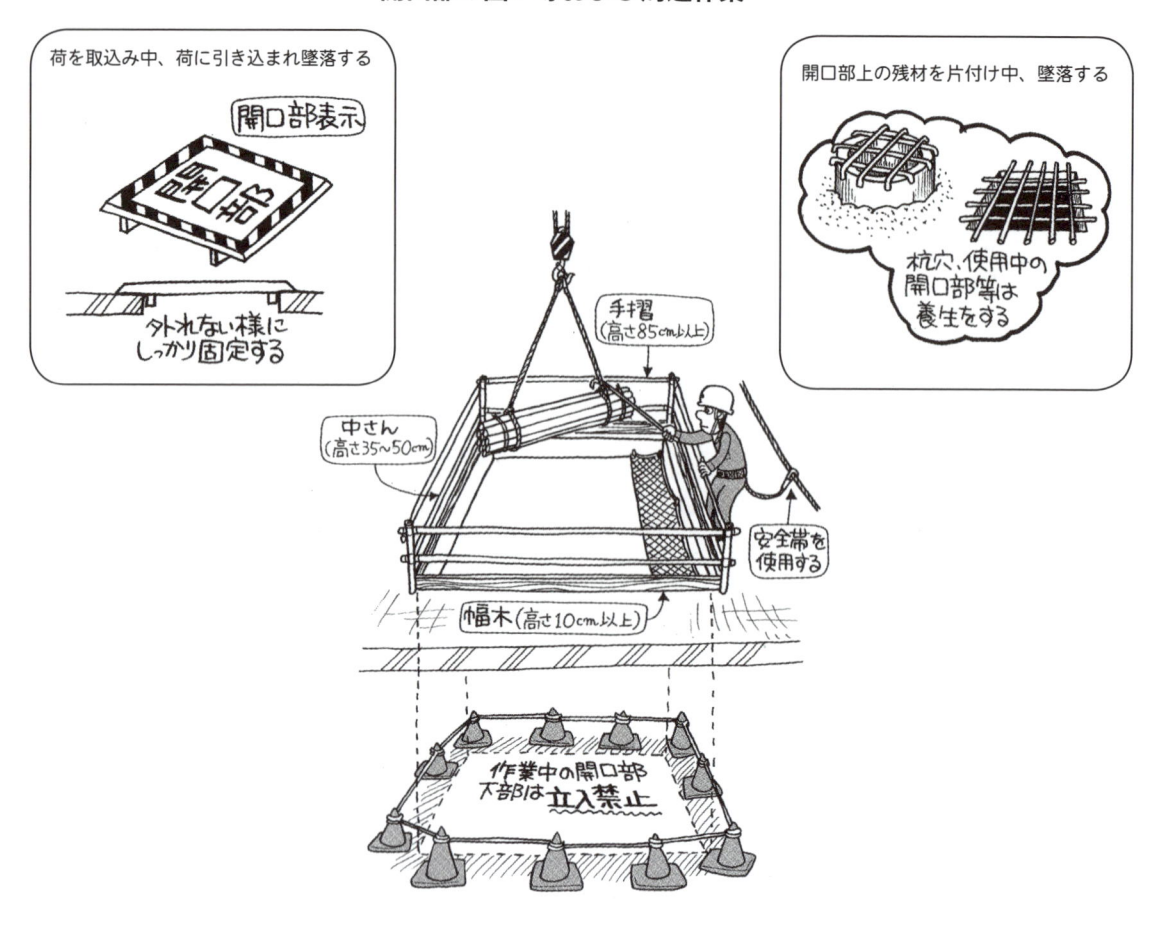

開口部からの墜落災害防止の要点

① 作業の前に、床開口部が完全に養生されているか点検・確認する。

開口部があるのに、大丈夫だろうという安易な気持ちで作業して、墜落している例が多く見られる。

また、滑止めの無い開口ふたも見受けられる。作業前に、滑止めは付いているか、強度はあるのか確認しなければならない。

② 開口部から荷を取り込む作業では、開口部は開けられたままになる。このような作業の場合は、開口部に手すりを設置し、安全帯を使用して作業をしなければならない。

③ 清掃作業のときに、開口部のふたを外して作業をしていることがあるが、作業中は、絶対にふたを外してはならない。

④ 開口部は、小さくても、大きくても危険は同じ。小さい開口部だからといって、安易に考えて養生せずに作業をすることは、絶対にしてはいけない。

⑤ 開口部のふたは、開けた者が責任を持って必ず閉めることを徹底する。

⑥ 開口部のふたは、はっきりわかるように表示する。

6-3 ローリングタワーからの墜落災害防止

[災害事例] ローリングタワーが傾き、墜落して被災（墜落）

作業種別	ローリングタワー解体作業	災害種別	墜落	天候	晴れ
発生月	9月	職種	鳶工	年齢	33歳
経験年数	13年0カ月	入場後日数	3カ月	請負次数	2次

災害発生概要図

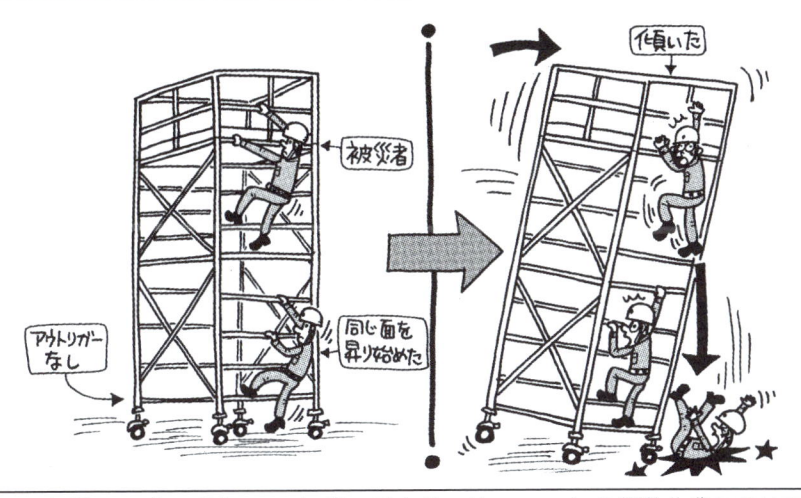

災害発生状況

被災者は、アルミ製ローリングタワー（2段＋手すり、H＝5.2m）の解体作業において、ローリングタワーの外側より中段（H＝2.4m）まで昇ったところで、共同作業者が次いで同じ面より昇り始めた。
そのため、ローリングタワー本体が偏重心になり傾いたため、被災者は約2.4mの高さからコンクリート床面に墜落した。

	主な発生原因	防止対策
人的要因	・ローリングタワーの外側タラップを2人同時に昇った。	・ローリングタワーには1人ずつ昇ること。
物的要因	・アウトリガーが付いていなかった。	・転倒防止のため、脚部に控えの付いた転倒しづらい「アウトリガー付きローリングタワー」を使用すること。
管理的要因	・ローリングタワーの取扱いルールが周知されていなかった。	・ローリングタワーの作業手順を、作業者に対して、作業開始前に教育を行うこと。 ・ローリングタワーの使用上の注意事項を掲示し、使用者に周知すること。

安全上のポイント

1. ローリングタワーでの主な災害事例

ローリングタワーからの墜落災害の発生要因は、下記に示すとおりです。

1）設備
①著しく損傷したローリングタワーの使用
②技術上の指針等の基準を満たさない設備の使用（技術上の指針は P.198 参照）

2）作業方法
①作業者を乗せたままでの移動（A）
②作業床内でのはしご、脚立を使用した作業（B）
③不安全な状態での使用（作業床での手すりなし、昇降設備なし、ストッパーなし等）
④作業床に積載荷重以上の荷重をかける

3）人
①昇降設備以外による昇降
②手に工具等を持ちながらはしごを昇降（C）
③作業床内から体を乗り出しての作業（D）

（A）人を乗せたまま移動中、ローリングタワーが転倒し、作業者が墜落

（B）作業床の上に脚立を載せて作業を行ったため、バランスを崩し作業者が墜落

（C）手に工具等を持ちながら昇降中、手が滑り、作業者が墜落

（D）作業床から体を乗り出して作業中、バランスを崩し、作業者が墜落

2．ローリングタワーでの使用上の留意事項

①ローリングタワーに積載荷重を表示し、その荷重以上積載しないこと。
②ローリングタワーには偏心荷重、水平荷重および衝撃荷重をなるべく与えないようにすること。
③作業床上では、脚立、はしごなどは使用しないこと。
④枠組の外側空間の同一面より、同時に2名以上の者が昇降しないこと。
⑤作業者などを乗せたまま移動しないこと。
⑥作業者が無理な姿勢で作業を行わないよう、作業箇所に近接した位置に足場を設置すること。
⑦脚輪のブレーキは移動中を除き、常に作動させておくこと。

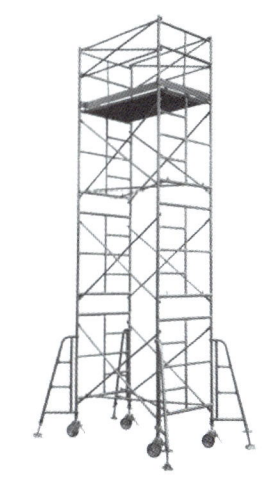

外側昇降式ローリングタワー

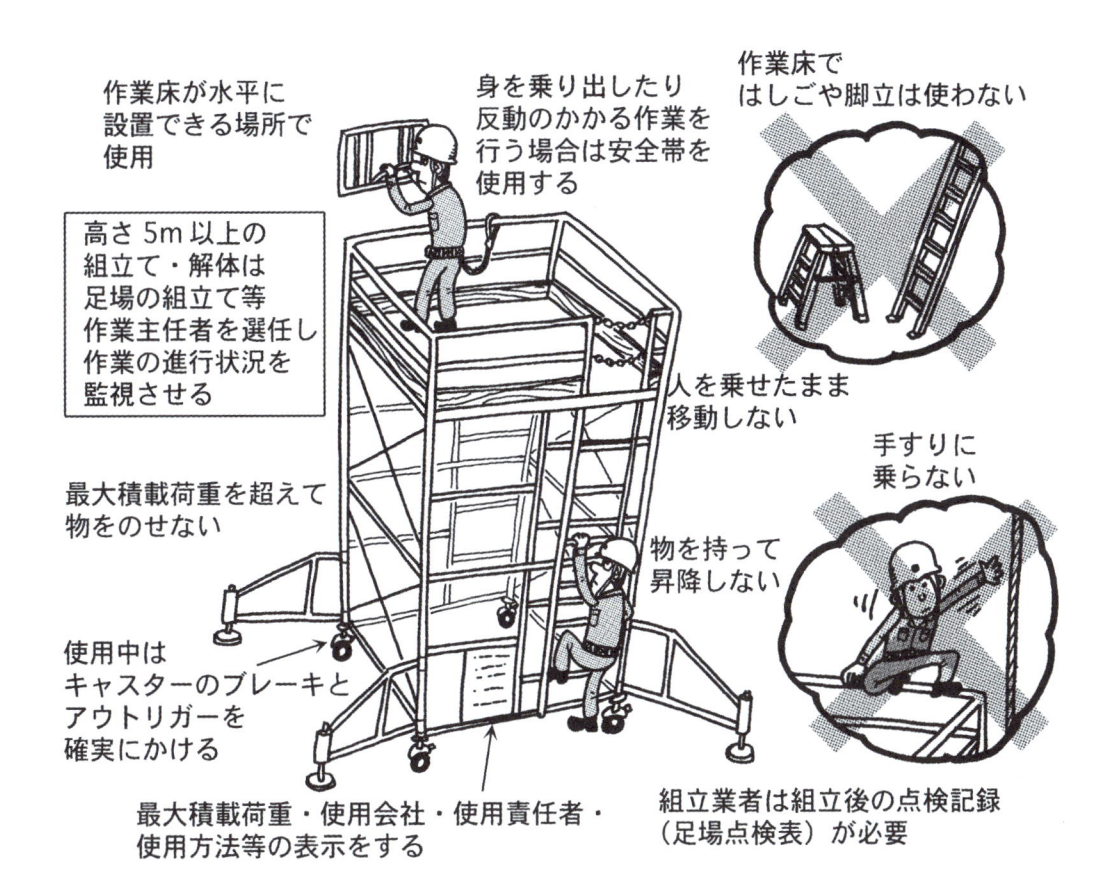

作業床が水平に設置できる場所で使用

高さ5m以上の組立て・解体は足場の組立て等作業主任者を選任し作業の進行状況を監視させる

身を乗り出したり反動のかかる作業を行う場合は安全帯を使用する

作業床ではしごや脚立は使わない

人を乗せたまま移動しない

手すりに乗らない

最大積載荷重を超えて物をのせない

物を持って昇降しない

使用中はキャスターのブレーキとアウトリガーを確実にかける

最大積載荷重・使用会社・使用責任者・使用方法等の表示をする

組立業者は組立後の点検記録（足場点検表）が必要

＜移動式足場の安全基準に関する技術上の指針：S50.10.18.＞より

①作業開始前に、手すり、中さん、幅木、昇降設備、アウトリガー（控え枠）、キャスター（脚輪）などの部材に欠陥・不具合が無いことを確認する。
②脚輪止めは完全にきかせる。控え枠は完全に張り出す。
③昇降は、昇降設備を使用する。タラップは、踏み桟の幅30cm以上、間隔は25〜35cmで等間隔とする。2段以上ある場合はセルフロックを設置する。
④無理のない姿勢で作業できる箇所に定置する。
⑤作業床から身を乗り出さない。手すりにのらない。
⑥作業床上で、脚立・はしごを使用しない。
⑦手すり、中さん、幅木を外さない。
⑧作業時は安全帯を使用する。（腰より高い位置にフックを掛ける）
⑨手に部材や工具を持って昇降しない。
⑩床が傾斜している場合は、タワーが動き出さないような措置をする。
⑪デコボコまたは傾斜が著しい場所で使用する時は、ジャッキ等の使用により作業床を水平にする。
⑫最大積載荷重（標示が必要）を超えた荷重をかけない。
⑬材料などを載せる場合は、転倒を防ぐため、偏心しないようにする。

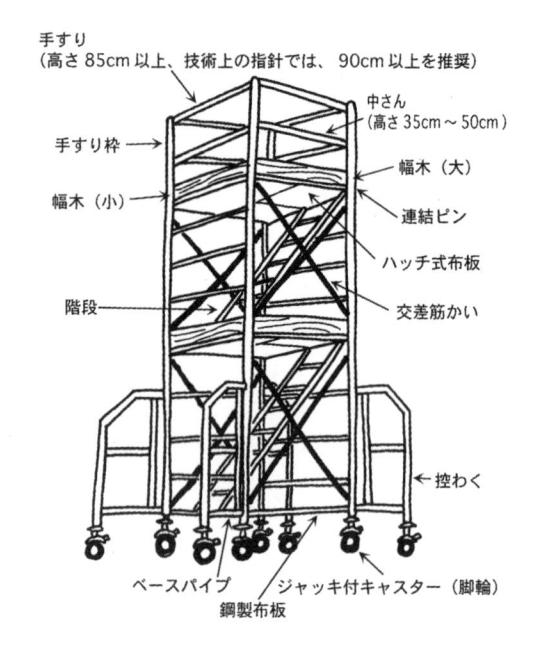

手すり
（高さ85cm以上、技術上の指針では、90cm以上を推奨）
中さん（高さ35cm〜50cm）
手すり枠
幅木（大）
幅木（小）
連結ピン
ハッチ式布板
階段
交差筋かい
控わく
ベースパイプ
ジャッキ付キャスター（脚輪）
鋼製布板

災害防止の急所

ローリングタワーからの墜落災害防止

　高所作業車が普及して、ローリングタワーが工事現場からなくなるのでは、という声も聞かれましたが、狭い場所にも持ち込める、経費が比較的安いなどのメリットがあり、工事現場でまだまだ活躍しているのが現状です。

　ローリングタワーは"使いやすく安全"で、自動で移動し、上下にも動くようなイメージを持ちますが、高所作業車とは違い、自在に動き回れるものでも、上下に上げ下げできるものでもありません。

　しかし、脚立等に比べ、手軽さの面では多少見劣りしますが、安全面では優れているといえます。

手すりを越えての墜落防止

1. ローリングタワーを使用するときは、作業前にローリングタワーの高さ、使い勝手および部材に欠陥・不具合が無いか十分確認すること。
2. ローリングタワーの手すりに上がって作業をしないこと。
3. 安全帯を必ず使用すること。

★　ローリングタワーは、手軽に使用できますが、作業現場へ持ち込んでからでは、高さの調整は困難です。持ち込む前に、作業に合った構造になるようによく検討し、部材を選定してください。

部材を一時的に変更（取外し）したローリングタワーからの墜落防止

1. 部材・部品に欠陥のあるローリングタワーを使用しない。特に墜落防止設備の欠陥には、注意すること。
2. 職長は、作業前に使用するローリングタワーの安全点検、特に墜落防止設備の点検を確実に行う。
3. 安全帯は必ず使用する（腰より高い位置にフックを掛ける）。
4. バール等を使うときの反動の危険性を教えておく。

★ 墜落防止設備の欠陥を発見した時は報告し、直してもらってから使用すること。

ローリングタワーを昇降するときの墜落防止

1. ローリングタワーのタラップは、足を滑らせたり、踏み外しやすい。両手を使い、しっかりとタラップをつかんで昇り降りしなければならない。手に部材や工具を持っての昇降は絶対にしてはならない。
2. 使用する部材は、ローリングタワーの床へ上げる前に十分確認し、漏れの無いようにすること。段取りの時点での確認ミスが災害につながっていることは非常に多い。
3. 重量の比較的軽いものは、ロープなどを用いてローリングタワーの床へ引き上げる方が安全である。ただし、重いものは、絶対にロープなどを使用して引き上げないこと。荷に引き込まれて、墜落したという事例もある。

★ 仕事は、段取り八分といわれますが、段取りの悪さが災害の要因になっていることが多いものです。良い計画を立て、確認し実行することが大切です。また2段以上のローリングタワーでは、セルフロックを設置し、使用させるようにしてください。

ローリングタワーの転倒による墜落防止

1. ローリングタワーを使用するときは、作業範囲に穴や開口部が無いか確認し、これらがある場合は、十分養生してから作業にかかる。
2. 床が傾斜している場合、キャスターを緩めるときはローリングタワーが自動的に動き出すことのないよう、1人がローリングタワーが動かないように支えるなどの措置をとること。
3. 2人作業をしていて、ローリングタワーを移動させるときは、声を掛け合って、安全を確認したのち、作業を開始すること。

★ 転倒のおそれのあるところでは、脚部に控えの付いた転倒しづらい「アウトリガー付きのローリングタワー」を使用することが、災害の防止に繋がります。

第6章 墜落災害の防止

ローリングタワーに乗ったままの移動による墜落防止

1. 作業者を乗せたままでローリングタワーを移動させない。
2. ローリングタワーの作業台上では、必ず安全帯を使用する。
3. ローリングタワーの移動は慎重に行う。

★　ローリングタワーについても平成 21 年 6 月 1 日付けの足場の規則改正が適用されます。
毎日の作業前には必ず
・手すり（高さ 85cm 以上）
・中さん（高さ 35〜50cm）
・幅木

が確実に取り付けられているか確認してください。このほか、昇降設備、アウトリガー・ストッパー、キャスターについても不具合が無いか点検してください。

開口部は地獄への入り口です。作業者がこの入り口に入らぬよう、万全の対策をしましょう。

6-4 脚立・脚立足場からの墜落災害防止

災害事例 脚立天板に乗って作業中、バランスを崩して墜落

作業種別	脚立作業	災害種別	墜落	天候	晴れ
発生月	7月	職種	土工	年齢	45歳
経験年数	2年5カ月	入場後日数	3日目	請負次数	2次

災害発生概要図

（図：脚立上で電動ハンマを使ったはつり作業中に足が滑り、バランスを崩して墜落する様子）

災害発生状況

構造物の漏水処理作業で、脚立に上がって作業を開始しようとしたが、漏水箇所に手が届かなかったため、被災者は脚立最上段に乗って、電動ハンマで漏水箇所のハツリ作業を始めたところ、力の入る作業の反動で脚立ががたつき、足が滑り、バランスを崩して墜落した。
なお、使用した脚立は開止め金具をきちんと掛けなかったため、脚が開き切っていなかった。

	主な発生原因	防止対策
人的要因	・脚立の天板に乗って反動のかかる作業を行った。 ・脚立作業で高所作業をしているという危険に対する認識が低かった。	・天板上の作業は危険を伴うため禁止とする。また、反動・反発が起こる作業では、丈夫な手すり付き足場を設け、作業による反動・反発が起きても災害につながらないようにすること。 ・職長等は油断などの不安全行動に対する監視・指導を強化する。
物的要因	・脚立が開き切っていなかった。	・始業前点検時に、脚立の開止め金具は確実に開き切っていることを確認してから作業を行うこと。
管理的要因	・作業計画の不備（反動のある作業に脚立を使用した）。 ・脚立の使用方法等の教育が不足していた。	・脚立を使用する作業について、危険性の認識を高めるための安全教育を実施すること。 ・電動ハンマなどの反動がある作業では脚立は不向きであり、事前に作業に適した足場計画を作成すること。

安全上のポイント

1. 脚立・可搬式作業台からの墜落災害発生状況

平成23年の建設業における墜落・転落による死亡災害の作業場所別発生状況は、右図に示すとおり、死亡者数153人（全体）のうち、「脚立・可搬式作業台」からの墜落・転落による死亡災害は、低所ということもあり5人と全体の3.3%でした。ただし、墜落・転落による休業災害等では、約半数が2m未満のいわゆる低所からという調査結果が出ています。

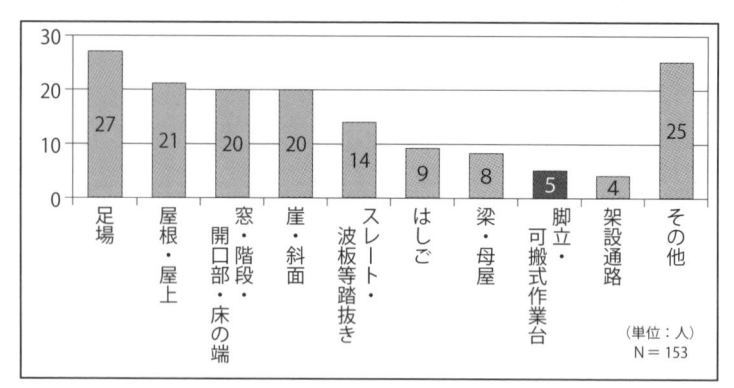

作業場所	人数
足場	27
屋根・屋上	21
窓・階段・開口部・床の端	20
崖・斜面	20
スレート・波板等踏抜き	14
はしご	9
梁・母屋	8
脚立・可搬式作業台	5
架設通路	4
その他	25

（単位：人） N＝153

墜落・転落による死亡災害の作業場所別発生状況（平成23年）

低所作業に労働災害が多い原因としては、2m以上の高所作業と違って墜落・転落防止措置が法的に義務化されていないこと、また、作業者にも低所だからという危険認識の低さなどがあげられます。

2. 脚立での主な災害事例

脚立による墜落・転落災害は、天板の狭い作業床の作業ばかりではなく、これらの昇降動作によっても多く発生しています。この災害は低い位置からでも発生するもので、墜落・転落の際にかばい手をひねったり、打ちどころが悪いと大きなけがをすることになります。

下図に代表的な脚立による災害事例を示します。

天板上の作業（1m以上）　体を乗り出しての作業　不安定・軟弱な場所　反動のかかる作業

3．脚立からの墜落・転落災害の要因

　脚立による災害は、危険要因を多く含んでいるにもかかわらず、危険認識の不足、安易な取扱いなどが災害を引き起こす背景となっています。
　その主な要因は次のとおりです。
　　①一時的な作業が多く、安全に作業する意識が低い。
　　②作業床として、手すりなどが無い狭い天板上を使用している。
　　③軟弱地盤や段差等のある安定しない床面に設置している。
　　④作業者が高所作業をしているという危険に対する認識が低い　など。

4．脚立・脚立足場の安全な作業方法

（1）脚立

　①脚立は無理のない姿勢で作業を行うため、作業箇所に近接したところに設置すること。
　②設置する床面は、ほぼ水平な面を選び、脚立の不等沈下や浮き上り等により転倒するおそれがあるときは、地ならし、敷板の使用等の措置を講ずること。
　③床面の端部、開口部等の墜落のおそれがある箇所で脚立を設置するときは、開口部の閉塞、防網等の防護措置を講ずること。
　④脚立を開脚するときは、脚柱と水平面との角度を75°以下とし、開止めは所定の開脚角度を確実に保持すること。
　⑤高さ2m未満の脚立では、天板より2段目以下の踏みさん上で作業すること。
　⑥高さ2m以上の脚立では、天井等に安全帯を掛け、天板より3段目以下の踏みさん上で作業すること。上段は体を安定させるための手すりとして用いる。
　⑦脚立の高さが不足する場合、脚部に木材やパイプ等を継ぎ足して使用しないこと。
　⑧専用脚立や三脚脚立をはしご代わりに使用しないこと。
　⑨踏みさんから降りるときは、脚立から背を向けて降りないこと。また、飛降りしないこと。

専用脚立

（2）脚立足場

踏みさん等の上に足場板を乗せ、脚立足場として脚立を使用する場合は、下記によるものとする。

- 足場板を保持している脚立と脚立との間隔は 1.8m 以下とすること。
- 厚さ 25mm 以上、幅 24cm 以上および長さ 4m 以上の合板足場板等を用い、かつ、3以上の脚立の踏みさんに掛け渡し、足場板を踏みさん等に固定すること。
- 足場板の踏みさん等からのはね出し長さは、10cm 以上 20cm 以下とすること。
- 踏みさん等の上で、足場板を長手方向に重ねるときは、重ねた部分の長さを 20cm 以上とすること。
- 積載荷重は1スパンあたり 150kg 以下とし、かつ、これを集中して掛けないこと。

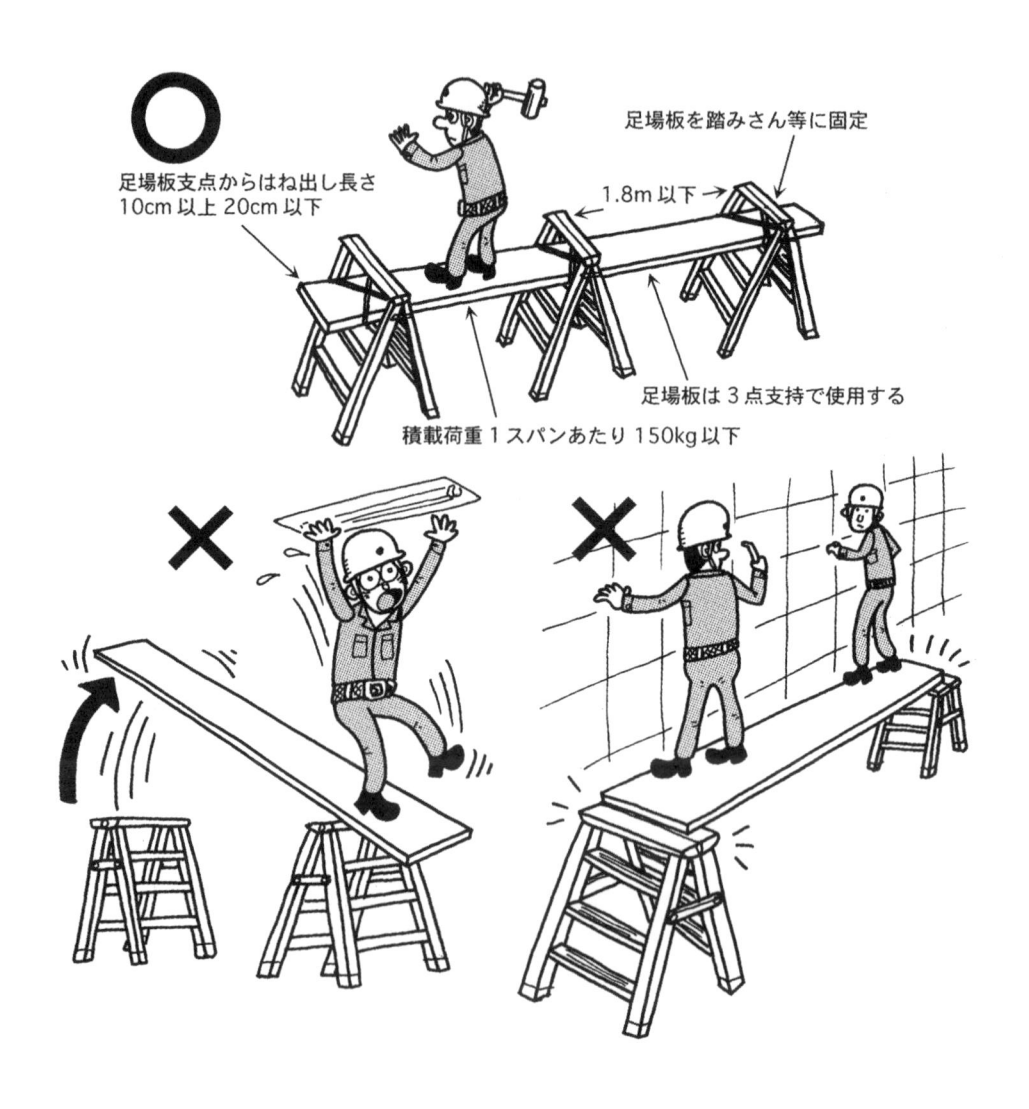

災害防止の急所

脚立・脚立足場からの墜落災害防止

　脚立は気軽に使用できる足場で、脚立や脚立足場を使用する職種は多岐にわたり、屋内、屋外を問わず使用されています。使用方法が簡単で、資格や法定教育が必要などの利点もありますが、作業中に身を乗り出したり、何らかの原因でバランスを崩したり、昇降時に足を滑らせたりといったことによる墜落災害が発生しています。

　これは脚立・脚立足場が緊張感を持ちにくい高さからくるものでしょうが、死亡・重篤災害につながるケースもあるので軽視できません。

バランスを崩して墜落

1. 天板に乗らなくても届く作業に適した高さの脚立を使用する。
2. 内装仕上げ工事完了後においても脚立等で作業を行う場合は、ヘルメットを着用する。
3. 作業手順書に脚立使用時の禁止事項を記載し、ヘルメット着用ルールについても明確に記載する。

★　脚立は、天板での作業が禁止されています。また、内装工事が完了した後のクリーニング作業となるとヘルメットで仕上がっている部分に傷をつけてはいけないと思う気持ちは分かりますが、脚立などに乗っての作業では、そこから落ちる危険があることを忘れないことです（ヘルメットに装着するタイプの養生も市販されていますので活用してください）。

身を乗り出して墜落

1. 脚立から身を乗り出す姿勢で作業を行わない。
2. 作業場所の整理整頓を行い、作業場所直下に脚立を設置する。
3. 危険予知活動、指差し呼称によって不安全状態での作業禁止を徹底する。

★ 脚立から身を乗り出す姿勢はバランスを崩す原因となったり、足を滑らせる原因となります。作業位置に合わせて、こまめに移動させることがポイントになります。
　また作業開始前には作業場所の整理整頓を行い、作業場所直下に脚立が設置できない状態や、何かに脚立の脚部が乗って不安定な状態にならないようにしてください。

作業の反動で脚立から墜落

1. 力を入れて行う作業に適した作業床（ローリングタワー等）での作業を計画する。
2. 反動が加わる可能性のある作業では、反動に対応できる姿勢で行う。
3. 作業内容を的確に把握して作業手順書を作成し、それに基づき作業する。

★　脚立や脚立足場、可搬式作業台は力を入れる作業に適していません。力を入れる作業では、手や手に持っていた工具等が滑ったり、抜けたりしたときの反動でバランスを崩し墜落に繋がります。作業する高さだけで足場を決定するのではなく、作業内容や作業方法も考慮する必要があります。

脚立の脚部をダメ穴に落とし墜落
1. ダメ穴、段差のある近くで脚立を設置しない（作業中にずれてくる）。
2. ダメ穴には必ずふたをする。
3. 始業前に脚立のガタツキがないか点検する。

★　脚立に昇る際は、１段目で一度体重をかけて揺れやガタツキをチェックし、不良な脚立は使用しないことです。
　また、やむを得ずダメ穴や開口部付近で脚立を使用する場合は、養生等の確認を確実に行い、特に降りるときには自身の足元にも注意してください。
　階段等の段差部での使用については、高さ調整機能のついた脚立を使用し、水平状態で使用してください。

脚立足場上を横移動中に端部から墜落

1. 脚立足場上での移動については、足元を確認しながら移動する。
2. 作業範囲に応じた脚立足場を設置する。
3. 作業計画時点で脚立足場を設置する範囲を明確にし、周知する。

★ 脚立足場上では、脚立と違い作業中の移動が伴います。作業に集中するあまり足元を確認せずに移動して端部から墜落しています。作業範囲に見合った余裕のある脚立足場を設置してください。

階段部に設置した傾斜のある脚立足場から墜落

1. 脚立足場の足場板は、水平に設置する。
2. 計画通りの脚立足場を組み立て使用する。
3. 危険予知活動、指差し呼称により安全作業への意識を高揚させる。

★ 階段部や段差部における脚立足場については、使用する脚立の高さを事前に確認してください。

脚立自体を水平に設置することも重要ですが、階段部や段差部では高さ調整のためといえども、バタ角など転がったり、滑ったりするものに脚部を乗せることのないよう、あらかじめ高さ調整機能のある脚立を使用してください。

脚立足場の足場板が折れ墜落

1. 足場板として使用できない敷き板などの部材を使用しないよう部材に用途表示し周知する。
2. 積載荷重に対する意識を持ち、同じスパンに2人以上同時に乗らないようにし、不用意に作業者同士が近づかない手順とし、困難な場合はそれに耐え得る作業床を設ける。
3. 組立ては職長の指示・確認のもとで行う。

★ 脚立足場に使用する足場板は、足場用のものを使用しなければなりません。部材の確認を確実に行い正規の足場板であっても、その積載荷重（例：支点間1.8m以下で積載荷重100kg以下）は必ず守ってください。

脚立足場で作業中、未結束の足場板が滑り墜落

1. 全て結束できる数量のゴムバンドを準備し、足場板の結束は全て行う。
2. 作業開始前点検を行い、不備があれば改善のうえ作業を行う。

★ 脚立足場の足場板結束は既に常識ですが、必要な数量のゴムバンドを準備するとともに、脚立足場の範囲が広くなると結束漏れの可能性も高くなるため必ず始業前に点検し、結束や三点支持等が安全な状態であることを確認してください。

<労働安全衛生規則>

第528条

事業者は、脚立については、次に定めるところに適合したものでなければ使用してはならない。

一　丈夫な構造とすること。
二　材料は、著しい損傷、腐食等がないものとすること。
三　脚と水平面との角度を75度以下とし、かつ、折りたたみ式のものにあつては、脚と水平面との角度を確実に保つための金具等を備えること。
四　踏み面は、作業を安全に行なうため必要な面積を有すること。

（参考）仮設工業会「仮設機材認定基準とその解説」より

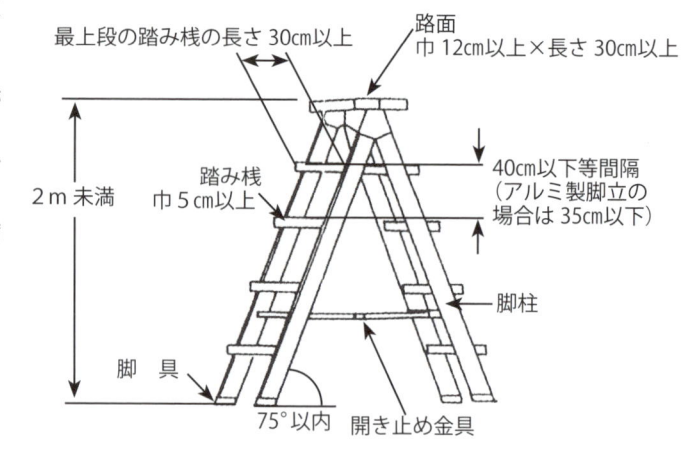

- 最上段の踏み桟の長さ 30cm以上
- 路面 巾12cm以上×長さ30cm以上
- 2m未満
- 踏み桟 巾5cm以上
- 40cm以下等間隔（アルミ製脚立の場合は35cm以下）
- 脚柱
- 脚具
- 75°以内
- 開き止め金具

脚立・脚立足場からの墜落災害防止の要点

　脚立と脚立足場は、手軽に足場として使用でき、高所作業という感覚もなく、安全な使用方法を守らず自己流の使用方法で安易に使用するなど、墜落に対する防止対策が疎かになっている面があります。

　使用する側の原因による災害が大多数ですので、常日頃からの正しい使用方法の指導が必要不可欠といえます。そして、昇降時の禁止事項（ものを持って昇降しない、踏さんに背を向けない等）についても併せて指導をお願いします。

　また、始業前点検時の指差し呼称運動（水平設置／ガタツキ／開き止め／足場板結束／三点支持等々）や作業者へ視覚的に訴える禁止事項のポスター等を掲示するなどの活動も有効でしょう。

6-5 可搬式作業台からの墜落災害防止

〔災害事例〕可搬式作業台から身を乗り出して墜落

作業種別	可搬式作業台作業	災害種別	墜落・転落	天候	晴れ
発生月	11月	職種	配管工	年齢	40歳
経験年数	2年5カ月	入場後日数	2日目	請負次数	2次

災害発生概要図

災害発生状況

天井の配管作業中に、可搬式作業台より身を乗り出して、配管のアンカーボルトに手を伸ばしたとき、作業台の端に寄りすぎていたため、バランスを崩して墜落した。
最初のうちは作業する位置に可搬式作業台を移動していたが、そのうち面倒になり、こまめな作業台の移動を怠った。

	主な発生原因	防止対策
人的要因	・こまめに移動するように言われていたのに怠った。 ・作業箇所に適した位置に可搬式作業台を設置しなかった。	・作業位置に合わせて、こまめに可搬式作業台を移動して作業を行うこと。 ・作業範囲が比較的広い場合は、可搬式作業台を連結して、ステージとして使用できる作業床を確保してから作業を行うこと。
物的要因	・補助手すりがついていないことを巡視で確認していない。	・端部に補助手すりを取付け、端部を認識しやすくすること。
管理的要因	・可搬式作業台の使用方法等の教育が不足していた。	・可搬式作業台を使用する作業について、危険性の認識を高めるための安全教育を実施すること。

第6章　墜落災害の防止

安全上のポイント

　可搬式作業台は、脚立足場に比べ、簡便に組立てや折りたたみができ、運搬も容易であり、また、昇降のための手がかり棒や、天板（作業床）には簡易な補助手すりも備え付けられているものもあることから、昇降時や作業時の安全性も高く作業効率もよいため、脚立足場に代わって、今後さらに普及するものと思われます。

1．可搬式作業台の部材構成

①天板（作業板）は、幅40cm以上、長さ60cm以上、天板上面までの垂直高さは2m未満である。
②天板を支える支柱は固定式または伸縮式がある。伸縮式は、伸縮状態の固定ができる機構を有し、いずれの方式でも支柱の下端には滑り止めがある。
③昇降のため、天板に到達する際に使う60cm以上の突出した手がかり棒を昇降箇所左右両面に各2本有している。また側面には簡易な手すりが取付けられているものもある。
④踏みさんの間隔は、等間隔で、垂直距離で40cm程度以下、かつ、踏み面に滑り止めを有している。
⑤開脚状態における昇降面と水平面の角度は75°以下である。

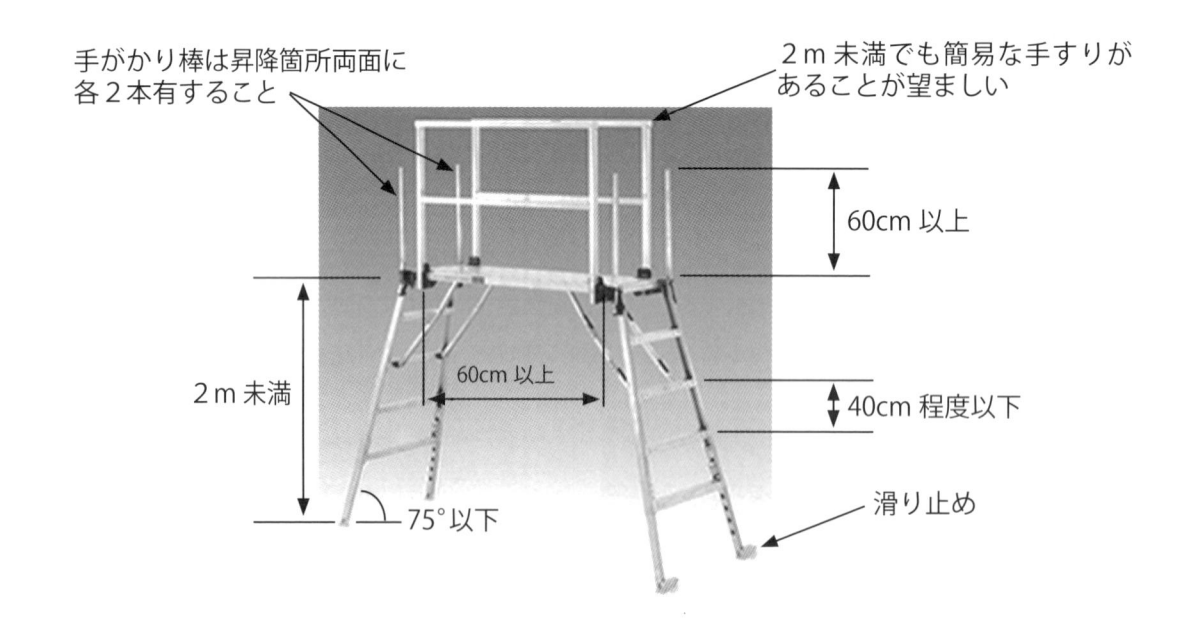

2. 可搬式作業台の安全な作業方法

　災害発生の主な要因は、使用する可搬式作業台の誤った使い方によるものや、作業台の構造を理解していなかったなど作業者に対する教育不足や、作業内容に対する作業者の経験や能力、体力等が適切でなかったなど作業者の適正配置の不備、さらには、作業者の慣れや油断、作業者自身の不注意など、安全意識の欠如によるものなどがあります。
　可搬式作業台の使用にあたっては、次のことに留意する必要があります。
①滑りやすい場所や軟弱な地盤などでは使用しない。
②設置後、作業開始前に支柱、手掛かり棒、開止め金具などの固定状態などを点検する。異常のあるときは、補修するまで使用しない。
③昇降面に背を向けたり、物を手に持った状態で昇降しない。飛び降りない。
④天板にはできるだけ工具・資材などを載せないようにする。天板上の積載荷量は、150kg以下とする。
⑤天板上での作業は1人を原則とする。
⑥天板から身を乗り出したり、補助手すりや手掛かり棒に体重をかける行為はしない。
⑦出入り口のドアの開閉、通行に影響を及ぼす箇所に設置した場合、作業中の物の落下に対しては、誘導・監視人を置くか、周辺は立入禁止にする。
⑧天板の高さは2m未満であれば、手すりが無いタイプの可搬式作業台では安全帯のフックを天井など上部に取付けたうえで作業をする。
⑨天板上では、脚立、はしごなどを使用しない。
⑩天板上に、工具・資材、人を乗せたまま、移動させたり、高さ調節をしない。
⑪踏みさん上では作業をしない。

可搬式作業台の設置環境

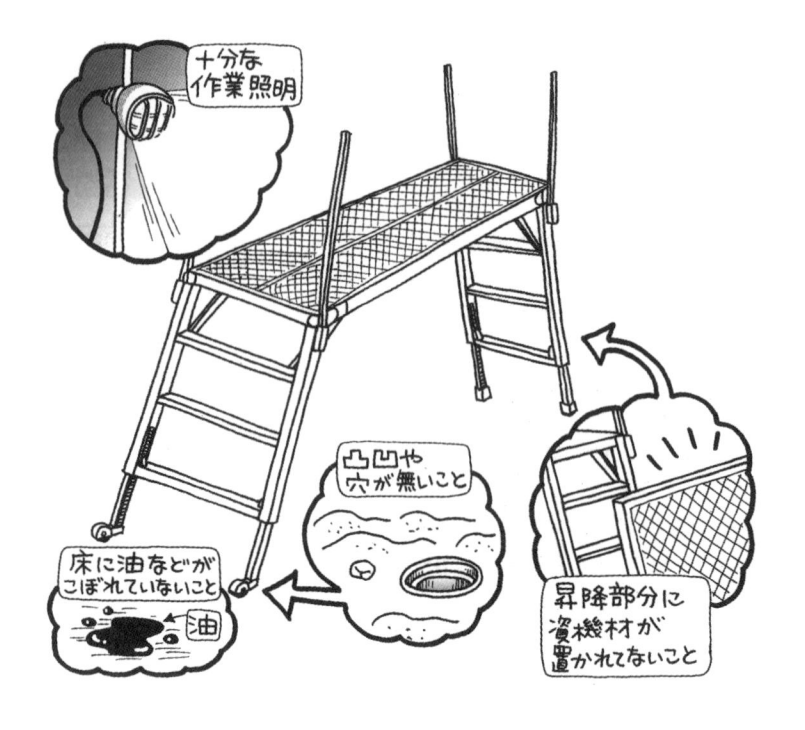

災害防止の急所

可搬式作業台からの墜落災害防止

　脚立より安全性が高く、手軽に使用できるため、可搬式作業台が工事現場で多く見られるようになりました。安全性が高いといっても、墜落災害が発生しないかというと、そうではありません。人は高いところで作業するときは、自分でも怖いので心してかかりますが、低いところでの作業では気も緩みがちになります。2m未満の足場からの墜落が約41％も発生しています（厚生労働省H21足場から墜落の死傷災害データ）。

　たとえ1mといえども、墜落して打ち所が悪いと、死亡災害に繋がることを十分認識しなければなりません。

> **身を乗り出して墜落**
> 1. 可搬式作業台は、作業する位置へ移動させバランスを崩しやすい姿勢にならないようにする。
> 2. 可搬式作業台から身を乗り出して作業しない。

★　可搬式作業台から身を乗り出して作業して墜落する事例は多いので、
　・絶対に身を乗り出して作業しないさない。
　・可搬式作業台をこまめに移動させる。
以上を守らせることが大切です。

　でも、これらの指示等が守られずに災害が発生していることも事実です。作業の巡視やパトロールで指示が守られていなければ、その場で指示通りの作業に戻させることが大事です。一度でも大目に見てしまうと、誰も指示を守らなくなります。一度出した指示は、必ず守らせるという覚悟で臨んでください。

凸凹の床に可搬式作業台を据えて墜落

1. デコボコのある床では可搬式作業台を使用しない。床を平らにしてから使用する。
2. 1. ができない場合、可搬式作業台の脚部の長さを調整した上で慎重に作業する。

★　4点で支持する可搬式作業台は、平滑な作業床に水平にセットし、作業中にガタつかないようにすることがポイントになります。
　　セットしたら、作業前にガタつきを点検するようにしてください。

作業の反動で脚立から可搬式作業台から墜落

力を入れて行う作業に適した作業床（ローリングタワー等）での作業を計画する。

★　可搬式作業台や脚立、脚立足場は力を入れる作業に適していません。力を入れる作業では、手や手に持っていた工具等が滑ったり、抜けたりしたときの反動でバランスを崩し墜落に繋がります。作業する高さだけで足場を決定するのではなく、作業内容や作業方法も考慮する必要があります。
　　手すり付きの可搬式作業台がありますが、通常の手すりとは違い、体重をかけると可搬式作業台ごと容易に転倒します。この手すりはあくまで端部を感知するためのものとの認識が必要です。

可搬式作業台の脚部をスリーブ穴に落とし墜落

1. スリーブ穴、段差のある近くで脚立を設置しない（作業中にずれてくる）。
2. スリーブ穴には必ず堅固な蓋をし、目立つようマーキングする。
3. 始業前に可搬式作業台のガタツキがないか点検する（ガタツキがあるとずれやすい）。

★　可搬式作業台に昇る際は、1段目で一度体重をかけて揺れやガタツキをチェックし、不良なものは使用しないことです。
　また、やむを得ずスリーブ穴や開口部付近で可搬式作業台を使用する場合は養生等の確認を確実に行い、作業中にズレが生じた場合は、位置をリセットしてください。
　階段等の段差部での使用については高さ調整機能を使用し、作業床は水平にセットしてください。脚部調整機能のストッパーのロックが確実に効いているか確認することも大切です。

可搬式作業台から別の可搬式作業台に飛び移ろうとして墜落

1. 飛び移る行為は絶対にさせない。
2. 可搬式作業台を並べて使用する場合は、連結用の専用部材を使用する。
3. 作業手順に無い作業を勝手にしない。

★　決められた手順と違うやり方で作業したい場合は、職長に相談し安全性を検討した後、元請の了解を受けることを徹底させることが大切です。
　可搬式作業台を連結するには、足場板ではなく、専用部材を使用するようにしましょう。足場板を使用すると、足場板がズレたり、つまずいて墜落災害が起きるおそれがあります。

前向きに降りて可搬式作業台から墜落

1. 前向き降りは、しない・させない。
2. 工具・資材を持っての昇り降りは、しない・させない。

★ 作業者は、仕事に追われてくると、どうしても安全面への配慮が足りなくなるものです。
　道具・資材等は、一旦作業床に置き、作業台に向かって手がかり棒をつかんで昇降するという基本動作を守らせることが大切です。
　基本動作が守られていないようであれば、「忙しいから」「低いから」と安易に妥協しないでください。万が一でも災害が発生すれば、被災者だけでなく現場全体に影響を与えることになります。

6-6 はしごからの墜落災害防止

災害事例　移動はしごが滑り、床に墜落

作業種別	はしご作業	災害種別	墜落	天候	雨
発生月	7月	職種	電工	年齢	50歳
経験年数	1年2カ月	入場後日数	7日目	請負次数	2次

災害発生概要図

（図：雨で濡れていたベニヤ板の上に立て掛けた移動はしごが滑り、作業者が床に墜落する様子）

災害発生状況

屋外の配線作業で移動はしごを昇っていた被災者は、途中で移動はしごの脚が滑ったため、移動はしごとともに床に墜落した。移動はしごを立て掛けた脚の位置が、雨で濡れていたベニヤ板の上にあり、脚部が滑りやすくなっていた。
また、移動はしごの未固定および脚部の滑止めが付いていなかった。

	主な発生原因	防止対策
人的要因	・雨で濡れていたベニヤ板の上に、はしごを置いた。	・移動はしごを立て掛ける周辺の状況をよく確認し、雨で濡れた滑りやすい材料等は事前に片付けてから、移動はしごを設置すること。
物的要因	・移動はしごの転位を防止する措置がなされていなかった。 ・脚部の滑止めが付いていなかった。	・移動はしごの上端は接地位置から突出しを60cm以上とし、上部の固定をすること。 　また、移動はしごの角度を緩くし過ぎないよう正しい角度（75°程度）で立て掛け、他の作業者が下方を支えること。 ・移動はしごの使用前点検を行い、滑止めなどに欠陥が無いか確認すること。
管理的要因	・雨で濡れたベニヤ板を置いたことによるチェックを怠った。 ・移動はしごの使用方法等の教育が不足していた。	・墜落のおそれのある箇所で適正な対応ができるよう、安全教育等を徹底し、周知すること。 ・職長等は不安全な状態、不安全行動をしていないか、こまめに巡視を行うこと。

安全上のポイント

1. はしごからの墜落災害発生状況

　平成23年の建設業における墜落・転落による死亡災害の作業場所別発生状況は、下図に示すとおり、死亡者数153人（全体）のうち、足場からの墜落が27人（17.6％）と最も多く発生しています。一方、「はしご」からの墜落災害は9人と全体の5.9％を占めています。

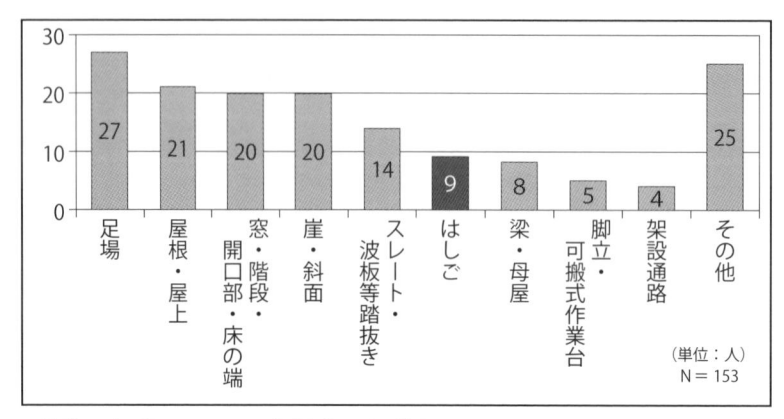

作業場所	人数
足場	27
屋根・屋上	21
窓・階段・開口部・床の端	20
崖・斜面	20
スレート・波板等踏抜き	14
はしご	9
梁・母屋	8
脚立・可搬式作業台	5
架設通路	4
その他	25

（単位：人）N＝153

墜落・転落による死亡災害の作業場所別発生状況（平成23年）

2. はしごによる主な災害事例

　はしごは、階段が設けられないときなどの昇降設備として用いられており、立て掛け方の不備、移動はしごの固定不備、はしご上での作業などが原因で災害が発生しています。
　下図に代表的なはしごによる災害事例を示します。

移動はしごの上部の固定をしないで昇降していたため、上部がずれ、はしごとともに床に墜落する。

移動はしごの狭い踏みさんを作業床として、身を乗り出して作業を行い、バランスを崩して墜落する。

手に物を持ちながら固定はしごを昇降中、踏みさんをしっかり握れず、バランスを崩して墜落する。

3．はしごからの墜落災害の要因

はしごによる災害の主な要因は次のとおりです。
　①一時的な作業に使用されることが多く、墜落防止措置を講じていない。
　②上部の固定がされていない。
　③作業床として、狭い踏みさんを使用している。
　④軟弱地盤等の安定しない床面に設置している。
　⑤作業者が高所作業をしているという危険に対する認識が低い。

4．はしご（移動式・固定式）の安全な作業方法

（1）移動はしご

　移動はしごについて、労働安全衛生規則527条で次のように示されています。
　①丈夫な構造とすること。
　②材料は著しい損傷・腐食がないものとすること。
　③幅は30cm以上とすること。
　④滑り止め装置の取付けその他転位を防止するために必要な措置を講じること。
　労働安全衛生規則556条では、はしご上端は、接地位置から突出しを60cm以上とすると規定しています。
　また、解釈例規：昭43・6・14 安発第100号などにより、
　ⅰ．「転位を防止するために必要な措置」には、はしごの上方を建築物等に取り付けること、他の労働者がはしごの下方を支えること等の措置が含まれる。
　ⅱ．移動はしごは原則として、つないで用いることを禁止する。
　ⅲ．踏みさんは、25～35cmの間隔で、かつ、等間隔なものとする。
　このほかの注意事項としては、
　・はしごの設置は約75°の傾斜を標準として立て掛ける。
　・はしごの下端が開口部の近くにくるような設置をしない。
　・はしごを足場上で使用しない。また、はしご上で作業しない。
　・はしごの昇降は1人とする。はしごを背にして前向きで降りたりしない。

（2）固定はしご等の作業方法

①丈夫な構造で損傷してないものを確認してから使用する。
②踏みさんは等間隔ですべりにくいものを設置する。
③上端部は 60cm 以上突き出して固定する。
④踏みさんと壁との間に手や足のつま先が入るように 15cm 以上の間隔をとる。また、固定はしごで長さが 4m を超える場合、背もたれを設けることが望ましい。
⑤はしご道は 5m ごとに踏みだなを設ける。
⑥頻繁に昇降する場合、次のいずれかの墜落・転落防止装置を講じる。
・はしごの横にレールを設置し、安全器を安全帯に掛ける。
・はしごの横に縦親綱ロープを設置し、ロリップを安全帯に掛ける（A図）。
・はしごの上部に安全ブロックを設置し、安全帯を掛ける図（B図）。

（A図）ロリップ（仮設用）と安全器　　　（B図）安全ブロック（仮設用）
　　　　　　　　　　　　　　　　　　　　　　　（セルブロック）

災害防止の急所

移動はしご作業での墜落防止

　はしごは、高いところへ簡単に上がるためには、一番てっとり早い手段です。

　しかし、はしごは、その長さ・固定方法・角度あるいは何段目に作業者がいるかで、安定性が大きく変わります。これらが原因で起こる災害の事例を学び、はしごの特性を理解し、守らなければならないポイントを理解することが災害防止のうえで大切になります。

　高所作業では安全帯の使用も欠かせませんが、はしご作業の場合には安全帯を掛ける場所が無い場合が多く、満足な作業床も無い状態になるため、やむを得ない場合に限定して使うべきものとの認識が必要です。

> **はしごが滑り（倒れ）墜落**
> 1. 適切な長さのはしごを選定し、正しい角度（75°）で設置する。
> 2. 床を養生する場合には、滑りにくいゴムマットなどを敷く。

★　はしごの設置角度を確実に守ること。

　はしごに乗っている人が上に登れば登るほど、重心が高くなるため、はしごもろとも倒れやすく、滑りやすくなります。

作業に掛かる前に、作業内容に対して適切な足場であるか様々な足場を比較検討し、作業足場を決定することが大切です。

危険 ←→ ハシゴ → 脚立 → 可搬式作業台 → 移動式室内足場 安全　セーフティベース

はしごを支える作業者が、道具や資材を手渡そうとして、支えているはしごから手を離したために倒れることがあるので、注意。

はしごの上部を固定することがポイントですが、固定を外しに行くときは、下で支える人を忘れずに配置してください。

傾斜のままに設置したはしごが傾き墜落

1. 勾配のあるところでは、なるべくはしごを使用しない。
   やむを得ずはしごを使用する場合は、ライナープレートを使用するか、伸縮脚を調整し脚部を水平にセットする。
2. はしごは正しい角度（75°）で設置する。立て掛けたはしごの頂部より下に降りるほど、はしごと壁との間が離れてくるので、作業する高さにあった長さのはしごを用意する。

★ はしご自体が傾き転倒したり、回転しないよう固定するのが基本です。
　はしごの下部は両手で支え、片足ははしごの足元に添えてズレを防止し、もう片足は後ろに引き、腰を落として支えてください。
　下部を押さえてもらっている間に、はしごの上部を緊結してください。作業が終わり、上部の固定を外しに登るときも、下で押さえる人を忘れずに配置してください。

1つのはしごに2人で乗って反動ではしごから墜落

1. はしごに2人同時に乗って作業しない（最大使用荷重は100kg以下のはしごが多い）。
2. はしご作業は、調査や短時間の軽作業等やむを得ない場合のみとする。

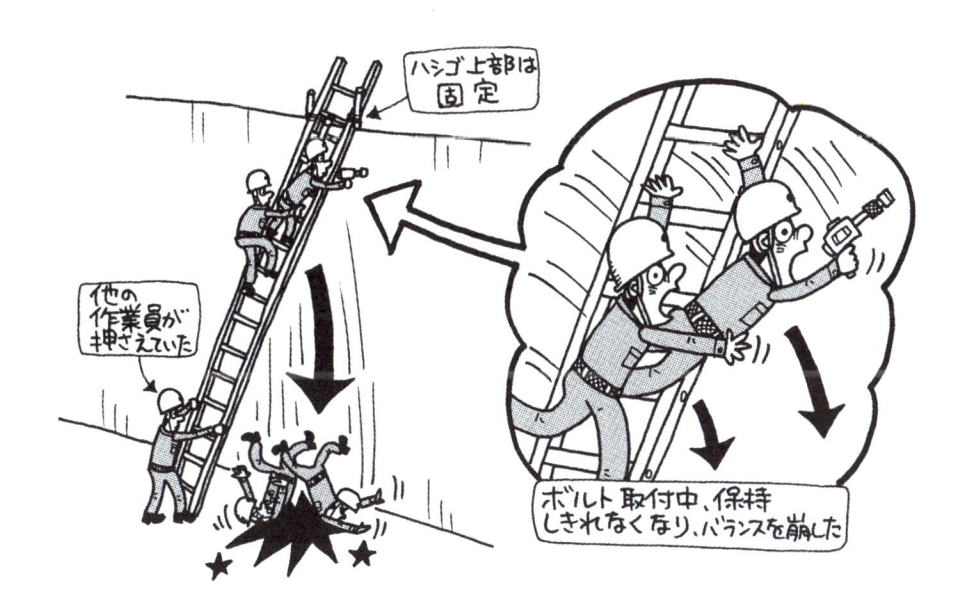

★　2人乗りは非常に危険です。お互いの動きではしごが揺れ、物の受渡しも無理な姿勢になって片手で行わなければなりません。お互いの息がぴったりだったとしても危険な作業となります。

　手が空いたからといって、予定していない作業をやってしまおうとすると、段取りを十分にできずに作業をして災害になってしまうことが多くあります。はしごは手軽に使える道具ですが、勝手に使用されないようにしましょう。

はしごから身を乗り出して墜落

1. はしごから身を乗り出さなくても手が届くよう、一度、はしごから降りて、はしごをずらして再設置する。
2. 面倒がらずにこまめに設置移動する。

★ あまりに移動設置が必要な場合は、はしごの使用が足場として適切なのかを検討する必要があるでしょう。安全性だけでなく作業効率の面からも検討してください。作業効率が悪いと不安全行動を招くことになります。

> **作業中、伸縮はしごが縮んでバランスを崩し墜落**
> 1. はしごの伸縮ロックが機能通りに作動するか点検し、設置前にそのロックのセットを確実に行う。番線やロープで重なる部分を結束することが望ましい。
> 2. 作業中の振動がロック機能に悪影響を及ぼすこともあるので、はしごの上端固定を確実に行う。はしご以外に安全帯を掛ける設備を設け、安全帯を使用する。

★ 2連はしごは、上はしごをロック金具が掛からない状態まで持ち上げて、縮む方向に降ろすと下部方向へ滑走する仕組みになっています。取り扱い方次第では、無意識のままロックが外れてしまうので、ロックを外さないようにすることが大切です。持ち上げたりした場合は確実にロックが効いているかその都度確認するようにしましょう。板などの部材を使用しないようにしましょう。

はしごには、家庭向けの安くて軽いものから、プロ仕様の丈夫なものまでいろいろな種類があります。手すりが付いたはしごや踏み桟の広いものもあります。十分な強度のあるものを選ぶためにはJISマークや軽金属製品協会ハシゴ脚立部会の適合品、製品安全協会のSGマークなどを目安に選定するとよいでしょう。

第7章
電動工具による災害の防止

7-1 携帯用丸のこ盤作業での災害防止

[災害事例] 携帯用丸のこ盤の刃が足に接触

作業種別	H鋼杭横矢板作業	災害種別	切れ・こすれ	天候	雨
発生月	5月	職種	土工	年齢	19歳
経験年数	0年1カ月	入場後日数	3日目	請負次数	2次

災害発生概要図

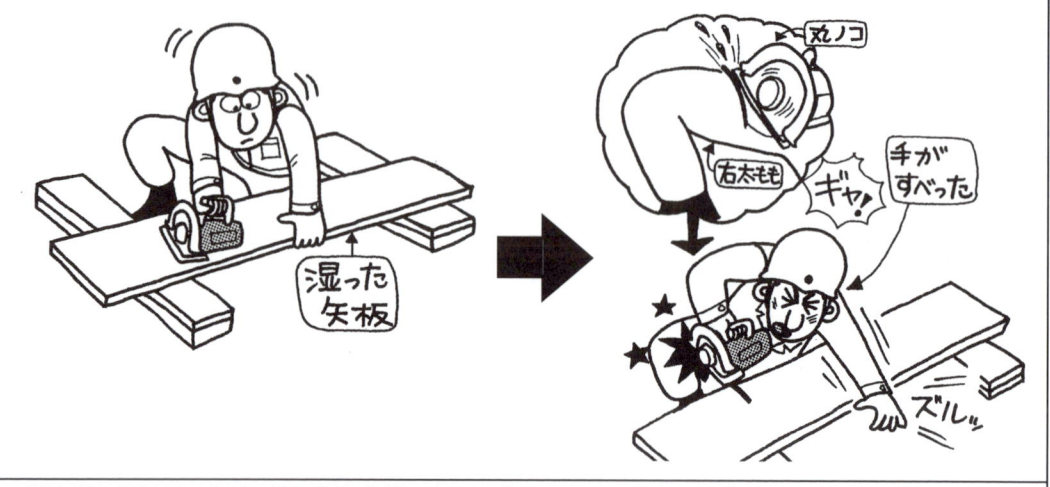

災害発生状況

H鋼杭横矢板設置のため、雑矢板を携帯用丸のこ盤で切断しているとき、矢板が雨で濡れていたため、矢板を押えていた左手が滑り、その反動で右手に持った携帯用丸のこ盤の刃が右足太股内側に当たり被災した。さらに、目にのこ屑が入って目を傷つけてしまった。
携帯用の木材加工用丸のこ盤の安全カバーを開放するスプリングボルトのナットが欠損しており、濡れた木くずが安全カバー内に詰まり、安全カバーが戻らなかった。

	主な発生原因	防止対策
人的要因	・作業開始前に接触予防装置（安全カバー）の動作確認などの点検を行っていなかった（スプリングボルトのナットを点検していなかった）。 ・携帯用丸のこ盤取扱いの作業姿勢が悪かった。 ・年齢が若く、正しい取扱い知識が不足だった。	・正常に作動するかどうか、始業前点検を必ず行う。 ・回転方向の延長上に体をおかない。 ・正しい取扱いの重要性を繰り返し教育指導する。
物的要因	・「携帯用丸のこ盤接触予防装置」の覆いが木くずで固定され、機能していなかった。 ・切断作業で保護めがね等の保護具を使用していなかった。	・刃の接触予防装置は、必ず作動できる状態にして作業する。 ・のこ屑が目に入るおそれがあり、材料の切断時には保護めがねを必ず着用する。
管理的要因	・携帯用丸のこ盤の安全教育がされていなかった。 ・携帯用丸のこ盤の作業手順書等がなかった。	・携帯用丸のこ盤に関する安全教育を実施する（特別教育に準じた教育）。 ・携帯用丸のこ盤の取扱い要領、作業手順書を作成し、作業者に周知徹底させる。

安全上のポイント

1．携帯用丸のこ使用時の安全のポイント

　建築現場に持込まれる携帯用丸のこ盤について、その携帯性と扱いやすさから、日常作業において、身近で便利な工具となっています。
　しかしその反面、これに伴う災害の発生は後を絶たず、「切れ、こすれ」などの災害が繰り返し発生しており、その内容によっては軽微な災害に留まらず、重篤な災害に至るものも毎年発生しています。
　これらの災害の発生状況をみると、接触予防装置（安全カバー）が有効に機能していないなど、携帯用丸のこ盤の危険性を十分認識せず、誤った使用方法で作業を行っていたことによるものが大半を占めている状況にあります。
　このため、同種災害を未然に防ぐために、携帯用丸のこ盤を用いた作業に従事する者に対して、安全作業に必要な基本的知識や正しい使用方法を教育指導することが重要となってきます。

2．必要な保護具の点検と着用

　携帯用丸のこの使用に先立って、各種保護具（保護めがね、防じんマスク、安全帯、作業服など）の点検と着用を行います。

　①保護めがね
　　　材料の切断作業時には、保護めがねを着用します。のこ刃は下から上に向かって回転して材料を切断するため、のこ屑が目に入って傷つくおそれがあります。
　②防じんマスク
　　　石膏ボード等の切断時には粉じんが多く発生するため、防じんマスクを使用します。
　③安全帯
　　　高さが2m以上の足場などで携帯用丸のこを取り扱う際、刃の反発等によりバランスを崩し墜落の危険のおそれもあることから、安全帯を使用して作業をします。
　④作業服
　　　袖やすそのしまりの悪い服装は、のこ刃に巻き込まれたりするなど災害の可能性があります。身体にしっかり合ったもので、袖じまりの良い上着と裾じまりの良い長ズボンを着用します。
　⑤手袋
　　　携帯用丸のこ盤の回転する刃物に作業中の作業者の手が巻き込まれるおそれがあるときは、作業者に手袋を使用させてはいけません。

3．携帯用丸のこ盤の点検

　作業開始前に、割刃および丸のこ盤の刃の接触予防装置等について、機能の円滑さ、確実さおよび損傷の有無について点検をすることが災害防止につながります。

①安全装置等の確認
　　携帯用丸のこ盤の接触予防装置（安全カバー、固定覆い）の取付け、機能、および電源コード等の損傷の有無の確認をします。
- のこ刃の接触予防装置（安全カバー）の各部位の数値は、下図に示す数値以下となっていることを確認します。この規格に適合していないと、のこ刃に身体が接触する原因となります。

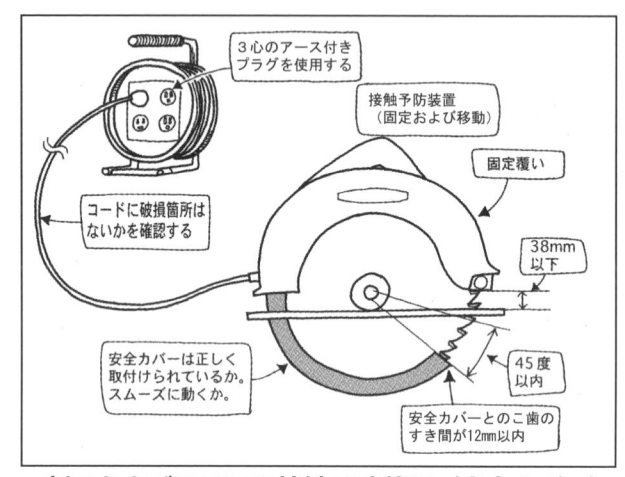

割刃およびのこ刃の接触予防装置（安全カバー）

- 携帯用丸のこ盤の安全カバーが円滑に動くか、また、安全カバーを固定した状態にしていないか確認します。安全カバーをキャンバーやひも等で固定すると、常にのこ刃が露出した状態になるため、手足の切れ、こすれ等の危険があります。
- 作業終了後は、自動的に閉止点に戻るようバネ、ボルトの固定状況を確認します。
- 携帯用丸のこ盤が二重絶縁構造かどうか確認します。二重絶縁構造になっていない機種の場合は、アースを確実に取り付けます。また、コードや差込みコンセントに損傷や破損等が無いか確認します。

②のこ刃の確認
- のこ刃が切断する材料に適している規格かを調べます。もし、規格外のものを使用すると、のこ刃、機体の損傷、破損部位の飛来や反発の原因となります。
- のこ刃の刃こぼれ、亀裂、変形の損傷を点検します。また、のこ刃の取付け方向と機体の回転方向があっているか確認します。

4．切断作業等における安全対策

①異物の撤去
- 切断材料にコンクリートや石などの付着物があると、のこ刃に当たり、丸のこが反発したり、のこ刃が欠けて飛んで危険です。異物が付着していないか確認し、付着している場合には、取り除いてから切断作業を行います。

②切断作業での留意点
- 作業姿勢に注意し、無理な体勢で作業してはいけません。特に、携帯用丸のこを上向きの状態で手に持っての切断は、丸のこも切断材も固定することができず、反発を起こし危険です。切断材は、受け台や加工台の上に万力などでしっかり固定してから切断作業を行いましょう。
- 作業中、携帯用丸のこ盤に異常が生じたときは、直ちに作業を中断し、職長等に報告、相談しましょう。本人の勝手な判断で作業を続行すると、機体の破損、破損部位の飛来等の原因になります。
- 悪天候（強風、大雨、大雪等）のときや悪天候が予想されるときには、作業を極力中止するようにします。雨等で携帯用丸のこ盤が濡れると、雨水が内部やコードの接続部にしみ込み、絶縁不良になり漏電して感電する危険があります。
- 加工材や加工内容の変化に応じたきめ細かな作業手順等を作成するとともに、それに基づいて、携帯用丸のこ盤に関する知識、安全な作業方法、また、実技による正しい取扱い方法などの安全教育を実施します。

災害防止の急所

携帯用丸のこ盤作業での災害防止

- カバーを固定し、型枠パネルを切断しようとして指先を受傷
- 材料を手に持ち中空に浮かした状態で切断し、反発して自傷

1. 安定した台に材料を置き、本体側を押さえて作業し、立ったままで作業したり、材料を膝で押さえたりしない。
2. 切断後の機械の移動方向に体を置いたり、材料を押さえたりしない。
3. のこ刃接触防止装置（安全カバー）は常に作動するように確認し、固定したりしない。

★ 丸のこの刃は高速で回転しています。安全作業の基本は材料の固定です。特に切り離し直前に刃が挟まれば、思わぬ反発力に丸のこが弾かれることになります。左手や腿を切る可能性があるので、切断ラインの延長上に体が入らないような姿勢をとるようにしてください。

また、弾かれたときに刃と接触しないようにするのが接触防止装置ですが、刃先が見えにくいからと、ひもで縛ったり、くさびでカバーを動かないようにしているのを現場でよく見かけます。カバーが何のために付いているのかを理解させ、安全装置が機能する状態で作業するようにしなければなりません。

端材を少しだけ切断するのに、片手で材料を持ち片手で丸のこを使って切断するようなことも、ちょっとした反発で大きく丸のこが振れ、自傷する災害も目立ちます。繰り返しますが、材料の固定が安全作業のポイントであることを忘れないようにしてください。

<労働安全衛生規則>

第 123 条
　事業者は、木材加工用丸のこ盤（製材用丸のこ盤及び自動送り装置を有する丸のこ盤を除く。）には、歯の接触予防装置を設けなければならない。

参考（携帯用丸のこ盤は適用外）

第 129 条
　事業者は、令第 6 条第 6 号の作業については、木材加工用機械作業主任者技能講習を修了した者のうちから、木材加工用機械作業主任者を選任しなければならない。
　上記令第 6 条第 6 号：
　木材加工用機械（丸のこ盤、帯のこ盤、かんな盤、面取り盤及びルーターに限るものとし、携帯用のものを除く）を 5 台以上（当該機械のうちに自動送材車式帯のこ盤が含まれている場合には、3 台以上）有する事業場において行う当該機械による作業

第 130 条
　事業者は、木材加工用機械作業主任者に、次の事項を行なわせなければならない。
一　木材加工用機械を取り扱う作業を直接指揮すること。
二　木材加工用機械及びその安全装置を点検すること。
三　木材加工用機械及びその安全装置に異常を認めたときは、直ちに必要な措置をとること。
四　作業中、治具、工具等の使用状況を監視すること。

《 参 考 》

建設業等において「携帯用丸のこ盤」を使用する作業に従事する者に対する安全教育実施要領
（基安発 0714 第 1 号　平成 22 年 7 月 14 日）

1　目的
　携帯用丸のこ盤については、その携帯性と使用しやすさから、建設業をはじめ、様々な業種において広く使用されているところであるが、これに伴う災害の発生は後を絶たず、また、その内容についても見ても、軽微な災害に留まらず、死亡災害に至るものも毎年後を絶たない。
　また、これらの災害の発生状況の詳細について見ると、安全カバーを固定することにより「無効化」した上で作業をしている等、携帯用丸のこ盤の危険性を十分に認識せず、かつ、誤った使用方法で作業を行っていたことによるものがほとんどを占めている状況にある。
　このため、携帯用丸のこ盤を用いた作業に従事する者に対し、安全で正しい作業を行うために必要な知識及び技能を付与し、もって職場における安全の一層の確保に資することとする。

2　対象者
　「携帯用丸のこ盤」を使用して行う作業に従事する労働者

3　実施者
　「携帯用丸のこ盤」を使用して行う作業に労働者を就かせる事業者又は事業者に代わって当該教育を行う安全衛生団体等

4　実施方法
（1）教育カリキュラムは別紙の「携帯用丸のこ盤を使用して作業を行う者に対する安全教育カリキュラム」によること。
（2）安全衛生団体等が行うものにあっては、1 回の教育対象人員は概ね 50 人以内とすること。また、実技教育にあっては、受講者を 1 単位概ね 10 人以内として行うこと。
（3）安全衛生団体等が実施する場合の講師については、労働安全コンサルタントや木材加工用機械作業主任者として十分な経験を有する者等別紙のカリキュラムの科目について十分な知識・経験を有する者を充てること。
（4）また、教育の実施に当たっては、手持ち式の携帯用丸のこ盤に限らず、手持ち式の携帯用丸のこ盤をスタンドを用いて土場や作業床に置いて使用できるようにした「携帯用丸のこ」等についても、建設業等の現場において広く使用されていることから、これらに関する内容についても含めて教育を実施することが望ましいこと。

5　修了証の交付等
（1）事業者は、当該教育を実施した結果について、その旨を記録し、保管すること。
（2）安全衛生団体等が事業者に代わって当該教育を実施した場合は、修了者に対してその修了を証する書面を交付する等の方法により所定の教育を受けたことを証明するとともに、教育修了者名簿を作成し、保管すること。

携帯用丸のこ盤を使用して作業を行う者に対する安全教育カリキュラム（別紙）

1　学科教育

科目	範囲	時間
携帯用丸のこ盤に関する知識	・携帯用丸のこ盤の構造及び機能等 ・作業の種類に応じた機器及び歯の選定	0.5
携帯用丸のこ盤を使用する作業に関する知識	・作業計画の作成等 ・作業の手順 ・作業時の基本動作（取扱いの基本及び切断作業の方法）	1.5
安全な作業方法に関する知識	・災害事例と再発防止対策について ・使用時の問題点と改善点（安全装置等）	0.5
携帯用丸のこ盤の点検及び整備に関する知識	・携帯用丸のこ盤及び歯の点検・整備の方法 ・点検結果の記録	0.5
関係法令	・労働安全衛生関係法令中の関係条項等	0.5
合計		3.5

2　実技教育

科目	範囲	時間
携帯用丸のこ盤の正しい取扱い方法	・携帯用丸のこ盤の正しい取扱い方法 ・安全装置の作動状況の確認	0.5
合計		0.5

合計　4.0 時間

7-2 ディスクグラインダー取扱い作業での災害防止

[災害事例] ディスクグラインダーの砥石が飛び被災

作業種別	鉄道軌道作業	災害種別	切れ・こすれ	天候	晴れ
発生月	10月	職種	機械工	年齢	32歳
経験年数	2年0カ月	入場後日数	15日目	請負次数	1次

災害発生概要図

(図中の注記：「痛っ！」「規格外と石を使用」「防護カバーなし」)

災害発生状況

鉄道軌道のレール交換作業で、ディスクグラインダーを使用してレールの研磨作業を始めようとしていたところ、専用の研削砥石（径10cm、厚さ6mm）がなかったため、近くにあった切断用砥石（径20cm、厚さ2.8mm）を取付けた。作業を開始したところ、砥石が破損し、その破片が被災者の首にあたり被災した。
なお、ディスクグラインダーの防護カバーは取り外されていた。また、被災者は「研削砥石試運転業務」の特別教育修了者ではなかった。

	主な発生原因	防止対策
人的要因	・使用方法が簡単なので、安易に使用していた。 ・防護カバーを取り外してはいけないことを知らなかった。 ・研削砥石試運転業務の資格を持っていなかった。	・ディスクグラインダーを使用するときは、使い勝手が悪いからといって防護カバーを取り外さないよう指導する。 ・特別教育終了者に作業させる。
物的要因	・研削砥石が工具に合った専用のものではなく、高速切断機の砥石を使用していた。 ・作業しやすいので防護カバーは外されていた。	・研削砥石は専用品を使用させる（規格外の製品を使用させない）。 ・防護カバーの取外しを禁止する。
管理的要因	・研削砥石試運転業務のできる特別教育修了者を指名していなかった。 ・工具の使用方法に関しての指導がなかった。	・ディスクグラインダーを使用するときは、研削砥石試運転業務の有資格者を配置する。 ・砥石交換は特別教育修了者が行う。 ・ディスクグラインダーに関する安全教育を実施する。

安全上のポイント

　ディスクグラインダーとは、携帯用の研削グラインダーの1つであり、溶接部のばり取り、さびの研磨、鉄筋等の切断など、最も現場で使用されている機種です。
　ディスクグラインダーは非常に使い勝手のよい電動工具ですが、小型であるために危険性を感じにくく、便利であるためについ安易に使用してしまい、その取扱いを誤ると重大な災害につながります。
　そのため、災害を防止するために重要となるのが、実際にディスクグラインダーを使用している作業者に対する細かい指導です。

1. 研削砥石の取付け方法

（1）ディスクグラインダーと研削砥石の適合確認

　政令で定める研削砥石の構造上の安全基準を定めた「研削盤等構造規格」に準じて、ディスクグラインダーと砥石の適合確認を行わなければなりません。
　適合性の確認方法は、砥石に表示されている最高使用周速度、結合度などに対して、ディスクグラインダーの銘板および覆いに表示されている最高使用周速度、回転数、砥石の形状寸法などが適合しているかどうか確認することが必要になります。
　研削砥石はディスクグラインダーにより回転させて使用しますが、最高使用周速度は砥石ごとに定められているため、使用に当たっては、最高使用周速度を超えた速度で使用してはいけません（安衛則119条）。

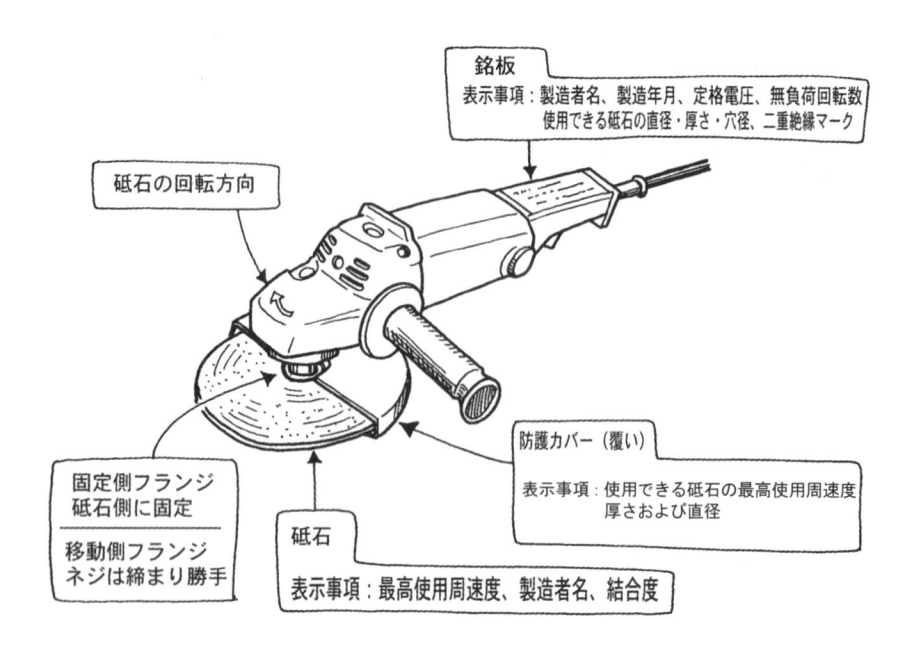

銘板
表示事項：製造者名、製造年月、定格電圧、無負荷回転数
　　　　　使用できる砥石の直径・厚さ・穴径、二重絶縁マーク

砥石の回転方向

固定側フランジ
砥石側に固定

移動側フランジ
ネジは締まり勝手

砥石
表示事項：最高使用周速度、製造者名、結合度

防護カバー（覆い）
表示事項：使用できる砥石の最高使用周速度
　　　　　厚さおよび直径

（2）研削砥石の外観検査

使用するディスクグラインダーに適した砥石を選定し、取付け前に下記に示す外観検査を行うことが必要です。
　①ひびの有無（側面、外周部、穴部）
　②ラベルの有無（別の砥石が混在していないか）
　③ねじれの有無（プロペラ状のねじれ）など

（3）研削砥石の締付け検査

締付けは専用スパナで行います。なお「面ぶれ」があると振動で研削砥石を破壊したり、ディスクグラインダーから落としたりするので特に注意が必要です。

（4）研削砥石の防護カバー（覆い）の取付け

使い勝手が悪いという理由で、ディスクグラインダーの保護カバーを外して作業をしているケースが多々あります。保護カバーを取り外すことは法令違反（安衛則117条）であるだけではなく、砥石が破壊したときけがの原因になります。保護カバーは使用者を守るものであることをしっかり認識させましょう。

◆砥石の防護カバーの厚さ、形状
- 防護カバーの厚さは、主に強度によって決まっており、その基準は研削盤等構造規格に定められている。
- 研削砥石の破損による飛散を弱めるため、防護カバーの内側に緩衝剤を取り付けると効果がある。
- ディスクグラインダーの防護カバーの開口部は、右図のとおりである。回転中の研削砥石が破壊した場合、小さい破片が飛散することもあるので、開口部はできるだけ小さい方が効果的である。

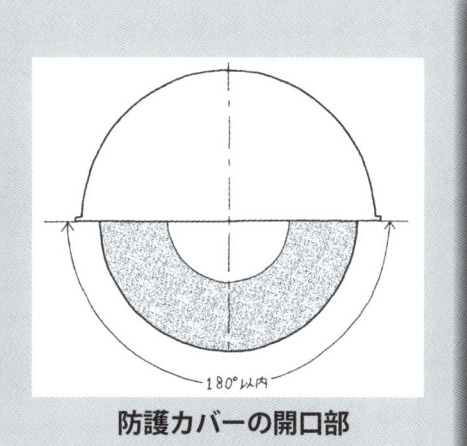

防護カバーの開口部（180°以内）

2. ディスクグラインダーの試運転および使用時の安全な取扱い

　研削砥石の取替えまたは取替え時の試運転については、労働安全衛生規則36条で、危険または有害な業務として指定され、この業務を行うには、「特別教育」を修了し、十分な知識と技能を持った者が行わなければならないとされています。
　また、労働安全衛生規則118条では、
①自由研削用のグラインダーを使用する際は、スイッチを入れて1分以上の試運転を行わなければならない。
②研削砥石を取り替えて使用する前には3分間以上の試運転を行わなければならない。
と定められています。
　その他に、安全上守らなければいけない事項としては以下のとおりです。
①使用中は研削砥石に衝撃を与えるような使い方をしない。
②使用中は研削砥石をねじることのないように、加工物の保持と作業姿勢の安定に特に注意を要する。
③研削砥石と加工面の角度は15°〜30°が適当である。
④研削砥石は使用面が決められており、使用面以外は使用してはならない（安衛則120条）。
⑤必ず適正な保護具（保護めがね、防じんマスク）を着用する。

ディスクグラインダーの安全点検ポイント

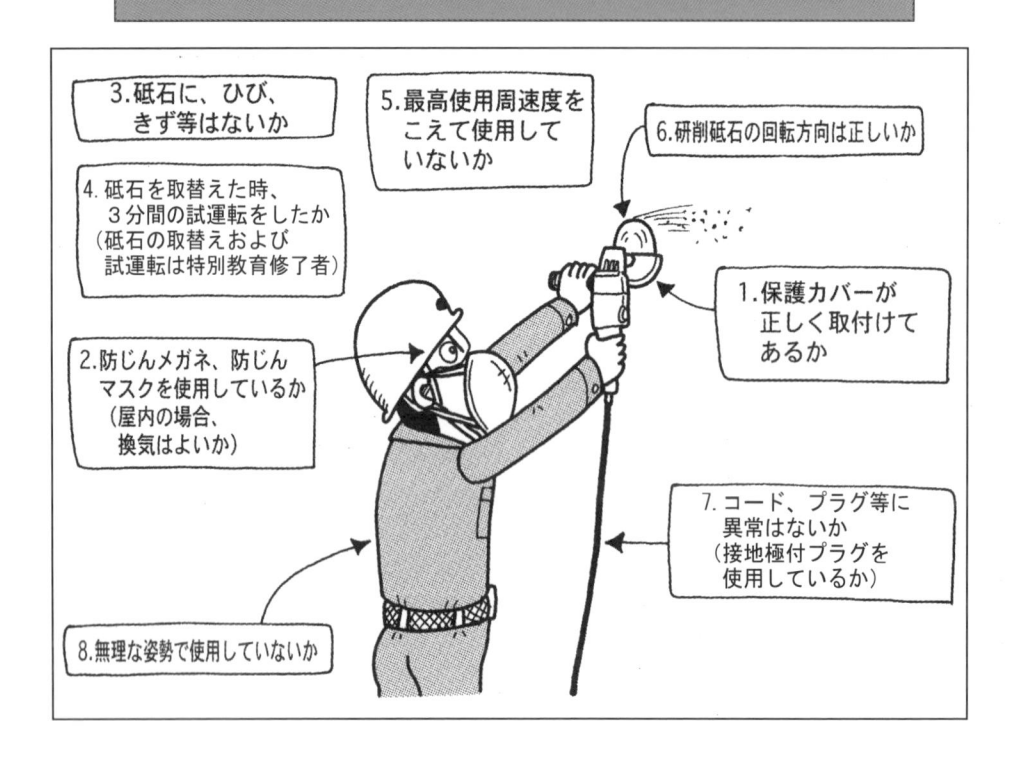

3. 砥石に、ひび、きず等はないか
4. 砥石を取替えた時、3分間の試運転をしたか（砥石の取替えおよび試運転は特別教育修了者）
5. 最高使用周速度をこえて使用していないか
6. 研削砥石の回転方向は正しいか
1. 保護カバーが正しく取付けてあるか
2. 防じんメガネ、防じんマスクを使用しているか（屋内の場合、換気はよいか）
7. コード、プラグ等に異常はないか（接地極付プラグを使用しているか）
8. 無理な姿勢で使用していないか

基礎知識

1. 研削砥石に関する知識

(1) 最高使用周速度
　最高使用周速度とは、研削砥石が安全に使用できる最高限度の周速度のことをいい、毎秒何メートル（m/sec）の単位で表示されています。

(2) 破壊回転周速度
　研削砥石の安全に影響する要因のうち最大のものは、回転の遠心力により誘発される内部応力です。
　この内部応力が研削砥石固有の強度を超えれば研削砥石は破損することとなり、このときの研削砥石の周速度を破壊回転周速度といいます。

(3) 安全度
　研削砥石は刃物が高速（時速200kmを超える）で回転し、加工物を研削、研磨、切断等をするための工具です。
　研削砥石の最高使用速度は、破壊回転周速度を一定の安全係数で除したものであり、これを使用するものはあくまでも最高使用周速度を超えるような使い方をしてはなりません。
　特に、径の大きい砥石を使用した場合には、同じ回転をさせれば正規の大きさの砥石に比べて遠心力は非常に大きくなり、破損の危険性が増すことになります。
　このディスクグラインダーに丸ノコ用の刃をつけて切断などをしている人がいますが、丸ノコの倍以上の回転速度があり、かつ（丸ノコのように）ベースプレートがないため簡単に暴れだします。非常に危険なので、絶対にやってはいけません。

2. 安全衛生保護具

　ディスクグラインダーは、機体にグラインダシールドが取り付けられないので、保護めがねを使用して作業します。保護めがねは横から粉じんが入るのを防ぐために、ゴーグルタイプのものが望ましいでしょう。
　また、研削作業で発生する粉じんや研削砥石の「砥粒」の微粉は、長時間にわたって吸引すると、健康障害を起こすおそれがありますので、防じんマスクを使用する必要があります。
　防じんマスクの正しい使用方法として、顔とマスクの間にすき間が生じないよう、必ず顔に密着しているかの確認が必要です。その確認方法として、手のひらで呼気口を塞ぎ息を吸い、空気が漏れなければ密着性は良好と判断できます（フィットテスト）。

保護めがね（ゴーグルタイプ）　　　　防じんマスク（取替え式）

災害防止の急所

ディスクグラインダー取扱い作業による災害防止

ディスクグラインダーで切削作業中、金属片が眼に入り受傷

鉄板溶接部分の表面研磨仕上げ作業をし、めがねタイプの保護具を使用。目に痛みを感じたが、大したことはないとそのまま作業を続け、帰宅後痛みが増して病院へ。

1. 適切な保護具を着用して作業する（ゴーグルタイプの保護めがね、防じんマスク等）。
2. 眼に入った物によっては、失明する場合もある。軽い痛みでも必ず眼科の診察を受ける。

★　ディスクグラインダーや丸のこで切削、切断する場合、切粉や切断片が大量に飛散しますので、ゴーグルタイプの保護めがね、粉じんマスク等の保護具は必ず着用してください。少しの作業だからと油断しないようにしてください。

眼球にごく小さな金属片が突き刺さり、痛みが少なく放置したが、時間が経つにつれ痛みが増し、病院に行ったときには手遅れで、失明したという例があります。万が一、切断片が眼に入ったときは、瞼の上からこすらずに清水で眼を洗い、できるだけ早く専門医の診察を受けるようにしてください。

★　平成24年4月1日より粉じん障害防止規則が改正され、屋外での岩石または鉱物の裁断等の作業（コンクリート2次製品の切断も対象）にも適用範囲が拡大され、呼吸用保護具（防じんマスク）を使用することが必要となります。

＜労働安全衛生法＞

第59条
　　事業者は、労働者を雇い入れたときは、当該労働者に対し、厚生労働省令で定めるところにより、その従事する業務に関する安全又は衛生のための教育を行なわなければならない。
2　前項の規定は、労働者の作業内容を変更したときについて準用する。
3　事業者は、危険又は有害な業務で、厚生労働省令で定めるものに労働者をつかせるときは、厚生労働省令で定めるところにより、当該業務に関する安全又は衛生のための特別の教育を行なわなければならない。

<労働安全衛生規則>

第36条
　法第59条第3項の厚生労働省令で定める危険又は有害な業務は、次のとおりとする。
一　研削といしの取替え又は取替え時の試運転の業務（→特別教育）

第117条
　事業者は、回転中の研削といしが労働者に危険を及ぼすおそれのあるときは、覆いを設けなければならない。ただし、直径が50ミリメートル未満の研削といしについては、この限りではない。

第118条
　事業者は、研削といしについては、その日の作業を開始する前には1分間以上、研削といしを取り替えたときには3分間以上試運転をしなければならない。

第119条
　事業者は、研削といしについては、その最高使用周速度をこえて使用してはならない。

第120条
　事業者は、側面を使用することを目的とする研削といし以外の研削といしの側面を使用してはならない。

ディスクグラインダーに丸のこ刃を付けて切断中に、キックバック現象が発生し、跳ね返った刃で受傷

　型枠修正のため、丸のこ刃をディスクグラインダーに取り付け、切断作業を開始。キックバック現象で跳ねて自傷。

1. 木材の切断は基本的に丸のこを使用する。狭隘部分の切断には、手引きノコ等を使用する。
2. 用途外使用をしないよう安全教育を実施する。

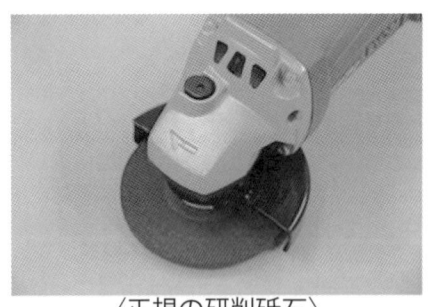

〈正規の研削砥石〉　　　　〈丸のこ刃を取り付けたもの保護カバーなし〉

★　ディスクグラインダーの刃の回転数は、丸のこの2倍以上であるため、キックバック現象が生じた場合、電動丸のこ以上の速さで戻ってくるなど工具を保持できなくなるおそれがあります。また、ディスクグラインダーと丸のこでは電動工具本体の形状や保持の姿勢なども異なるため、用途と違う刃物（丸のこ刃、チップソーなど）を取り付けるなど、用途が違う使用は絶対にしないことです。正規な刃を使用していても、反発による災害は発生します。

★　類似災害では、
・コーナー部分で、他の面に接触してしまい、反発し持ちきれなくなって自傷。
・ディスクサンダーを落としてしまい、反発した丸のこ刃が足に当たり自傷。
等がよく発生しています。

★　電動工具を使用する際は、工具の使用に潜んでいる危険を理解し、正しく使用することが大切です。特に初めて使用する際は、十分な注意が必要です。電動工具は、包丁などの刃物と同様に、使用には危険が潜んでおり、キックバック現象などで指を切断するなどの大ケガになるおそれもあります。自分の習熟度や用途などに応じた工具を選び、無理をしないよう教えてください。

電動工具全般として
★　「作業の際は、目の保護のために保護めがねを着ける」など取扱説明書に書かれている保護具は、安全のために必ず装着することです。また、軍手のように表面が繊維状の手袋や、指の先端部などにだぶつく部分が多く見られる手袋は、その部分が作動中の刃に触れると巻き込まれるおそれがあるため、着用しないようにしましょう。
　　また、予期せぬ巻き込みのおそれも考えられるため、不用意に作動中の電動工具に手を近づけないようにすることが大切です。安全カバー等は絶対に取り外さないでください。
★　教育・指導にあたっては、取扱説明書に図や写真を多く取り入れたり動画等を使い、使用者が使い方や危険性をより理解できる工夫が有効です。

第8章
酸素欠乏症等による災害の防止
（硫化水素中毒、一酸化炭素中毒）

8-1 酸素欠乏症等による災害の防止

[災害事例] 地下ピット内で酸素欠乏症により突然倒れた

作業種別	型枠解体作業	災害種別	酸欠	天候	晴れ
発生月	8月	職種	土工	年齢	50歳
経験年数	5年6カ月	入場後日数	7日目	請負次数	2次

災害発生概要図

災害発生状況

浄水場地下ピット内の型枠解体作業において、ピット（幅1.9m×長さ4.3m×高さ1.2m）内に雨水が溜まっており、作業ができない状態であった。そのため、まず水抜きをすることとなり、作業者Aがピット内に入り、外にいた作業者Bから水中ポンプを受け取ってこれを据え付けようとしたとき、突然倒れた。
なお、このピットはコンクリート打設以来3カ月にわたって密閉された状態であった。

	主なる発生原因	防止対策
人的要因	・密閉されたピット内は危険という認識が無く、不注意にピット内に立ち入った（不安全行動）。	・酸素欠乏危険場所に誤って立ち入ることのないように、その場所の入口などの見やすい場所に立入禁止の表示をする。
物的要因	・換気が実施されていなかった。 ・空気呼吸器が使用されていなかった。	・作業場所の酸素濃度が18％以上、硫化水素濃度が10ppm以下になるよう換気を行う。 ・換気できない時または換気しても酸素濃度が18％以上、硫化水素濃度が10ppm以下にできない時は、送気マスク等の呼吸用保護具を着用する。
管理的要因	・作業主任者が選任されていなかった。 ・酸素濃度測定が実施されていなかった。 ・特別教育が実施されていなかった。	・酸素欠乏危険作業主任者を選任し、作業指揮者等決められた職務を行わせる。 ・作業開始前に、酸素・硫化水素濃度測定を実施する。 ・酸素欠乏危険場所において作業に従事する者には、酸素欠乏症、硫化水素中毒の予防に関すること等の特別教育を実施する。

安全上のポイント

1. 酸素欠乏症等（酸素欠乏症および硫化水素中毒）の災害防止

　酸素欠乏症は、酸素濃度が18％未満の空気を吸入すると現れる症状です。一方、硫化水素中毒は、硫化水素濃度が10ppmを超える空気を吸入すると現れる症状です。

　酸素欠乏症等の災害を防ぐためには、事前に現場の地質・地層、地下水の状況、汚水等の滞留状況を十分調査し、酸素欠乏等危険箇所と判断した場合は、予防対策を組み込んだ作業計画の策定、濃度測定（酸素・硫化水素）の実施、換気、空気呼吸器等の保護具の使用など適切な措置をとった上で作業を行うことが大切です。

　酸素欠乏症等の対策を検討するにあたっては、作業環境管理、作業管理、健康管理、労働衛生教育の4つの管理が重要になります。

（1）作業環境管理

　地下室、ピットやマンホール内のように空気の滞留している場所はすべて換気の対象となります。特に、酸素欠乏危険場所は酸素濃度を18％以上、硫化水素濃度を10ppm以下に保つよう換気を継続して行う必要があります。

①特定空間の作業環境を維持・改善するために、外気を取り入れ、滞留した空気を排出してきれいな空気に入れ替えることで、酸素欠乏空気や硫化水素を薄めたり除去しなければなりません。

　換気の方法には、送気式、排気式、送排気式の3種類があり、作業条件等により最も効率的な換気方法を選定することが大切です。

②定期的に換気設備の清掃を行い、消耗品の取替えや故障部分の修理を行い、常に正常な状態を保持する必要があります。

③風管は、漏風や圧力損失を減少させるため、たるみや屈曲が無いように設置しなければなりません。

（2）作業管理

　作業管理とは、作業方法の改善、作業時間の管理、保護具の適切な使用など、作業自体を改善・管理することをいいます。

　酸素欠乏症等を防止するための主な作業管理は次のとおりです。

①作業計画に基づき、作業手順書の作成と作業者への周知
・酸素欠乏危険場所における作業では、事前にリスクアセスメントを取り入れた作業手順書を作成し、「作業手順周知会」や朝礼時等で作業者に周知することが必要です。

②酸素欠乏危険作業主任者の選任と職務の確認
・事業者は、酸素欠乏危険作業については、酸素欠乏危険作業主任者を選任しなければなりません。その職務は以下に示す通りです。

> **酸素欠乏危険作業主任者の職務（酸素欠乏症等防止規則11条）**
> - 作業に従事する労働者が酸素欠乏の空気を吸入しないように、作業の方法を決定し、労働者を指揮すること。
> - その日の作業を開始する前に、作業に従事するすべての労働者が作業を行う場所を離れた後再び作業を開始する前および労働者の身体、換気装置等に異常があったときに、作業を行う場所の空気中の酸素の濃度を測定すること。
> - 測定器具、換気装置、空気呼吸器等その他労働者が酸素欠乏症にかかることを防止するための器具または設備を点検すること。
> - 空気呼吸器等の使用状況を監視すること。

③特別教育修了者の確認
- 酸素欠乏危険場所で作業を従事させる場合には、特別教育を修了した者でなければなりません。

④関係者以外立入禁止措置とその表示

⑤作業開始前に、酸素・硫化水素濃度測定の実施とその結果の掲示
- 測定箇所は1点のみではなく、作業場所や作業者の動線を考慮して測定点を決定します。
- 測定器具は専門機関に依頼し、定期的に保守点検することが必要です。
- 酸素濃度測定を行ったときは、その都度、次の事項を記録して、これを3年間保存しなければなりません。

> 測定日時、測定方法、測定箇所、測定条件、測定結果、測定を実施した者の氏名、測定結果に基づいて酸素欠乏症等の防止措置を講じたときは当該措置の概要

⑥酸素欠乏危険場所への入所者氏名の表示と入退場の人員の点検

⑦墜落・転落危険箇所での作業には、安全帯および親綱の設置と使用
- 酸素欠乏危険場所での作業や濃度測定をする場合は、酸素欠乏空気を呼吸して筋肉の脱力や意識の喪失により、墜落・転落の危険があることから、作業床や手すりの設置とともに、必ず安全帯等を使用しなければなりません。
- また、酸素欠乏危険場所で作業を行う場合には、避難用具等（空気呼吸器等、はしご、繊維ロープ等）を非常時の場合に備えておくことが必要です。

⑧作業者の人数と同等以上の空気呼吸器等の備付けおよび空気呼吸器の使用方法の周知
- 防じんマスクや防毒マスクは作業箇所の空気を呼吸するため、酸素欠乏環境下では使用できません。
- 空気呼吸器の点検は酸素欠乏危険作業主任者の役割であり、ボンベ圧力の確認、高圧部および中圧部の機密検査、外観検査、警報器の点検を行います。

⑨災害発生時の異常時の避難、連絡体制、救助方法等の周知と避難訓練の実施
- 作業箇所において、酸素欠乏症の初期症状（脈拍の増加、頭痛、吐き気等）が現れた場合、また、硫化水素の測定値が0.025ppmの低濃度で卵の腐った臭いがする場合には、直ちに作業を中止し、きれいな空気のある場所に避難します。
- 作業所では緊急時の連絡網を整備するとともに、作業現場近くの病院や関係諸官庁等の連絡先を工事事務所や現場詰所の見やすい場所に掲示します。

⑩監視人の配置と職務の周知徹底

酸素欠乏危険場所での作業では、常時作業の状況を監視するために監視人を配置し、異常があったときは直ちにその旨を酸素欠乏危険作業主任者およびその他の関係者に通報しなければなりません。

(3) 健康管理

健康診断等を通じて作業者の健康状態を把握し、作業環境や作業内容を考慮することにより、作業者の健康障害を未然に防止しなければなりません。

労働安全衛生法では、健康診断の種類や項目等を事業者に義務づけています。

雇入時健康診断	定期健康診断
（安衛則43条）	（安衛則44条）
・常時使用する労働者を雇入れる際に行う健康診断	・1年以内ごとに1回、定期に行う健康診断

健康診断の結果、作業者の健康を保持する必要が認められる場合は、医師等の意見や作業者の実情を考慮して、作業場所の変更、作業転換、労働時間の短縮等の措置を講じる必要があります。

(4) 労働衛生教育

酸素欠乏症または硫化水素中毒にかかるおそれのある危険場所がある場合、作業者に酸素欠乏症等の有害性等に対する特別教育を行って、その有害性を認識させなければなりません。

> ◆ 労働安全衛生法別表第6に掲げる酸素欠乏危険場所において作業をさせる場合は、特別教育の実施を事業者に義務づけています（安全衛生規則36条26号）。
> **酸素欠乏危険場所**（労働安全衛生法施行令　別表第6より抜粋）
> ・井戸、井筒、たて坑、ずい道、潜函、ピット、マンホール、横坑、斜坑・深礎工法等の深い穴、シールド工法による作業室等

特別教育には、
（1）酸素欠乏症にかかるおそれのある場所での作業……………………第1種酸素欠乏危険作業
（2）酸素欠乏症・硫化水素中毒にかかるおそれのある場所での作業…第2種酸素欠乏危険作業
に分けられています。

併せて、雇入れ時の教育、送り出し教育、新規入場者教育等で、酸素欠乏症が発生する場所や酸素欠乏症等の怖さ、保護具の取扱い、緊急時の措置や二次災害防止などの教育を実施することが必要です。

> **特別教育の科目**（酸素欠乏症等防止規則12条）
> ・酸素欠乏の発生の原因
> ・酸素欠乏症の症状
> ・空気呼吸器等の使用方法
> ・事故の場合の退避および救急そ生の方法
> ・その他、酸素欠乏症の防止に関し必要な事項

2．二次災害の防止

数人で作業を行っている時、1人がピット等の中に入って倒れたりすると、他の人が救出しようとして、酸素欠乏状態であることを忘れて中へ入ってしまい、二次災害の発生となってしまいます。

≪二次災害を防ぐ≫

仲間が倒れたときは、あわてていきなり飛び込んで行って助けようとします。二次災害を防ぐために、次のことを守りましょう。
①場所の環境状態を確認すること。
②換気を十分にし、酸素濃度が18％以上になっているか確認すること。
③酸素濃度が18％以上になっていないときは、送気マスク・ボンベ式のマスクを着用する。
④救助活動は必ず2人以上で行う。
⑤応急措置…救急車を必ず呼び、救急車が来るまでは、人工呼吸・心臓マッサージを行うこと。

3．酸素欠乏症防止対策チェックリスト（例）

酸素欠乏症防止対策を確認するためのチェックリスト（例）を下記に示します。

酸素欠乏症防止対策チェックリスト（例）

防止対策	チェック YES	チェック NO
A　酸素欠乏危険場所の事前確認 タンク、マンホール、ピット、槽、井戸、たて杭などの内部が酸素欠乏危険場所に該当するか、作業中に酸素欠乏空気および硫化水素の発生・漏洩・流入等のおそれは無いか、事前に確認すること。		
B　立入禁止の表示 酸素欠乏危険場所に誤って立ち入ることのないように、その場の入口などの見やすい場所に表示すること。		
C　作業主任者の選任 酸素欠乏危険場所で作業を行う場合は、酸素欠乏危険作業主任者を選任し、作業指揮者等に決められた職務を行わせること。		
D　特別教育の実施 酸素欠乏危険場所において作業に従事する者には、酸素欠乏症、硫化水素中毒の予防に関すること等の特別教育を実施すること。		
F　換気の実施 作業場所の酸素濃度が18％以上、硫化水素濃度が10ppm以下になるよう換気すること。 継続して換気を行うこと。 酸素欠乏空気、硫化水素の漏洩・流入がないようにすること。		
G　保護具の確認 換気できないとき、または換気しても酸素濃度が18％以上、硫化水素濃度が10ppm以下にできないときは、送気マスク等の呼吸用保護具を着用すること。 保護具は同時に作業する作業者の人数と同数を備えておくこと。		
H　二次災害の防止 酸素欠乏災害が発生した際、救助者は必ず空気呼吸器等または送気マスクを使用すること。 墜落のおそれのある場所には、安全帯を装備すること。 救助活動は単独行動をとらず、救助者と同じ装備をした監視者を配置すること。		

基礎知識

1. 酸素欠乏症

（1）酸素欠乏症の症状

　酸素欠乏とは、空気中の酸素濃度が18％未満の状態のことで、発生の原因は、空気中の酸素の消費、酸素欠乏空気の噴出や流入、空気が無酸素空気に置き換えられた場合などです。
　酸素欠乏症の症状としては、最も敏感な脳の機能低下により諸症状が現れます。その症状は次のとおりです。

濃　度	作　用
6％以下	瞬時に失神昏倒、呼吸停止、心臓停止、死亡
8％	失神昏倒、7～8分以内に死亡
12％	判断力の低下、筋力低下＝墜落につながる
16％	呼吸・脈拍数の増加、集中力の低下、頭痛、吐き気
18％	安全の限界＝連続換気が必要
21％	通常、空気中の酸素濃度

（2）酸素欠乏症の危険性

　酸素欠乏症は、1回の酸素欠乏空気の吸入で、脳の機能低下、意識の低下による墜落等の危険、そして呼吸停止により死亡する場合もあります。
　特に、酸素濃度が6％以下の場合には、肺胞気中酸素分圧の急激な低下が起こり、血液中への酸素の取り込み量が瞬時に減少するため、脳神経細胞が瞬時に活動を停止します。停止が1分以内であれば、脳神経細胞の活動性は元に回復しますが、2～3分以上続くと脳神経細胞の興奮性は回復しなくなります。

（3）酸素欠乏の発生しやすい場所とその発生原因

　酸素欠乏が発生する危険のある場所は、労働安全衛生法施行令別表第6に定められています。
①地下室、タンク内
　　相当期間密閉されていた下水道、ピット、地下室、鉄製タンク、マンホールなどの閉鎖的な場所では、塗料の酸化や鉄製タンクの内壁のさび等が原因で酸素欠乏になりやすくなります。
②坑内等での内燃機関の酸素消費
　　坑内、屋内等での内燃機関（エンジン搭載発電機など）によって、空気中の酸素が消費され、二酸化炭素や一酸化炭素を発生して、酸素欠乏やガス中毒を引き起こすことがあります。

③ガス工事

既設のガス管撤去工事等で、ガス管から噴出したLPガスやプロパンガスが坑内や掘削部に充満して酸素欠乏を引き起こすことがあります。

④地下水の湧き出す地下空間

下水道やマンホール等の換気が悪く狭い空間に、鉄（第一鉄塩等）を含む湧水や地表水が存在する場合、その空間の酸素濃度は時間の経過とともに低下するため、酸素欠乏になることがあります。

⑤腐泥層等の掘削でのメタン等の噴出による酸素濃度の低下

沼の埋立地等の腐泥層や可燃性ガス地帯の掘削では、メタン等が噴出して酸素濃度を薄めてしまうことがあります。

2．硫化水素中毒

（1）硫化水素中毒の症状

硫化水素は無色で可燃性が高く、水に溶けやすい性質を持っています。このため、引火爆発をしたり、眼や呼吸器の粘膜の水分に溶け込みこれらを刺激します。また、卵の腐ったような特有の腐卵臭を持っていますが、嗅覚を麻痺させる作用があるため、硫化水素の存在に気付かないことがあります。

硫化水素は空気よりやや重いため、噴出して坑底等にたまりやすく、汚泥の撹拌や化学反応などによって急激に高濃度の硫化水素ガスが発生することがあります。

硫化水素を吸入、経皮吸収すると次のような症状が現れます。

濃度（単位：ppm）	作　　用
1,000～2,000	ほぼ即死
600	約1時間で致命的中毒
200～300	約1時間で急性中毒
100～200	症状：臭覚麻痺
50～100	症状：気道刺激、結膜炎
10	労働安全衛生法規制値（許容限界濃度）
0.41	不快臭
0.02～0.2	悪臭防止法に基づく大気濃度規制値

（2）硫化水素中毒の危険性

硫化水素は、眼の角膜や結膜の損傷、鼻の嗅覚麻痺、気管・気管支炎の炎症を起こし、肺の肺胞膜や毛細血管の破壊による肺水腫のため、呼吸困難や窒息死に至る危険があります。

（3）硫化水素の発生しやすい場所とその発生原因

硫化水素が発生する危険のある場所は、酸素欠乏と同様、労働安全衛生法施行令別表第6に定められています。

①マンホール、ピット、暗きょ内

下水道の沈殿物中には、下水のし尿（硫黄）や各種工場から排出された動物性タンパク質、硫酸取扱施設から流出した硫酸や硫酸塩が含まれていることがあります。この場合は、硫酸還元菌により有機物の分解や硫酸塩等の酸素が消費され、硫化水素を発生することがあります。

このため、下水道マンホール内での作業やヘドロ堆積層の掘削作業、沈殿物等を汲みとる浚せつ作業では、高濃度の硫化水素の発生することがあるため、特に注意が必要です。

②腐泥層が存在する場所

有機物を多く含む腐泥層では、メタンの噴出が多くみられ、そこに人為的な硫酸イオンの浸透等が起こると、硫酸還元菌の活動を促進させて硫化水素が生成されます。

生成された硫化水素は、その地層の間隙水に被圧状態で溶解しているため、腐泥層の掘削時に地下水とともに硫化水素が発生します。

③火山や温泉地帯

火山ガスには硫化水素を多く含むことから、火山や温泉地帯の道路建設での坑内は、硫化水素の湧出層や浸透層を掘削する際に、高濃度の硫化水素が発生することがあります。

災害防止の急所

　酸素欠乏症等による災害は、長期的には減少傾向にありますが、われわれ建設業での発生の割合は他の業種に比べ比較的高く、ひとたび災害が発生すると死亡災害となったり、同時に複数の作業者が被災したり、救助しようとした作業者が被災する二次災害など、重大災害に繋がる可能性が高いものです。

1．ピット内作業での酸素欠乏による災害防止

　酸素欠乏現象は一般的に、換気不良な閉鎖的（半閉鎖的）な空間で発生しますが、発生原因は、
　①空気中の酸素が消費される場合
　②空気が無酸素空気等に置き換えられる場合
　③酸素欠乏空気等の噴出・流入等
による場合に大別されます。
　作業場所が酸素欠乏作業箇所であるとの認識が「ある」「ない」とで、災害の発生する確率は大きく変わってきます。

酸素濃度16%のピット内作業で酸素欠乏症に

1. 酸素欠乏のおそれのある場所について正しく認識し、酸素欠乏災害防止の作業計画を作成する。
2. 作業主任者を選任し、作業主任者は作業開始前に作業場所の酸素濃度測定と換気を実施する。
3. 作業者に対し酸素欠乏空気の有害性を正しく認識させる。

第8章　酸素欠乏症等による災害の防止

★ 土木工事でも、地下ピットのあるような構造物の場合では、新設・既設に関わらず、注意が必要です。作業開始前に酸素濃度を測定し、規定値以上だからと安心してはいけません。作業者の呼吸による酸素の消費や、発電機（内燃機関）などの排気ガスが流入することもあり、換気と新鮮な空気の供給が欠かせません。

地下ピットでは、型枠解体作業や防水作業等がよく行われます。地上階の壁やスラブでは、酸素欠乏危険場所ではありませんが、このようなピット部は、酸素欠乏危険場所となることを忘れないでください。

酸素欠乏症は新築工事中だけでなく、引渡し後の補修工事や下水道の清掃作業においても発生します。酸素欠乏症のおそれのある場所で作業が行われる場合、作業計画、作業手順の中に酸素欠乏に対する対策（酸素濃度測定、通風の確保、換気装置の配備等）を必ず盛り込んでください。

＜酸素欠乏症等防止規則＞

第1条
事業者は、酸素欠乏症等を防止するため、作業方法の確立、作業環境の整備その他必要な措置を講ずるよう努めなければならない。

> 「その他必要な措置」には、工程及び工法の適正化、保護具の使用等があること。（昭57.6.14　基発第407号）

第2条
この省令において、次の各号に掲げる用語の意義は、それぞれ当該各号に定めるところによる。
一　酸素欠乏　空気中の酸素の濃度が18パーセント未満である状態をいう。
二　酸素欠乏等　前号に該当する状態又は空気中の硫化水素の濃度が100万分の10を超える状態をいう。
三　酸素欠乏症　酸素欠乏の空気を吸入することにより生ずる症状が認められる状態をいう。
四　硫化水素中毒　硫化水素の濃度が100万分の10を超える空気を吸入することにより生ずる症状が認められる状態をいう。
五　酸素欠乏症等　酸素欠乏症又は硫化水素中毒をいう。
六　酸素欠乏危険作業　労働安全衛生法施行令（昭和47年政令第318号。以下「令」という。）別表第6に掲げる酸素欠乏危険場所（以下「酸素欠乏危険場所」という。）における作業をいう。
七　第一種酸素欠乏危険作業　酸素欠乏危険作業のうち、第二種酸素欠乏危険作業以外の作業をいう。
八　第二種酸素欠乏危険作業　酸素欠乏危険場所のうち、令別表第6第3号の3、第9号又は第12号に掲げる酸素欠乏危険場所（同号に掲げる場所にあつては、酸素欠乏症にかかるおそれ及び硫化水素中毒にかかるおそれのある場所として厚生労働大臣が定める場所に限る。）における作業をいう。

第3条
事業者は、令第21条第9号に掲げる作業場について、その日の作業を開始する前に、当該作業場における空気中の酸素（第二種酸素欠乏危険作業に係る作業場にあつては、酸素及び硫化水素）の濃度を測定しなければならない。
2　事業者は、前項の規定による測定を行つたときは、そのつど、次の事項を記録して、これを3年間保存しなければならない。
一　測定日時
二　測定方法
三　測定箇所
四　測定条件
五　測定結果
六　測定を実施した者の氏名
七　測定結果に基づいて酸素欠乏症等の防止措置を講じたときは、当該措置の概要

> ハ　第1項の「その日の作業を開始する前」とは、交替制で作業を行っている場合においては、その日の最初の交替が行なわれ、作業が開始される前をいう趣旨であること。
> ホ　測定に当たっては、次の事項に留意するよう指導すること。
> 　（イ）原則として、その外部から測定することとし、測定しようとする箇所に「体の乗り入れ」「立ち入り」等をしないこと。
> 　（ロ）測定は、必ず測定する者の監視を行う者を置いて行なわなければならないこと。

（ニ）メタンガスが存在するおそれがある場所では、開放式酸素呼吸器を使用してはならないこと。また内部照明には、定置式又は携帯式の電灯があって、保護ガード付き又は防爆構造のものを用いること。
　ヘ　第2項第2号の「測定方法」とは、試料空気の採取方法並びに使用した測定器具の種類、型式及び定格をいうこと。
　ト　第2項第3号の「測定箇所」の記録は、測定を行った作業場の見取図に測定箇所を記入すること。
　チ　第2項第4号の「測定条件」とは、測定時の気温、湿度、風速及び風向、換気装置の稼働状況、工事種類、測定箇所の地層の種類、附近で圧気工法が行なわれている場合には、その到達深度、距離及び送気圧、同時に測定した他の共存ガス（メタン、炭酸ガス等）の濃度等測定結果に影響を与える諸条件をいうこと。
　リ　第5号の「測定結果」については酸素又は硫化水素に係る各測定点における実測値及びこれを一定の方法で換算した数値を記録することとすること。（昭57.6.14　基発第407号）

第4条

　事業者は、酸素欠乏危険作業に労働者を従事させるときは、前条第1項の規定による測定を行うため必要な測定器具を備え、又は容易に利用できるような措置を講じておかなければならない。

第5条

　事業者は、酸素欠乏危険作業に労働者を従事させる場合は、当該作業を行う場所の空気中の酸素の濃度を18パーセント以上（第2種酸素欠乏危険作業に係る場所にあつては、空気中の酸素の濃度を18パーセント以上、かつ、硫化水素の濃度を100万分の10以下）に保つように換気しなければならない。ただし、爆発、酸化等を防止するため換気することができない場合又は作業の性質上換気することが著しく困難な場合は、この限りでない。
2　事業者は、前項の規定により換気するときは、純酸素を使用してはならない。

　ホ　「純酸素」とは、いわゆる酸素として市販されているものはすべてこれに該当するものであること。（昭57.6.14　基発第407号）

第5条の2

　事業者は、前条第1項ただし書の場合においては、同時に就業する労働者の人数と同数以上の空気呼吸器等（空気呼吸器、酸素呼吸器又は送気マスクをいう。以下同じ。）を備え、労働者にこれを使用させなければならない。
2　労働者は、前項の場合において、空気呼吸器等の使用を命じられたときは、これを使用しなければならない。

　　防毒マスク及び防じんマスクは、酸素欠乏症の防止には全く効力がなく、酸素欠乏危険作業には絶対に用いてはならないものであること。（昭57.6.14　基発第407号）

第6条

　事業者は、酸素欠乏危険作業に労働者を従事させる場合で、労働者が酸素欠乏症等にかかつて転落するおそれのあるときは、労働者に安全帯（令第13条第3項第28号の安全帯をいう。）その他の命綱（以下「安全帯等」という。）を使用させなければならない。
2　事業者は、前項の場合において、安全帯等を安全に取り付けるための設備等を設けなければならない。
3　労働者は、第1項の場合において、安全帯等の使用を命じられたときは、これを使用しなければならない。

第7条

　事業者は、第5条の2第1項の規定により空気呼吸器等を使用させ、又は前条第1項の規定により安全帯等を使用させて酸素欠乏危険作業に労働者を従事させる場合には、その日の作業を開始する前に、当該空気呼吸器等又は当該安全帯等及び前条第2項の設備等を点検し、異常を認めたときは、直ちに補修し、又は取り替えなければならない。

第8条

　事業者は、酸素欠乏危険作業に労働者を従事させるときは、労働者を当該作業を行なう場所に入場させ、及び退場させる時に、人員を点検しなければならない。

　　「点検」については、単に人数を数えるだけでなく、労働者個々の入退場について確認すること。（昭57.6.14　基発第407号）

第9条

　事業者は、酸素欠乏危険場所又はこれに隣接する場所で作業を行うときは、酸素欠乏危険作業に従事する労働者以外の労働者が当該酸素欠乏危険場所に立ち入ることを禁止し、かつ、
2　酸素欠乏危険作業に従事する労働者以外の労働者は、前項の規定により立入りを禁止された場所には、みだりに立ち入つてはならない。

3　第1項の酸素欠乏危険場所については、労働安全衛生規則（昭和47年労働省令第32号。以下「安衛則」という。）第585条第1項第4号の規定（酸素濃度及び硫化水素濃度に係る部分に限る。）は、適用しない。

第10条
　事業者は、酸素欠乏危険作業に労働者を従事させる場合で、近接する作業場で行われる作業による酸素欠乏等のおそれがあるときは、当該作業場との間の連絡を保たなければならない。

> ロ　「連絡」を保つべき事項には、一般的事項としては作業期間及び作業時間があり、圧気工法を用いる作業場が近接してある場合には、その他に送気の時期の相互連絡及び送気圧の調節等があること。
> ハ　「近接する場所」には、当該事業者の管理下にある作業場のほか、他の事業者の管理下にある作業場も含まれること。（昭57.6.14　基発第407号）

第11条
　事業者は、酸素欠乏危険作業については、第一種酸素欠乏危険作業にあつては酸素欠乏危険作業主任者技能講習又は酸素欠乏・硫化水素危険作業主任者技能講習を修了した者のうちから、第二種酸素欠乏危険作業にあつては酸素欠乏・硫化水素危険作業主任者技能講習を修了した者のうちから、酸素欠乏危険作業主任者を選任しなければならない。
2　事業者は、第一種酸素欠乏危険作業に係る酸素欠乏危険作業主任者に、次の事項を行わせなければならない。
　一　作業に従事する労働者が酸素欠乏の空気を吸入しないように、作業の方法を決定し、労働者を指揮すること。
　二　その日の作業を開始する前、作業に従事するすべての労働者が作業を行う場所を離れた後再び作業を開始する前及び労働者の身体、換気装置等に異常があつたときに、作業を行う場所の空気中の酸素の濃度を測定すること。
　三　測定器具、換気装置、空気呼吸器等その他労働者が酸素欠乏症にかかることを防止するための器具又は設備を点検すること。
　四　空気呼吸器等の使用状況を監視すること。
3　前項の規定は、第二種酸素欠乏危険作業に係る酸素欠乏危険作業主任者について準用する。この場合において、同項第1号中「酸素欠乏」とあるのは「酸素欠乏等」と、同項第2号中「酸素」とあるのは「酸素及び硫化水素」と、同項第3号中「酸素欠乏症」とあるのは「酸素欠乏症等」と読み替えるものとする。

第12条
　事業者は、第一種酸素欠乏危険作業に係る業務に労働者を就かせるときは、当該労働者に対し、次の科目について特別の教育を行わなければならない。
　1　酸素欠乏の発生の原因
　2　酸素欠乏症の症状
　3　空気呼吸器等の使用の方法
　4　事故の場合の退避及び救急そ生の方法
　5　前各号に掲げるもののほか、酸素欠乏症の防止に関し必要な事項
2　前項の規定は、第二種酸素欠乏危険作業に係る業務について準用する。この場合において、同項第1号中「酸素欠乏」とあるのは「酸素欠乏等」と、同項第2号及び第5号中「酸素欠乏症」とあるのは「酸素欠乏症等」と読み替えるものとする。
3　安衛則第37条及び第38条並びに前2項に定めるもののほか、前2項の特別の教育の実施について必要な事項は、厚生労働大臣が定める。

第13条
　事業者は、酸素欠乏危険作業に労働者を従事させるときは、常時作業の状況を監視し、異常があつたときに直ちにその旨を酸素欠乏危険作業主任者及びその他の関係者に通報する者を置く等異常を早期に把握するために必要な措置を講じなければならない。

第14条
　事業者は、酸素欠乏危険作業に労働者を従事させる場合で、当該作業を行う場所において酸素欠乏等のおそれが生じたときは、直ちに作業を中止し、労働者をその場所から退避させなければならない。
2　事業者は、前項の場合において、酸素欠乏等のおそれがないことを確認するまでの間、その場所に特に指名した者以外の者が立ち入ることを禁止し、かつ、その旨を見やすい箇所に表示しなければならない。

第15条
　事業者は、酸素欠乏危険作業に労働者を従事させるときは、空気呼吸器等、はしご、繊維ロープ等非常の場合に労働者を避難させ、又は救出するため必要な用具（以下「避難用具等」という）を備えなければならない。
2　第7条の規定は、前項の避難用具等について準用する。

第16条
　事業者は、酸素欠乏症等にかかつた労働者を酸素欠乏等の場所において救出する作業に労働者を従事させるときは、当該救出作業に従事する労働者に空気呼吸器等を使用させなければならない。
2　労働者は、前項の場合において、空気呼吸器等の使用を命じられたときは、これを使用しなければならない。

酸素欠乏症等の事故においては、救出のため立ち入った者の死亡事故が多いので、本条については特に留意すること。(昭57.6.14　基発第407号)

第17条
事業者は、酸素欠乏症等にかかつた労働者に、直ちに医師の診察又は処置を受けさせなければならない。

酸素欠乏の状態

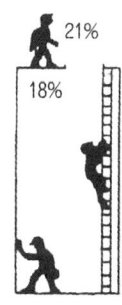

酸素濃度	症状
21%	—
18%	安全限界 しかし連続換気が必要
16%	呼吸、脈拍の増加、頭痛、悪心、はきけ
12%	めまい、はきけ、筋力低下、体重支持不能脱落（死につながる）
10%	顔面そう白、意識不明、嘔吐（吐物が気道閉塞で窒息死）
8%	失神昏倒 7～8分以内に死亡
6%	瞬時に昏倒、呼吸停止、けいれん6分で死亡

●酸素欠乏危険場所（安衛令第6条21号　酸欠則第2条）
作業主任者を選任する必要がある場所

別表第6　酸素欠乏危険場所（安衛令第6条、第21条関係）

酸素欠乏危険作業

第1種酸素欠乏作業（酸素欠乏症にかかるおそれ）

1　次の地層に接し、又は通ずる井戸等（井戸、井筒、たて坑、ずい道、潜函、ピットその他これらに類するものをいう。次号において同じ。）の内部（次号に掲げる場所を除く。）
　イ　上層に不透水層がある砂れき層のうち含水若しくは湧水がなく、又は少ない部分
　ロ　第一鉄塩類又は第一マンガン塩類を含有している地層
　ハ　メタン、エタン又はブタンを含有する地層
　ニ　炭酸水を湧出しており、又は湧出するおそれのある地層
　ホ　腐泥層
2　長期間使用されていない井戸等の内部
3　ケーブル、ガス管その他地下に敷設される物を収容するための暗きょ、マンホール又はピットの内部
3の2　雨水、河川の流水又は湧水が滞留しており、又は滞留したことのある槽、暗きょ、マンホール又はピットの内部
4　相当期間密閉されていた鋼製のボイラー、タンク、反応塔、船倉その他その内壁が酸化されやすい施設の内部
6　天井、床若しくは周壁又は格納物が乾性油を含むペイントで塗装され、そのペイントが乾燥する前に密閉された地下室、倉庫、タンク、船倉その他通風が不十分な施設の内部

第2種酸素欠乏作業（酸素欠乏症および硫化水素中毒にかかるおそれ）

3の3　海水が滞留しており、若しくは滞留したことのある熱交換器、管、暗きょ、マンホール、溝若しくはピット（以下この号において「熱交換器等」という。）又は海水を相当期間入れてあり、若しくは入れたことのある熱交換器等の内部
9　し尿、腐泥、汚水、パルプ液その他腐敗し、又は分解しやすい物質を入れてあり、又は入れたことのあるタンク、船倉、槽、管、暗きょ、マンホール、溝又はピットの内部
12　前各号に掲げる場所のほか、厚生労働大臣が定める場所

※ 5,7,8,10,11は省略

2．硫化水素中毒による災害防止

下水道新設ピット内で発症し救助作業者も硫化水素中毒に

　下水道管が破損したため、新設管を設置するまでの応急措置として、旧管より下水を新設ピットへ導流し、圧送管で排水する予定で、圧送のポンプが正常に作動するか試験をしていたが…。

1. 作業主任者は作業開始前に作業場所の酸素／硫化水素濃度測定と換気を実施する。
2. 換気が困難な場所では、空気呼吸器・酸素呼吸器・送気マスク等の呼吸用保護具を全作業者に使用させる。
3. 硫化水素中毒のおそれのある場所で作業を行う作業者へは特別教育を実施する。

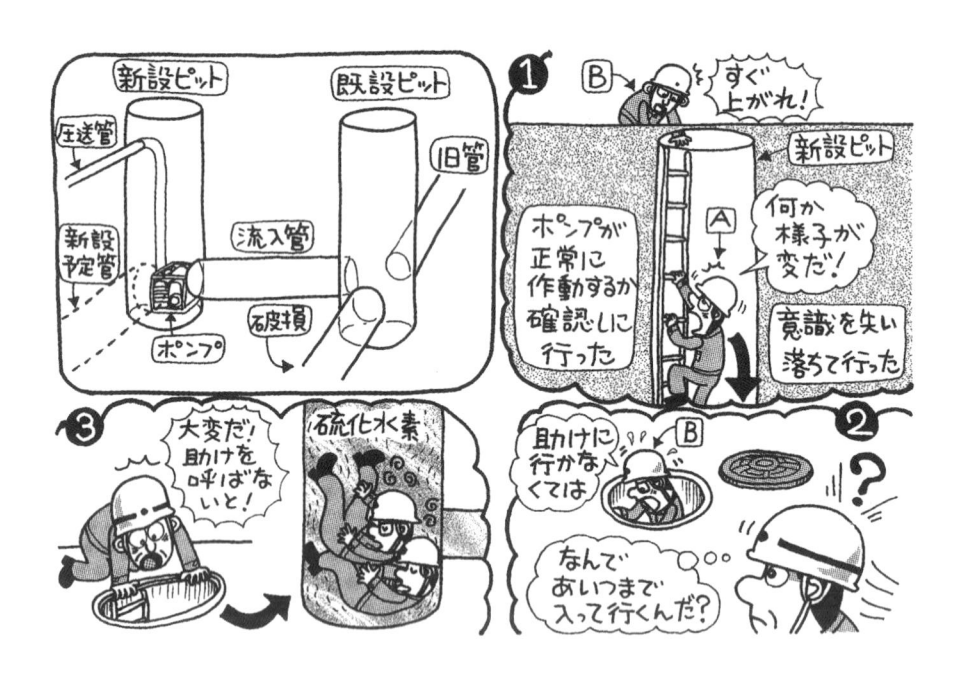

★　硫化水素は自然界に存在している気体ですが、空気中の濃度が高くなる要因は大別すると次の通りです。
　①硫酸還元菌の生成した硫化水素が、長時間にわたって蓄積したり、限られた人工的な空間に短時間のうちに大量生成され、換気の悪い閉鎖的空間に湧出してくる場合。
　②動物や植物の体の構成成分としての硫黄を含んだたんぱく質やその他の成分がそれらが死んで分解したとき、あるいは動物の排泄物が分解したときの最終段階で発生し、換気の悪い空間に蓄積する場合。
　③各種化学製品の製造工程などで用いられる化学反応の結果、大量の硫化水素が生成され、それが時折製造工程から漏出してくる場合。

★ 酸素欠乏症、硫化水素中毒について共通していえることは、作業場所において酸素欠乏症や硫化水素中毒のおそれがあるという認識をしていないことです。

　認識が無いから作業主任者を選任していない、選任していないから濃度測定も換気もしていないという事例が多くあります。「酸素欠乏危険作業場所」（安衛令別表第6参照）を再認識して、確実な対応をしてください。工事の終わりかけは作業主任者の選任や濃度測定など、意外と決められた手順を省略してしまいがちです。硫化水素中毒のおそれのある場所であるという認識を忘れることなく、決められた手順は確実に実行し災害の防止を図ってください。

※廃石膏ボードによる硫化水素発生により産廃処分場の作業者が死亡する災害等の発生により、平成18年からは、廃石膏ボードは安定型処分場ではなく、管理型処分場で処分しなければならなくなりました。

3．一酸化炭素による中毒の防止

　労働災害での一酸化炭素中毒は、建設業で最も多く発生しています。

　一酸化炭素中毒とは、血液の成分の1つであるヘモグロビンは、肺から全身へと酸素を運搬する役目を担っていますが、一酸化炭素は酸素よりも赤血球中のヘモグロビンと結合しやすいため、吸った空気の中に一酸化炭素が多いと一部のヘモグロビンは一酸化炭素と結合し、これが増えると血液中の酸素運搬能力が低下し体内にさまざまな影響をもたらします。これが一酸化炭素中毒と呼ばれています。

　一酸化炭素は大気中にも微量ながら含まれる気体です。二酸化炭素は呼吸や物が燃えることにより発生しますが、一酸化炭素は燃焼により少量発生する気体です。一酸化炭素は空気より少し軽く無臭なので、匂いで一酸化炭素があるかどうかは分かりません。

地下1階でエンジンウェルダーを使用し被災

1. 自然換気のための開放された換気口の無い地下室の内部等の屋内作業場では、内燃機関を使用しないこと。
2. 事前に現地確認の上、作業方法をよく検討し、手順書には作業場所、環境に適した設備・工具の使用等、具体的な安全対策を盛り込む。
3. 屋内等の換気不良の場所での作業に際しては、事前にユニット化する等、溶接作業量を最小限にする施工計画を検討する。

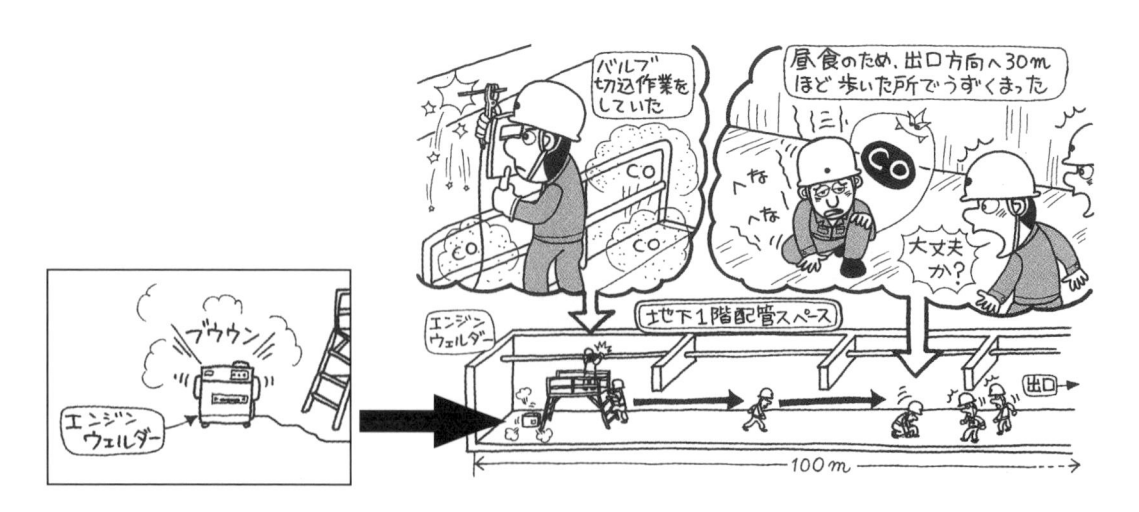

空気中の一酸化炭素濃度と症状、その他の関係

一酸化炭素濃度	症状、その他
10 ppm	大気汚染防止法の基準、1時間値の1日平均値
20 ppm	大気汚染防止法の基準、1時間値の8時間平均値
50 ppm	日本産業衛生学会の基準、職場の許容値
500 ppm	1時間の暴露で症状が現れはじめる
800~1200 ppm	意識がなくなり心臓停止、呼吸も停止し死亡
1900 ppm	短時間で死亡

★ 換気量を計算上で確保すれば良いというわけではありません。送風機と溶接機等との位置関係によっては、すべての排気ガスを排出することはできず、一酸化炭素は軽いので、上部に滞留し可搬式作業台に乗っている作業者にとっては、許容できない濃度になる可能性があります。空気が思ったより混ざりにくいのも注意点です。

★ 一酸化炭素中毒の被災者が出た場合、共同作業者や他にも近くに作業者がいないか確認してください。一酸化炭素は、無味・無臭・無刺激のため自分では気づかないことが多いのです。大丈夫だろうと思っている人が多いのが特徴です。原因のほとんどは換気が不十分だといわれています。助けに入った作業者が倒れるという事例が多くあります。

★ 大半は急性中毒ですが、低濃度の場合、数日後・数週間後に障害が現れることがあります。治療では酸素吸入が行われます。純酸素を吸入しても呼吸が不十分な場合は高圧タンク内で酸素を吸入する高圧酸素療法が必要となり、治療できる病院は限られます。

①一酸化炭素中毒になったかどうかの判断

風通しが悪く内燃機関を使っている近くで、頭痛や吐き気を催した場合は一酸化炭素中毒を疑ってください。

②具合の悪い段階での対処

　まずは、空気の良い所で休憩させてください。そして付き添って具合の悪くなった作業者に話しかけたり、良く見て一酸化炭素中毒の症状らしきものがないか確認してください（休憩しても良くなるとは限りませんので、なるべく早く病院での診察を受けるようにしましょう）。

③救急車を呼ぶ

　はっきりとした症状が出ていたらすぐに救急車を呼んでください。一酸化炭素中毒で無い場合もありますが、私病だとしてもやはり救急車を呼ぶ必要があります。

★　ピットなど閉鎖された場所での作業はパートナーを組み、お互いに体調が悪くなっていないか、チェックすることが大切です。単独作業にならない配置にしましょう。

<労働安全衛生規則>

第578条
　事業者は、坑、井筒、潜函、タンク又は船倉の内部その他の場所で、自然換気が不十分なところにおいては、内燃機関を有する機械を使用してはならない。ただし、当該内燃機関の排気ガスによる健康障害を防止するため当該場所を換気するときは、この限りでない。

> 本条ただし書の「換気するとき」には内燃機関の排気をダクトを通して建造物の外部の大気中に放出する場合が含まれること。（昭42.2.6　基発第122号）

● 「建設業における一酸化炭素中毒予防のガイドライン（平10・6・1　基発第329号）」では、講ずべき処置・作業管理・作業環境管理など、衛生教育をきちんと実施する必要があるとしています。

・作業開始前に一酸化炭素の有害性と注意点を説明し、濃度を測定し、労働者の人数分以上の呼吸用保護具を確認すること。
・作業中の管理としては、換気を行い、継続的に気中濃度を測り、ガス検知警報装置を設置し（あるいは携帯させ）、必要に応じて労働者に呼吸用保護具を使用させるなどが最低限の実施事項とされています。

　一酸化炭素の滞留する空間で作業しないことができないか、発生源となるものを持ちこまないで作業する方法が無いかを考える方が得策といえます。

第9章
熱中症による災害の防止

9-1 熱中症による災害の防止

災害事例 道路舗装作業中、熱中症に罹患

作業種別	舗装作業	災害種別	熱中症	天候	晴れ
発生月	7月	職種	舗装工	年齢	58歳
経験年数	3年	入場後日数	5日目	請負次数	2次

災害発生概要図

災害発生状況

道路舗装工事において、スコップを持ち、土砂やアスファルトの均し作業を行っていた。合材敷き均し作業をしていたところ、暑さのため体調不良を訴えて倒れ、病院へ搬送されたが翌日に死亡した。被災者は雇い入れ6日目であったが、被災前の4日間は作業に従事していなかった。気象条件は晴れで風もほとんどなく、気温34℃、湿度62％と高かった。

	主な発生原因	防止対策
人的要因	・気温、湿度が高い環境下での作業に身体が順化していなかった。 ・被災者は高血圧ぎみであり、前日、寝不足であった。	・計画的に熱への順化期間を設ける。 ・自覚症状の有無に拘わらず、水分、塩分の定期的な摂取を行う。 ・日常の健康管理の指導、健康相談を実施する。
物的要因	・当日は気温、湿度が高く、加えて舗装工事での輻射熱により、作業環境が劣悪だった。 ・炎天下で直射日光を遮ることができないのに、保護具を使用していなかった。	・日陰等の涼しい休憩場所や冷房を備えた休憩場所の設置と適切な休憩時間を確保する。 ・後頭部や頸部の冷却用バンド、通気性を良くした保護帽などの熱中症予防用品を使用する。
管理的要因	・職長による体調確認ができていなかった。 ・熱中症の教育ができていなかった。	・職長等による作業場所の巡視により、作業者の健康状態および作業環境の確認と指導を行う。 ・健康診断結果に基づく就業場所の変更等の措置。 ・熱中症の原因と症状、予防対策、熱中症予防用品の取扱い方法等の教育を実施する。

安全上のポイント

　熱中症とは、高温多湿な環境下で、体内の水分、塩分のバランスが崩れたり、血液循環や体温などを調節する機能がうまく働かなくなって発症する障害の総称をいいます。

1. 熱中症の発生状況

熱中症による死亡者数（平成10～23年）

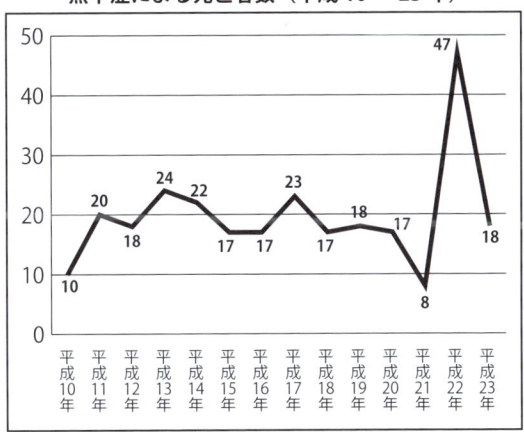

（グラフ）平成10年:10、平成11年:20、平成12年:18、平成13年:24、平成14年:22、平成15年:17、平成16年:17、平成17年:23、平成18年:17、平成19年:18、平成20年:17、平成21年:8、平成22年:47、平成23年:18

　平成23年の職場での熱中症による死亡者数は18人、記録的な猛暑となった平成22年の47人からは激減したが、依然として多くの方が亡くなっている。

熱中症による死亡災害の業種別発生状況（平成21～23年）

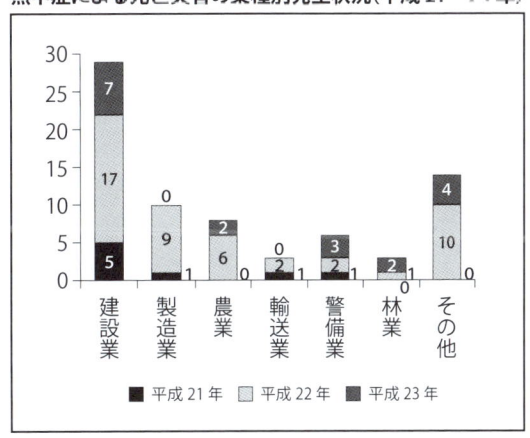

（グラフ）建設業：平成21年5、平成22年17、平成23年7（計29）／製造業：0, 9, 1／農業：2, 6, 0／輸送業：2, 0, 1／警備業：2, 3, 0／林業：0, 2, 1／その他：0, 10, 4

　熱中症の発生状況を業種別にみると、建設業の死亡災害は3年間で29人発生しており、全産業の40％を占めている。

熱中症による死亡災害の月別発生状況（平成21～23年）

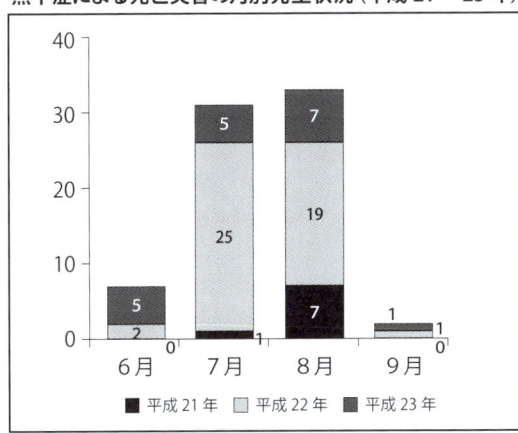

（グラフ）6月：平成21年0、平成22年2、平成23年5／7月：1, 25, 5／8月：7, 19, 7／9月：0, 1, 1

　熱中症の月別の死亡災害発生状況をみると、6月～9月にかけて発生しているが、梅雨明けの7月と8月に多発している。
　特に、猛暑が続く8月よりも、体が暑さに慣れていない梅雨明け直後に重症の熱中症患者が増える傾向にある。

死亡災害の時間帯発生状況（平成21～23年）

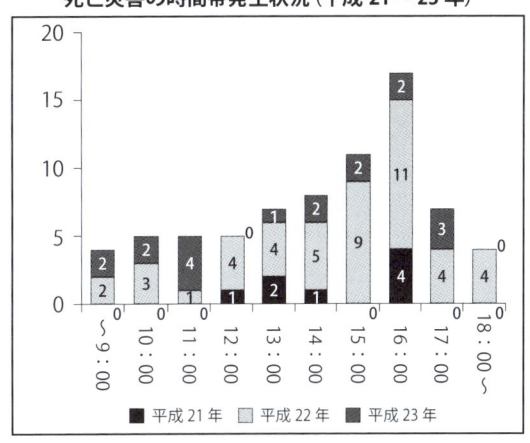

（グラフ）～9:00：2,2,0／10:00：0,3,2／11:00：0,1,4／12:00：1,4,0／13:00：2,4,1／14:00：1,5,2／15:00：0,9,2／16:00：4,11,2／17:00：0,4,3／18:00～：0,4,0

　熱中症死亡災害の発生時刻は、16時をピークに13時から17時までの時間帯に多発しており、全体の70％を占めている。

（日本救急医学会の調査より）

第9章　熱中症による災害の防止　269

2．熱中症の症状と分類

熱中症には、「熱失神」「熱けいれん」「熱疲労」「熱射病」の4つの病態があり、それぞれの病態に対応してさまざまな症状が現れます。

熱中症が発生した時は、重症度にしたがって、下表のように、軽症（Ⅰ度）、中等症（Ⅱ度）、重症（Ⅲ度）に分類されます。

熱中症の症状と分類

分類	種別	症　状	
軽症（Ⅰ度）	熱失神（熱虚脱）	「立ちくらみ」という状態で、脳への血液が一時的に減少することにより生ずる。さらに進行すれば、一過性に意識を喪失することがある。	顔面蒼白、めまい、立ちくらみ、全身虚脱感、大量の発汗。
軽症（Ⅰ度）	熱けいれん	汗で失われた塩分が不足することにより生じ、筋肉が痛みを伴った発作的なけいれんを起こす。	筋肉のこむら返り、筋肉の痛み、大量の発汗。
中等症（Ⅱ度）	熱疲労（熱疲はい）	脱水が進行して、全身のだるさや集中力の低下した状態をいう。放置すると、致命的な「熱射病」となる。	頭痛、気分の不快、吐き気、嘔吐、倦怠感、虚脱感、手足のしびれなどの感覚異常。
重症（Ⅲ度）	熱射病	脳神経の症状まで生じた状態のことで、高温多湿環境や炎天下での長時間作業を行っている時に発症することが多い。	異常な体温上昇（40℃以上）、おかしな言動やふらつき、過呼吸、意識の混濁、全身のけいれん、こん睡状態など。

3．熱中症の発生場所と要因

熱中症の発生しやすい作業場所と要因は次のとおりです。

（1）熱中症の主な発生場所
①気温・湿度が高く、炎天下での屋外作業場所
②風通しが悪く、蒸し暑い場所
③隔離された作業場所
④アスファルト舗装工事など、炎天下で高温物を取り扱う作業場所　など

（2）熱中症発症の主な要因
熱中症の発生要因は、環境要因、作業要因、服装要因、身体要因に分けられます。

熱中症発生の主な要因

分　類	発生要因	備　考
環境要因	①気温・湿度が高い	炎天下での屋外作業など
	②強い放射熱	直射日光や周囲の地面等からの照返しが強い
	③風の有無	涼しい風が無い、熱風など
作業要因	①身体作業が強い	重量物取扱作業など
	②休憩時間が少ない	連続した肉体労働など
服装要因	①通気性・透湿性の低い衣服	熱の放散が妨げられる
	②保温性・吸熱性の高い衣服	
	③安全衛生保護具の着用	保護帽、安全靴、保護手袋など
身体要因	①熱への順化ができていない	梅雨明け直後の高温環境下で熱中症が多発
	②水分・塩分の補給不足	冷水、スポーツドリンク、熱中飴などの補給不足
	③病気で服薬中の人	高血圧、心疾患、糖尿病など
	④体調不良	睡眠不足、二日酔い、発熱など
	⑤肥満者、高年齢者	

4．熱中症の予防対策

　熱中症の予防対策として、下図に示す作業環境管理、作業管理、健康管理と労働衛生教育の4つの労働衛生管理のもとで進めることが必要です。

熱中症の予防対策

熱中症予防対策	区分	項目	内容
	作業環境管理	WBGT値の低減	熱を遮る遮へい物等の設置でのWBGT値の低減
		休憩場所の整備等	冷房を備えた休憩場所、日陰等の涼しい休憩場所の確保等、および氷など身体を冷やす物品等
	作業管理	休憩時間の確保	作業工程等を工夫して適切な休憩時間の確保
		熱への順化	計画的に熱への順化期間（熱に慣れ、その環境に適応する期間）を設ける
		水分・塩分の摂取	自覚症状の有無に拘わらず、水分・塩分の作業中の定期的な摂取
		通気性の良い服装	透湿性および通気性の良い服装の着用
		作業場所の巡視	職長等による作業者の健康状態および作業環境の確認と指導
	健康管理	就業場所等の変更や作業転換	健康診断結果に基づく就業場所の変更、作業の転換等の適切な措置の実施
		日常の健康管理	睡眠不足、体調不良等が熱中症の発症に影響を与えるおそれがあることから、日常の健康管理の指導、必要に応じて健康相談の実施
	労働衛生教育	法定教育等	雇入れ時、送出し、新規入場時での熱中症予防対策等の教育実施
		管理監督者教育	熱中症の原因と症状、予防対策、救急措置、熱中症予防用品の取扱い方法等の教育実施

（1）作業環境管理
1）WBGT値（暑さ指数）の低減
　作業現場の暑熱環境がどの程度暑くて危険であるかを客観的に評価するために、熱ストレス指標である「暑さ指数」、いわゆるWBGT値を測定します（WBGT値は後述の基礎知識を参照）。

　作業場所におけるWBGT値が、WBGT基準値を超えるおそれがある場合には、熱中症にかかる可能性が高くなることから、次に示す措置を講じてWBGT値の低減に努めなければなりません。

①発熱体と作業者の間に熱を遮ることのできる遮蔽物を設ける。
②屋外の高温多湿な作業場所では、直射日光や照り返しを避ける簡易な屋根やパラソル等を設ける。
③適度な通風または冷房設備を設ける。
④店社においては、熱中症の多発が予測される場合は、「熱中症注意報」を作業所に発令する。作業所では「熱中症注意報」の発令や熱中症のおそれがある場合は朝礼などで作業者に注意を与える。

2）休憩場所の整備等
①作業場所の近くに冷房装置を備えた休憩場所や日陰等の涼しい休憩場所を設ける。
②休憩場所には、氷、冷たいおしぼり、ミスト扇風機などを備える。
③飲料水、スポーツドリンク、経口補水液（医療機関向け商品）、熱中飴などを備えておく。

（2）作業管理
　毎日の安全施工サイクルの中で、作業者の熱中症予防措置を確実にするために、作業時間管理、作業方法の改善、保護具の適切な使用、現場巡視などにより、作業者への暑熱負担を軽減するための作業管理を行わなければなりません。

1）休憩時間の確保
①直射日光のあたる場所や高温多湿作業場所では、連続した作業時間の調整、定期的な休憩時間を設ける。
②定時の休憩時間のほかに、15分程度の小休止を取り入れて体を休める時間をこまめに確保する。

2）熱への順化
①熱への順化（熱に慣れること）の有無は、熱中症の発症リスクに大きく影響することから、計画的に熱への順化期間を設ける（7日以上かけて熱への暴露時間を徐々に長くするなど）。
②特に、体が暑さに慣れていない梅雨明け直後に重症の熱中症患者が増える傾向にあることから、作業者の体調には十分注意し、連続で作業する時間を調整する。

3）水分・塩分の摂取
①自覚症状の有無にかかわらず、作業前後の摂取および作業中の定期的な水分・塩分等の摂取を行う。
②作業者の水分・塩分の摂取を確認するための表の作成および作業中の巡視における摂取の確認を徹底する。

4）通気性の良い服装等の着用
①炎天下作業では保熱しやすい服装は避け、透湿性および通気性の良い服装を着用する（通気性の良いメッシュ素材など）。
②保護帽内は温度、湿度もかなり上昇するため、保冷剤入りメッシュキャップを保護帽の下にかぶるなど、頭部の冷却をする。

5）作業場所の巡視
①高温多湿作業場所の作業中は、職長等により頻繁に巡視を行い、作業者の健康状態に異常は無いか、定期的に水分・塩分を摂取しているかの確認と指導を行う。
②休憩時間を利用して注意喚起と熱中症の症状が出た場合に直ちに申し出ることを繰り返して教育する。
③作業者に声かけ、問いかけを行い、行動や返答がおかしい場合は、熱中症を疑い、作業を中断させ、必要な措置を行う。

（3）健康管理
健康診断、異常所見者への医師などの意見に基づく就業上の措置を徹底する必要があります。

1）健康診断結果に基づく就業場所の変更や作業転換
①健康診断で異常所見があると診断された場合、医師などの意見を聴き、必要があると認めるときは、事業者は就業場所の変更や作業の転換などの適切な措置を講ずることが義務づけられている。
②治療中の作業者についても、医師の意見を勘案して、就業場所の変更や作業の転換などの適切な措置を講ずる。
③熱中症の発症に影響を与えるおそれのある疾患には、糖尿病、高血圧症、心疾患、腎不全、精神・神経関係の疾患などがある。

2）日常の健康管理
①睡眠不足、体調不良、前日などの飲酒、朝食の未接種、下痢などによる脱水などは、熱中症の発症に影響を与えるおそれがあることに留意し、日常の健康管理についての指導や健康相談を行うことも必要である。
②心機能が正常な作業者については、熱への暴露を止めることが必要とされている兆候を以下に示す。
- ・1分間の心拍数が、数分間継続して180から年齢を引いた値を超える場合
- ・作業強度のピークの1分後の心拍数が120を超える場合
- ・休憩中などの体温が、作業開始前の体温に戻らない場合
- ・作業開始前より、1.5％を超えて体重が減少している場合
- ・急激で激しい疲労感、めまい、意識喪失などの症状が発現した場合など

（4）労働衛生教育

作業者を対象とした熱中症予防に関する教育は、雇入れ時教育、送出し教育および新規入場時教育があり、熱中症のり患率の高い６月～９月に実施する教育内容としては、次の事項について労働衛生教育を実施することが重要です。
①熱中症の原因と症状
②熱中症の予防対策
③熱中症発生時の救急処置
④熱中症の災害事例
⑤熱中症予防用品の取扱い方法等

5．熱中症発生時の救急処置

熱中症は甘くみているとあっという間に手遅れになるほど進行が早く危険ですが、「素早い対処と適切な処置」ができれば、早期に回復に向かう可能性が高まります。

意識障害を伴うような熱中症（Ⅲ度程度）においては、迅速な医療処置が生死を左右します。また、発症から20分以内に体温を下げることができれば、救命できるともいわれています。

（1）建設現場における応急処置

建設現場における熱中症発生時の救急処置は、次ページに示すフロー図のとおりです。

1）意識の有無、程度の確認

まず、意識の状態を確認してください。名前を呼ぶ、肩を軽くたたく、応答ができるならその者が絶対にわかるはずの質問をするなどをしつつ、意識の状態がどの程度なのかを判断してください。

意識が無い（呼びかけるなどをしても反応が無い）、意識が回復しない状態は危険です。また、応答が鈍い、言動がおかしいなどの場合も注意が必要です。必要な手当を行いつつ、至急、119番へ通報し救急搬送を要請します。

①意識が無いもしくは、反応が悪い場合
・気道の確保
・呼吸の確保
・脈拍の確認

気道を確保した上で、呼吸の確認をします。呼吸が無かったら人工呼吸を行うことになり、また、続いて脈拍の確認を行い、脈拍が非常に弱い、もしくは止まっている際には、心臓マッサージを行うという過程です。あわせて、バイタルサイン（意識、呼吸、脈拍、顔色、体温、手足の温度など）のチェックを継続して行うことが必要です。

熱中症の救急処置（現場での応急処置）

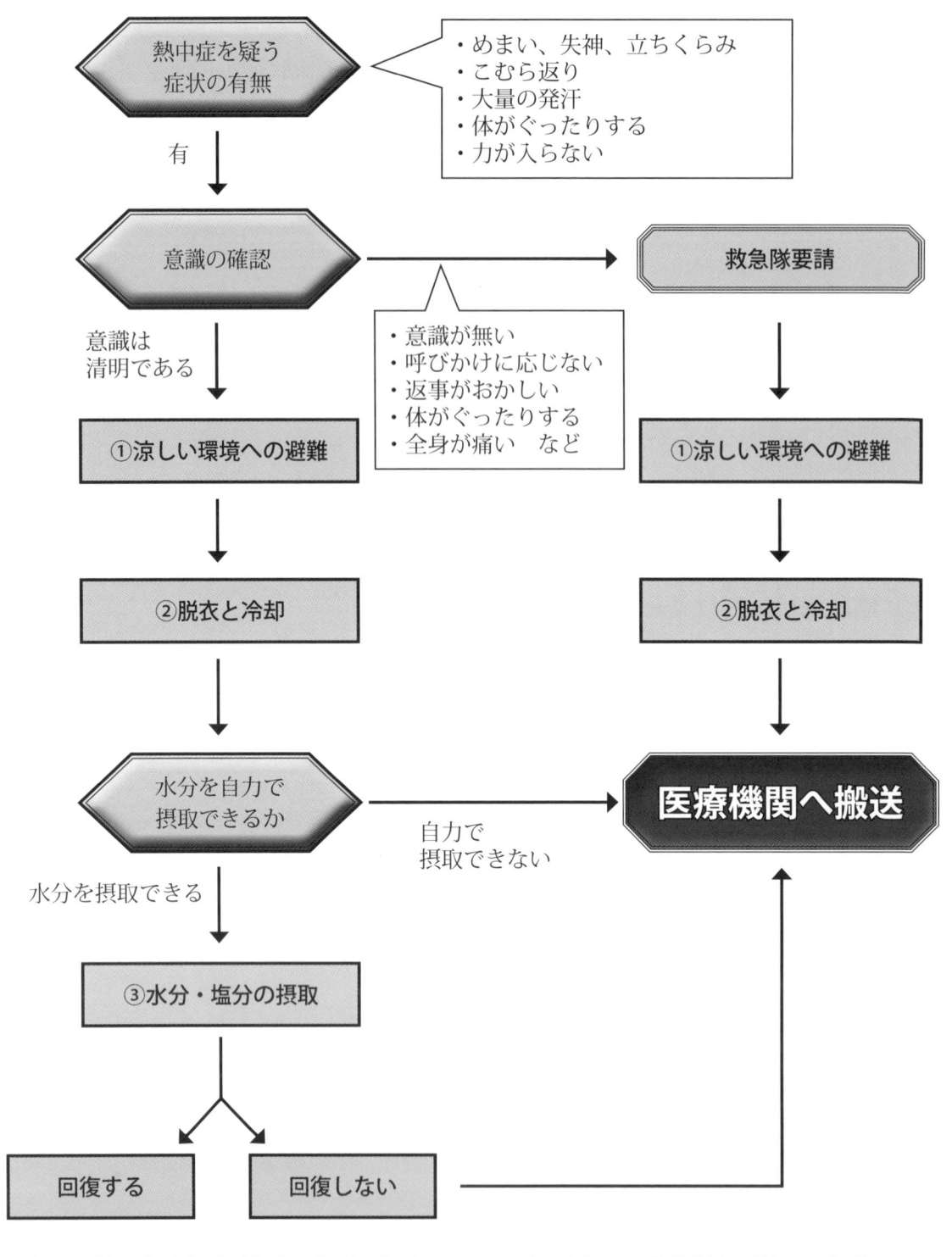

```
          ┌─────────────┐
          │ 熱中症を疑う │────・めまい、失神、立ちくらみ
          │ 症状の有無   │    ・こむら返り
          └──────┬──────┘    ・大量の発汗
                 │有         ・体がぐったりする
                 ▼           ・力が入らない
          ┌─────────────┐
          │ 意識の確認   │──────────────────▶  救急隊要請
          └──────┬──────┘
           意識は │         ・意識が無い            │
           清明である        ・呼びかけに応じない    │
                 ▼         ・返事がおかしい         ▼
        ①涼しい環境への避難 ・体がぐったりする    ①涼しい環境への避難
                 │         ・全身が痛い　など        │
                 ▼                                  ▼
          ②脱衣と冷却                          ②脱衣と冷却
                 │                                  │
                 ▼                                  │
        ┌─────────────┐                             │
        │水分を自力で │──自力で摂取できない──▶   医療機関へ搬送
        │摂取できるか │
        └──────┬──────┘
         水分を摂取できる
                 ▼
          ③水分・塩分の摂取
              ┌─┴─┐
              ▼   ▼
          回復する  回復しない ──────────────────▶
```

※上記以外にも体調が悪化するなどの場合には、必要に応じて、救急隊を要請するなどにより、医療機関へ搬送することが必要です。

②意識のある場合

バイタルサイン（意識、呼吸、脈拍、顔色、体温、手足の温度など）のチェックをし、涼しい場所へ運びます。衣服を緩め（必要に応じて脱がせ）、症状に対応していきます。

2）現場での冷却

「意識が無い、もしくは、反応が悪い」ならば、冷却を開始しつつ救急車を呼び、至急医療施設へと搬送します。その間に移動が可能ならば、冷却を継続しながら、涼しい場所（クーラーの入っているところ、風通しの良い日陰など）へ運びます。

> ◆冷水タオルマッサージと送風
> 　　衣類をできるだけ脱がせて、体に水をふきかける。その上から冷水で冷やしたタオルで全身、特に手足（末端部）と体幹部をマッサージ（皮膚血管の収縮を防止するため）する。風をおこすようにうちわ、タオル、服などで送風する。使用する水は冷たいものよりも常温の水、もしくはぬるいお湯が良い。
> ◆氷（氷嚢、アイスパック）などで冷却
> 　　氷嚢、アイスパックなどを腋下動脈（両腕の腋の下にはさむ）、頚動脈（首の横に両方から当てる）、大腿動脈（股の間にあてる）に当てて、血液を冷却する。

3）水分・塩分の摂取

吐き気、嘔吐が無く自力で摂れるならば水分（冷たい麦茶、氷水、スポーツドリンク等）を与えます。塩分の補給はその場で塩水を作ったり、梅干し等を口にしながら摂取します。

6．熱中症の予後

熱中症にかかった者が、暑い環境での運動を再開するには、相当の日数を置く必要があります。どんなに症状が軽かったとしても、1週間程度は必要です。症状が重くなるにつれ日数は増えていきます。詳しくはお医者さんと相談の上、当人の調子を鑑みながら、再開を決めることになります。その間は、暑い環境での運動や、激しい運動は厳禁となります。

十分に回復するまでの休息の日数をおいたうえ、涼しいところでの軽めの運動から開始し、徐々に運動負荷を上げていくということになります。一度熱中症にかかった者は、再度かかりやすいということがいわれています。十分に注意をしつつ、運動を行わせなければなりません。

基礎知識

1．WBGT値（暑さ指数）の活用について

（1）WBGT値の求め方

　WBGT値は熱環境による熱ストレスの評価を行う暑さ指数です。その算出には、3種（自然湿球、黒球温度、乾球温度）の測定値から演算して求めます。

> ①屋内、屋外で太陽照射の無い場合（日かげ）
> 　WBGT値＝0.7×自然湿球温度＋0.3×黒球温度
> ②屋外で太陽照射のある場合（日なた）
> 　WBGT値＝0.7×自然湿球温度＋0.2×黒球温度＋0.1×乾球温度

○ WBGT値算出式の計算例
　屋外で太陽照射のある場合
　　自然湿球温度29℃、黒球温度40℃、乾球温度36℃
　　WBGT値＝0.7×29℃＋0.2×40℃＋0.1×36℃
　　　　　＝20.3＋8.0＋3.6
　　　　　＝31.9℃

WBGT値測定器
ハンディタイプ

（2）WBGT基準値による評価法

　WBGT値が基準値を超えた場合は、熱中症の発生リスクが大きいと判断し、熱中症の予防対策を可能な限り実施する必要があります。
　建設現場での身体作業強度等に応じたWBGT基準値（目安）は、下表のとおりです。

身体作業強度等に応じたWBGT基準値（目安）

区分	身体作業強度（代謝率レベル）建設現場での作業例	WBGT基準値 熱に順化している人（℃）	熱に順化していない人（℃）
0 安静	安静	33	32
1 低代謝率	・室内事務作業 ・クレーン等の運転	30	29
2 中程度代謝率	・型枠工の墨出し ・鉄筋工のピッチ打ち作業 ・コンクリートの押え均し作業	28	26
3 高代謝率	・型枠の組立て・解体作業 ・鉄筋、足場の組立て作業 ・手運びの資材小運搬作業	気流を感じない時 25 ／ 気流を感じる時 26	気流を感じない時 22 ／ 気流を感じる時 23
4 極高代謝率	・コンクリートのバイブレータ作業 ・足場解体作業 ・長尺鉄筋の小運搬作業	23 ／ 25	18 ／ 20

2．熱中症予防用品について

　熱中症予防用品として、頭部の温度を下げるために通気性を良くした保護帽、後頭部等に直射日光があたることを防止する保護帽取付け式の日よけカバー、また、冷却用バンド、水分・塩分を補給するための食品等が市販されています。

①通気孔付き保護帽

②保護帽取付け式の日よけカバー

③冷却用バンド

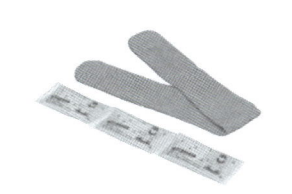

④水分・塩分補給食品

災害防止の急所

人は、体温があがると汗をかき、皮膚の表面で汗を蒸発させ、気化熱を放散することにより体を冷やそうとします。建設現場で高温・多湿の環境下での作業では、その体温の上昇を抑えようとする体の働きの中で、適切な水分と塩分の補給を行わないと、体内の水分、塩分のバランスが崩れ、体内の調整機能が追い付かず、時には生命の危険さえ伴うことになります。まず症状を理解し、必要な応急措置の後、なるべく早く専門医の診察を受けるようにしてください。

1．ピット内作業での熱中症による災害防止

風通しの悪いところ、ピット内作業（高温、高湿度）で熱中症に

1. 換気を行い、外気を入れる。
2. １人作業をさせない。地下ピット等に入るときはパートナーを組む。
3. 温度の比較的高くない作業時間帯に作業する。

★ 休憩したからといって良くなるとは限りません。休憩中に悪化することもあります。
　１人で行動したために、熱中症の発症に気づかれることなく時間が経過し、発見された時にはすでに死亡している例があります。死に至らなくても障害が残ることもあります。熱中症は早期の処置が有効となります。できるだけ早く病院で診察を受けさせるようにしましょう。地上でも風通しの悪い構造物内での工事でも、直射日光だけでなく西日でも40℃以上まで室温が上昇することがありますので、作業する時間帯の配慮も必要になります。

★ 熱中症では、不快感、おう吐、虚脱感、意識障害、けいれん、高体温などさまざまな症状が現れます。高温多湿の夏季、特に梅雨明けの時期では、暑さに体が慣れていないことから多く発生しています。

- 朝から体調が悪かった場合は、無理をせずに職長にその旨を伝え、作業内容を考慮してもらうことが大切です。体調不良を隠すことは、現場全体に影響を与えることになりかねません。
- 寝不足、暴飲暴食などの前夜の過ごし方により熱中症が発生しやすくもなります。帰宅してからの行動を見張るわけにはいきません。暑さ対策や体調管理は各自で積極的にやるしかありません。
- 定期的な水分・塩分の摂取は、作業強度に応じて必要な摂取量が異なりますが、少なくとも、0.1～0.2％の食塩水またはナトリウム40～80mg／100mlのスポーツドリンクを20～30分ごとにカップ1～2杯程度摂取することが望ましいところです。

2．ハードな環境での熱中症による災害防止

強い日差しが当たる場所で作業で熱中症を発症

1. ハードな環境では、こまめに休憩をとらせる。作業場に日陰を作ることが困難な場合には、少なくとも休憩場所は日陰にする。
2. 新規入場者に対しては、特に注意し目を配る。雇い入れ直後も現場の暑さに慣れていない場合があり注意が必要。
3. 猛暑日であっても、休憩所のクーラーの冷気を直接浴びるのは、体に悪いので控えさせる。

★　休憩時間には水分・塩分補給のためのスポーツドリンク等、および身体を適度に冷やす氷水や冷水を備え付けてください。
★　ＷＢＧＴを使った熱中症予報がインターネットに載っています。作業管理の参考にしてください。
★　以下のような作業では熱中症のリスクが高くなる場合があります。
　①アスファルト舗装　　②溶接作業　　③石綿除去　　④ウレタン吹き付け
　⑤窓が開けられない部屋での作業　　⑥コンクリート打設　　⑦人力掘削
　⑧重量物運搬　　⑨自分のペースで休憩が取りにくい共同作業　等

３．持病がある作業者の熱中症による災害防止

持病の糖尿病が原因で熱中症を発症
1. 休憩所等に水や塩分等を常備し、休憩時に、こまめに水分・塩分を補給させる。
2. 作業者の持病の有無、病院治療、投薬の有無を確認し、作業開始前に薬を飲んだか確認する。
3. 体調の悪い者は、職長に申し出て適切な処置または病院での診察を受ける。

★　熱中症の発症を助長するおそれのある薬
　１）抗コリン作用のある薬（＝発汗抑制作用）
　　　鎮痙薬、頻尿治療薬、パーキンソン病治療薬、抗ヒスタミン薬、抗てんかん薬、
　　　睡眠薬・抗不安薬、自律神経調整薬、抗うつ薬、β遮断薬（降圧薬）、抗不整脈薬（一部）
　２）利尿剤（高血圧の薬など）
　３）興奮剤
　４）抗精神病薬（＝体温調節中枢抑制作用）

服用している方は、要注意！

熱中症による災害防止の要点

　建設現場のような熱中症の危険度が高い職場では、ちょっとした体調不良や睡眠不足、食生活が文字通り、命取りになってしまうことを忘れずに！
　発症の多い7～8月、または1日のうちで発症の多い午後3時付近には、パトロールを実施し、注意喚起や発症者の早期発見に努めましょう。

1. どのような作業が危険か

（1）気温・湿度が高い時

　気温が34℃を上回ると、血管拡張による熱の放散は機能しにくくなり、汗の気化（蒸発）が主な放散手段となります。湿度が高いと、発汗による熱の放散が妨げられますので、熱中症の発症が増加します。

（2）風が無いとき（密閉環境）

　汗（水分）は風（気流）があるとより蒸発しやすくなります。気流を考慮した通気口の設置は有効な手段となります。通気口など外気の取り入れが難しい場合は、局所的な送風機も有効な手段となります。
　ただし、外気温が体温より高い場合は逆効果になるので注意が必要です。その場合はスポットクーラーなどで冷気を送ることを考慮しなければなりません。

（3）日差しが強い日、照り返しが強い場所、発熱体の近場

　気温や湿度・気流が同じ条件でも、日射量が強ければそれだけ熱中症の発症率は上がります。日差しをよける休憩室や空間を設けるようにしましょう。
　発熱体の近くなど、その物体から出ている輻射熱を測定できる黒球計やWBGT計を使用し管理しましょう。

（4）休憩室が適切でない

　屋外作業や臨時の作業などの場合も、冷房の効いた休憩室をできるだけ用意しましょう。

2. 現場での具体的な発症防止対策

（1）管理者による作業管理対策

- 連続作業時間を短くする。
- いちばん暑い作業時間帯の作業内容を考える。
- 休憩をこまめにとり、作業時間を短くする。または負荷の強い作業は避ける。
- 計画的な水分・塩分摂取（自由摂取やのどの渇き等に拠らない摂取）。
- いちばん発症の多い時期・時間帯の見回り（顔色など目で見て確認）。

（2）管理者による作業環境管理対策

　場所やその日の天候によって変動する WBGT 値をこまめに測定し、暑熱順化（体が熱に対応してくこと）、気流、服装も考慮に入れて、休憩時間・作業の調節をする。どうしても負荷の高い作業が必要な場合は、送風やスポットクーラーなどを用いた対策を検討する。

（3）健康管理対策（作業者自らによるもの）

- 始業前の体調チェックは、正直に返答する。
- 前日に夜更かしや深酒をしないようにする。
- 作業開始の 30 分前に 250 〜 500ml の水分をあらかじめ摂取しておく。
- のどの渇きを水分補給の指標にせず、自由に水を飲むだけでなく汗と同量の水と塩分を計画的に飲むように意識する（汗と同量がどれくらいなのかを把握するために、作業前後で体重を量ってみることも勧められている）。
- 水分・塩分の補給と同様にエネルギーの補給も重要となる。朝食を抜かないことに加え、作業当日の昼食や晩飯などで食事がとれない、あるいは普段よりも食欲が無いなどの状態であれば、熱中症が発生しやすいアラームでもあるので、監督者や指揮者に申し出ておくことも必要。

3．熱中症は一刻を争うことを周知

（1）身体を冷やすことが最優先

　熱中症の場合、たいしたことないだろうと様子を見ているうちに急変するので、重症になるかならないかの差はちょっとしたタイミングの問題なのです。

　発汗による脱水症だけでなく、高体温のために脳がダメージを受けて意識障害を起こすこともありますから、熱中症予防としては、ときどき、涼しいところで身体の熱を下げることが必要です。

（2）発見してから救急車が来るまでの間の応急処置

　まず、日陰で風通しの良い場所で、服を脱がせて水で濡らしたタオルなどで身体を冷やします。エアコンが効いた涼しい場所がある時には、すみやかに連れて行ってください。

　意識が無い時でも、激しく揺さぶったりしなければ大丈夫です。担架がなければ、丈夫なシートなどで運ぶと良いでしょう。

　しばらく様子をみてから病院に連れて行くという考えは危険です。平気そうに見えても、帰宅してから容体が悪くなった例もあります。軽症の場合でも、病院で点滴を受けたほうが安全です。

　熱中症は一刻を争う病気であることを、くれぐれも忘れないでください。

4．悪条件がそろえば誰でも罹患する

　熱中症と疑われる症状が現れているにもかかわらず、認識不足等により、対応が不十分であった事例もあります。迅速な初期対応により軽微でとどまる場合が多い熱中症ですが、対処を間違えると死亡したり障害が残るおそれがあります。

　熱中症になるか、ならないかは個人差があり、原因も現場の中だけにあるわけではありません。悪条件がそろえば誰でも熱中症になるおそれがあると考える必要があります。

　日々変わる作業内容と作業環境に対して各作業者の体調などを把握した上での作業の組立て・調整を行っていただきたいと思います。

　併せて、この時期は暑さのため体力を消耗し疲れやすくなります。疲労により注意力が欠如しやすいことを十分に認識し、災害防止対策にも万全を期してください。

土木工事の安全
―災害発生要因からみたポイントと急所―

平成 25 年 8 月 29 日　初版

編　集　　土木工事安全衛生管理研究会
発行所　　株式会社労働新聞社
　　　　　〒173-0022　　東京都板橋区仲町29-9
　　　　　TEL：03-3956-3151　　FAX：03-3956-1611
　　　　　http://www.rodo.co.jp/
　　　　　pub@rodo.co.jp
印　刷　　株式会社シナノパブリッシングプレス

禁無断転載／乱丁・落丁はお取替えいたします。
ISBN 978-4-89761-481-6

私たちは、働くルールに関する情報を発信し、経済社会の発展と豊かな職業生活の実現に貢献します。

労働新聞社の定期刊行物の御案内

人事・労務・経営、安全衛生の情報発信で時代をリードする

「産業界で何が起こっているか？」労働に関する知識取得にベストの参考資料が収載されています。

週刊　労働新聞

※タブロイド判・16ページ
※月4回発行
※年間購読料　44,100円

- 安全衛生関係も含む労働行政・労使の最新の動向を迅速に報道
- 労働諸法規の実務解説を掲載
- 個別企業の労務諸制度や改善事例を紹介
- 職場に役立つ最新労働判例を掲載
- 読者から直接寄せられる法律相談のページを設定

安全・衛生・教育・保険の総合実務誌

安全スタッフ

※B5判・58ページ
※月2回（毎月1日・15日発行）
※年間購読料　44,100円

- 法律・規則の改正、行政の指導方針、研究活動、業界団体の動きなどをニュースとしていち早く報道
- 毎号の特集では、他誌では得られない企業の活動事例を編集部取材で掲載するほか、災害防止のノウハウ、法律解説、各種指針・研究報告など実務に欠かせない情報を提供
- 「実務相談室」では読者から寄せられた質問（安全・衛生、人事・労務全般、社会・労働保険、交通事故等に関するお問い合わせ）に担当者が直接お答え
- デジタル版で、過去の記事を項目別に検索可能・データベースとしての機能を搭載

労働新聞データベース　統計資料から審議会情報（諮問・答申）や法令・通達の「速報資料誌」

労経ファイル

※B5判・92ページ
※月1回（毎月1日発行）
※年間購読料　44,100円

- 労働経済・労働条件、労使関係についての各種調査資料をなまの形で提供
- 政府機関と審議会（諮問答申）情報はじめ行政通達など労働法令関係も
- 経営団体・労働組合の研究報告や提言も随時掲載

《収録資料例》
- 厚労省・毎月勤労統計調査（年間）
- 厚労省・就労条件総合調査
- 総務省・消費者物価指数（年間）
- 人事院・民間給与の実態
- 生産性本部・仕事別賃金
- 厚労省・賃金構造基本・統計調査
- 総務省・労働力調査（年間）
- 中労委・賃金事情等総合調査
- 日経連・定期賃金調査
- 東京都・中小企業の賃金事情　等々

上記の定期刊行物のほか、「出版物」も多数
労働新聞社　ホームページ　http://www.rodo.co.jp/

労働新聞社

〒173-0022　東京都板橋区仲町29-9　TEL 03-3956-3151　FAX 03-3956-1611